U0156733

本书是国家社科基金一般项目
“当代科学事实的争论研究——以探测引力波实验为例”
（17BZX041）结项成果

本书是上海社会科学院
创新工程（第二轮）科研项目成果

智能文明时代的
哲学探索丛书

成素梅 主编

当代科学事实的争论研究

——以探测引力波实验为例

张帆 著

上海社会科学院出版社
SHANGHAI ACADEMY OF SOCIAL SCIENCES PRESS

总序

智能文明时代是哲学问题迸发的时代

以人工智能为核心的第四次技术革命的深化发展，不仅重新定义了我们时代的技术，迎来了技术发展的新时代，而且正在将人类文明的演进方向从工业文明时代和信息文明时代全面推向智能文明时代。

智能文明时代是人类社会由依赖于科学技术的发展不断转向受科学技术驱动发展的时代。如果说，以机械化、自动化、信息化为标志的前三次技术革命是赋能，目标是拓展人的肢体能力，追求物质生产的自动化和最大化，其结果是将人类文明从农业文明转向工业文明和信息文明；那么，以网络化、数字化、智能化为标志的第四次技术革命则是赋智，目标是增强机器的感知力和决策判断力，追求生产过程的自主化和无人化，其结果是将人类追求自动化的目标从物质拓展到思想，从双手拓展到大脑，从肌肉拓展到心灵，从体力拓展到精神，从有形拓展到无形，其发展趋势将会是对工业文明釜底抽薪，颠覆其发展理念，摧毁其制度大厦，成为工业文明的掘墓人和智能文明的缔造者。

智能文明越向纵深发展，在赋能时代形成的概念范畴的解释力就越弱，其社会运行与管理机制的适用性就越差。这也表明，人类社会从赋能时代向赋智时代的转变，不再是发展信念的转变，而是概念范畴的重建。概念是人类认识和理解世界的界面之一。概念工具箱的匮乏，不只是一个问题，还是一种风险，它将使我们恐惧和拒绝不能被赋予意义的新生事物。特别是，随着人工智能、大数据、云计算、区块链、量子信息、合成生物学、基因编辑、神经科学、脑机接口、精准医学等技术的深度发展，我们人类不只有能力控制与利用外部自然和内部自然，还有能力进行记忆和情感增强，这必然会带来更多深层次的关乎整个人类命运共同体的大问题：人之为人的边界在哪里？人的哪些特征是最基本的和不可改变的？应该如何引导智能文明的发展？我们对诸如此类问题的思考，将希腊哲学家热衷讨论的"认识自我"的灵魂拷问转变为如何在实践中维护人格尊严等关乎人性的时代之问。

除此之外，网络化使 Web 既成为记录个人兴趣、诊断文化变迁、预测社会事件以及揭示社会境况等的新阵地，也为人们传播谣言、发泄情绪、侵犯隐私、弱化求真意识等提供了便捷场所；数字化模糊了真实世界与虚拟世界之间的界限，创生了一个超记忆、超复制、超扩散的世界，使人类进入数据流变的时代，使人的生活方式从购买有形实物向着订购无形服务转变，使数据成为我们认识世界的新界面，赋予人数字身份、数字画像乃至产生数字孪生等；智能化使人机关系从过去的工具关系和对立关系转向当前的合作关系，未来还有可能出现融合关系，从而颠覆基于人与工具二分所建构起来的一切制度体系及其思想观念，更重要的是，智能化在为人类的全面解放提供物质基础的同时，还会导致比解决物质贫困问题更加尖锐的问题，即解决人的精神贫穷或赋予生命意义的休闲问题。

由此可见，智能文明时代既是人类有可能获得全面解放的时代，但同时也是哲学问题迸发的时代，以及哲学探索前所未有地变得同发展科学技术与经济同样重要的时代，是科学—技术—自然—社会—人文内在协调发展的时代。鉴于这样的考虑，我们团队成员在完成"上海社会科学院创新工程（第二轮）创新项目"过程中，不再只是专注于解读古本，而是将哲学之思立足于当下和聚焦于未来，共同推出这套"智能文明时代的哲学探索"丛书。本丛书的出版受到上海社会科学院创新工程项目（第二轮）的资助，在此深表感谢！

团队成员在完成第一轮创新工程（2013—2018 年）项目时主要围绕"信息文明的哲学思考"展开，完成了两套丛书，其一是由上海译文出版社出版的"信息文明与当代哲学发展"译丛，包括五本译著：《在线生活宣言：超连接时代的人类》（成素梅、孙越、蒋益、刘默译）、《数字方法》（成素梅、陈鹏、赵彰译）、《无线：网络文化中激进的经验主义》（张帆译）、《信息伦理学》（薛平译）和《创建互联网智能：荒野计算、分布式数字意识和新兴的全球大脑》（戴潘译）；其二是由上海人民出版社出版的"信息文明的哲学研究"丛书，包括五本著作：《虚拟现象的哲学探索》（张怡著）、《信息文明的伦理基础》（段伟文著）、《大数据时代的认知哲学革命》（戴潘著）、《人工智能的哲学问题》（成素梅、张帆等著）和《人的信息化与人类未来发展》（计海庆著）。这两套丛书也是团队成员集体完成的上海市哲学社会科学重大项目"信息文明的哲学研究"的结项成果。第二轮科学技术哲学创新学科的团队成员虽然在人员组成上有所变化，但是，我们将在前两套丛书的基础上继续砥砺前行。

本序言完稿之时，恰逢中国人民解放军建军 94 周年，在此，我代表团队成员致敬我们的英雄，祝所有的军人们节日快乐！

成素梅

2021 年 8 月 1 日，上海

目　录

引　言

从一个处于危机的范式，转变到一个常规科学的新传统能从其中产生出来的新范式，远不是一个累积过程，即远不是一个可以经由对旧范式的修改或扩展所能达到的过程。宁可说，它是一个在新的基础上重建该研究领域的过程，这种重建改变了研究领域中某些最基本的理论概括，也改变了该研究领域中许多范式的方法和应用。①

——库恩

当科学的车轮滑过21世纪的时间节点，一方面，信息技术的迅速发展，使人不经意间身处一种信息大爆炸的时空当中，时刻感受着科技的繁华；另一方面，当我们感受到这种“繁华”的同时也不能忽视隐藏在其背后的科学的落寞：众所周知，科学的发展是以物理学为先导，但自广义相对论提出后的100年里，物理学的发展呈现出某种停滞不前的状态。为此，2013年物理学家西蒙顿还在《自然》发表了一篇文章称：爱因斯坦之后，科学天才已灭绝。或许，现在看来，西蒙顿的观点有些偏激，但在物理学中，的确还存在很多没有得到很好解决的问题，比如基本粒子问题。其他学科也一样，比如生物学还没有彻底掌握人类遗传的密码，化学还没有搞清楚分子作用的机理，人工智能还未能达到人类智能的水平……人类还是会得癌症；抗抑郁药也没有想象中的那么管用；

① ［美］托马斯·库恩：《科学革命的结构》，金吾伦、胡新和译，北京大学出版社2012年版，第73页。

“新冠病毒”导致的疫情依然在人类世界流行……总之,似乎“科学家们许诺了太多东西,却无法一一兑现”。①

科学的停滞,也在一定程度上进一步引发了学界内的“恐慌”:1989年在明尼苏达州的古斯塔夫·阿多夫大学(Gustavus Adolphus)召开了一场专题讨论会,会议题目就是“科学的终结?”(The End of Science?)。其中一位与会者说:“我有一种日益强烈的感觉,即科学作为一种统一、普遍而又客观的追求,已经完全完结了。”②那么,科学是不是如其所说,真的要完结了?要回答这一问题,我们就要从科学发展的模式来“看”。诚如诺伍德·汉森(Norwood Hanson)在《发现的模式》一书中所说:“看是一件‘渗透着理论’的事情。”③假设约翰尼斯·开普勒站在山上观看日出,同他站在一起的是第谷·布拉赫。在开普勒看来,宇宙的中心是太阳,地球是围绕太阳运动的;而第谷的宇宙观则是追随托勒密和亚里士多德的,他认为地球是宇宙的中心,其他天体都是围绕地球旋转的。那么,我们是否可以说开普勒和第谷看到的是相同的事物?虽然可能他们都看到了太阳——一个圆形发亮的球体,但汉森强调物理状态和视觉经验是有差异的——开普勒和布拉赫通过观察形成了不同的看法。(这还只是我们“看”的一方面。另一方面,显然随着现代科学的发展肉眼已经无法满足我们看科学的条件,我们所看到的科学条件变得更复杂——我们需要借助大量的科学仪器来看。比如,生物学家看到的是显微镜下特殊形状的细胞,物理学家看到的是电脑屏上的一串数字)也就是说,当我们在“看”科学时,是有不同维度的。比如,汉森在《发现的模式》中就强调人们在“看”科学时有三种不同的维度——“看”“看到……”和“看作……”。“看见物体x,就是看见他可以以我们所知的朱x的实际行为方式,表现其行为:如果该物体的行为与我们所期望的朱x的行为不相符合,那么就会妨碍我们不再把他看作真正的x。”④

众所周知,在科学哲学上,我们“看”科学的方式肇始于逻辑经验主义。逻辑经验主义对科学的理解主要是基于逻辑关系做一种理论结构的研究,即逻

① [美]约翰·霍根:《科学的终结:用科学究竟可以将这个世界解释到何种程度》,孙雍君、张武军译,清华大学出版社2017年版,第Ⅶ页。

② 同上书,第2页。

③ [美]诺伍德·汉森:《发现的模式》,邢新力、周沛译,中国国际广播出版社1988年版,第22页。

④ 同上书,第25页。

辑经验主义强调科学知识来自对经验事实的归纳，而科学的发展就是通过归纳而使得科学知识不断累积。由此，逻辑经验主义认为科学的发展就是一个线性的、累积式的发展过程。波普尔最早发现了逻辑经验主义的问题——归纳主义的问题。他认为科学的发展不是一个线性发展的过程，而是一个不断地证伪理论、推翻理论的过程：P1→TT1→EE1→P2。由此可以看出，科学的发展就是一场革命，而库恩则把这种"革命"的观点推向了极致。库恩认为科学的发展经过了前科学—常规科学—反常—危机—科学革命—新常规科学……即所谓的"科学革命的结构"理论。与库恩同时代，拉卡托斯从科学史出发创立了"科学研究纲领"，强调科学的发展就是研究纲领间的竞争而导致的优胜劣汰。

尽管从逻辑实证主义以来，科学哲学上对科学发展模式的描述各有不同，但无论是波普尔的猜想与反驳模型，还是库恩的科学革命模型，抑或拉卡托斯的科学研究纲领，其中都显露出科学的发展始终伴随着竞争与进化，并且是科学中的竞争推动了科学的进化。有竞争，就意味着在科学中存在着争论。事实上，自科学产生之日起，科学争论就从未停歇。比如亚里士多德与柏拉图关于世界本源的争论、亚里士多德与德谟克利特就原子和宇宙学说的争论；伽利略在运动的基本规律、宇宙的结构、潮汐的起因等方面与托勒密和17世纪的亚里士多德学派产生的争论；牛顿和笛卡尔、胡克、波义耳针对光的本源的争论；爱因斯坦与庞加莱和洛伦兹就空间和时间的争论，以及其与玻尔就量子力学定律发生的争论，等等。

然而，纵观哲学史，"大多数哲学家认为，在科学领域，争论是由可察觉的、可纠正的错误引起的，它们应该被划归到非科学的、非理性的区域中，它们对知识的生产没有影响。有时这种信念是如此深刻，以至于与其他学科或经验领域相比，没有或只有争论被解决了才被看作是科学知识的标志"。[①] 比如说亚里士多德就强调知识需要被证明。培根在《新工具》一书中强调对科学而言，"为要钻入自然的内部和深处，必须使概念和原理都是通过一条更为确实和更有保障的道路从事物引申而得；必须替智力的动作引进一个更好和更准

---

① Peter Machamer, Marcello Pera, Aristides Baltas, *Scientific Controversies: Philosophical and Historical Perspectives*, Oxford University Press, 2000, pp. 3 - 4.

确的方法”。[①] 伽利略在《试金者》一书中也提道：“如果一种效应在其他场合被其他人所验证，但我们却未能观察到，这必然意味着我们的实验中缺少某种作为先前实验结果的原因的东西；并且，如果我们只缺少一种东西，那么它本身就是真正的原因……”[②]笛卡尔也认为“科学上也许没有一个问题，高明人士不是经常看法分歧的。然而，每逢他们有两个人对同一事物作出相反的判断，两人中间必定至少有一人是错误的，甚至可认为，两人中间没有一个是掌握了它的真正认识的；因为，若设他的理由是确定的、明显的，他就可以向对方提出，从而使他终于也能领悟”。[③] 对此种观点，莱布尼兹也表示认同，他说过一句很有名的话：“如果两个不同观点的人发生争论，那就坐下来，把自己的命题输入这个形式系统中去，然后让我们计算一下吧。”甚至，康德在《纯粹理性批判》中也说：[④]

> 对属于理性的工作的那些知识所作的探索是否在一门科学的可靠道路上进行，这可以马上从它的后果中作出评判。如果这门科学在做了大量的筹备和准备工作之后，一旦要达到目的，就陷入僵局，或者，经常为了达到目的而不得不重新回头去另选一条路；又比如，如果那些各不相同的合作者不能像遵守这个共同的目标所应当的那样协调一致：那么我们总是可以确信，这样一种研究还远远没有走上一门科学的可靠的道路，而只是在来回摸索。而尽可能地找到这条道路，即便有些包含在事先未经深思而认可了的目的中的事情不得不作为徒劳的而加以放弃，这就已经是对理性作出的贡献了。

上述这种追求确定性的“非黑即白”的科学观就如同波普尔在《猜想与反驳》一书中所做的概括：“科学确实这样一种少有的——也许是唯一的——人类活动，有了错误就要接受系统的批判，并及时改正。”[⑤]但事实上，

---

① ［英］培根：《新工具》，徐宝骙译，商务印书馆1986年版，第12页。

② ［英］菲利普·鲍尔：《好奇心：科学何以执念万物》，王康有、朱洪启、王黎明译，上海交通大学出版社2017年版，第203页。

③ ［法］笛卡尔：《探求真理的指导原则》，管震湖译，商务印书馆1991年版，第5页。

④ ［德］康德：《纯粹理性批判》，邓晓芒译，人民出版社2004年版，“第二版序”第10页。

⑤ Karl Popper, *Conjectures and Refutations*, Basic Books, New York, London, 1962, p. 216.

“科学中事情的正常状态是未决定的和不确定的，没有哪项新研究会完全消除不确定性”。① 在这种不确定性的推动下，不难发现，整部科学史其实就是一部科学争论史。只不过在传统的科学观中，科学是理性的化身，是对客观世界的写照，科学争论可以通过客观标准和判断性实验得到消解。但是，库恩却认为：“一个科学理论，一旦达到范式的地位，要宣布它无效，就必须有另一个合适的候选者取代它的地位才行。科学发展的历程历史研究已经告诉我们。迄今为止根本就不像否证主义方法论框框所说的能直接与自然界做比较的过程。这种议论并不意味着，科学家绝不拒斥科学理论，也不意味着经验和实验在他们拒斥科学理论的过程中是不必要的。但它的确意味着最终将成为中心要点的东西——即导致科学家拒斥先前已接受的理论之判别行动，总是同时伴随着接受另一个理论的决策；导致做出这种决策的判断，包含着范式与自然界的比较，以及范式间的相互比较。”②并且，“正如在相互竞争的政治制度间作出选择一样，在相互竞争的范式之间作出选择，就等于在不相容的社会生活方式间做选择。正因为这样，范式的选择并不是也不能凭借常规科学所特有的评估程序，因为这些评估程序都部分依据某一特定范式，而正是这一特定范式出了毛病，面临争论，才有其他范式试图取而代之。当不同范式在范式选择中彼此竞争相互辩驳时，每一个范式都同时是论证的起点和终点，每一学派都用他自己的方式去为这一范式辩护”。③

也就是说，“科学争论首先是一个历史的实在问题，而不是一个单纯的逻辑问题”。④ 既然，科学争论是一个实在问题，那么存在不同类型的科学争论，主要包括：

> 其一，关于事实的争论：这是关于特定观察陈述的真实性或可靠性的论战，它将决定这一（组）陈述能否作为科学事实而存在。
>
> 这种争论易于导致某种重要的决定性或判决性实验，从而证实或反

---

① ［美］亨利·N. 波拉克：《不确定的科学与不确定的世界》，李萍萍译，上海世纪出版集团2012年版，第16页。

② ［美］托马斯·库恩：《科学革命的结构》，金吾伦、胡新和译，北京大学出版社2012年版，第66页。

③ 同上书，第80页。

④ 郭贵春：《科学争论及其意义》，《自然辩证法通讯》(北京)1999年第3期，第22页。

驳、提出或终结某一科学事实及其相关理论，如对“以太”的争论所引起的“迈克尔逊—莫雷”实验就是一个非常漂亮的例子。

其二，关于理论的争论；科学模型、假设或理论存在的多元性是这种争论的根源。它构成了科学活动的正常形态，科学发展的理智动力和科学知识进步的矛盾机制。如在关于光的研究中，粒子说与波动说的长期争论所具有的特征。

其三，关于原则的争论：这种争论不在于对可选择理论自身的合理性争论，而在于对该理论的本体论、认识论或方法论原则的争论，即关于理解解释或理论评价的原则的争论。由于它涉及关于整个科学研究方法的普遍原则，因此它本质上是一种“元科学”的争论。如牛顿及其批评者关于力的概念的争论、爱因斯坦和玻尔关于量子理论的完备性争论、20世纪50年代关于“大爆炸”宇宙学的争论等，都从力、时间、空间或能量守恒等问题上，引出了关于宇宙结构及其本质的原则性的争论，就是很明显的例证。

其四，“混合”争论：以某种方式包含着科学以及伦理和政治性原则的争论，即包含着科学与非科学双重因素的争论被称为“混合”争论。关于原子能技术的研究及其应用的各种争论，就是这样一种混合争论。

其五，关于优先权的争论：这种争论是关于科学发现或发明的权利的争论。比如，牛顿与莱布尼兹关于发现微积分的争论，胡克与欧登堡关于发明钟表游丝的争论等就属于这种争论。①

特别是随着科学知识社会学的兴起，科学争论作为科学知识社会学研究的主要论题也引起了科学哲学家的关注。科学知识社会学研究的主要案例包括：哈里·柯林斯(Harry Gollins)对建造TEA激光器的过程中知识转移过程的争论研究；布鲁诺·拉图尔(Bruno Latour)对围绕促甲状腺释放因子(Thyritripin Releasing Factor，简称TRF)的合成的争论；特雷韦·平奇(Trevor Pinch)对探测中微子实验中科学家的意见分歧；大卫·特拉维斯(David Travis)对科学家争论涡虫实验是不是科学实验的争论……

① 郭贵春：《科学争论及其意义》，《自然辩证法通讯》(北京)1999年第3期。

但是，有别以往，随着科学的发展，当代科学争论已从围绕科学方法、科学机制直逼科学事实本身，这在探测引力波实验中体现得尤为突出：如果要评选本世纪最伟大的科学实验，探测引力波实验必然会榜上有名。引力波是由双黑洞合并，双中子星碰撞，超星星爆发，或者其他宇宙突变事件所产生的时空涟漪。2015 年，美国“激光干涉引力波天文台”(Laser Interferometer Gravitational-Wave Observatory，简称 LIGO)在人类历史上第一次直接探测到了一个质量为 29 倍太阳质量的黑洞与另一个质量为 36 倍太阳质量的黑洞碰撞合并产生的引力波。这个距我们约 13 亿光年远的事件被称为“GW150914”。该实验引发了一场天体物理学革命，这些在现实中难以捉摸的引力波已经开始揭示天体的秘密，开启了所谓“多信使宇宙学观测”的新时代。因此，毫无悬念，2017 年瑞典皇家科学院在斯德哥尔摩宣布将该年度的诺贝尔物理学奖授予美国麻省理工学院教授雷纳·韦斯(Rainer Weiss)、加州理工学院教授基普·索恩(Kip Thorne)和巴里·巴里什(Barry Barish)，以表彰他们在 LIGO 探测器和引力波观测方面的决定性贡献。

然而，在人们为这场科学盛宴欢呼的同时，对探测引力波实验的质疑也不绝于耳。那么，在实验原理、实验步骤、实验结果的判定都表现出很强的不确定性时，科学实验是如何进行的、其所带来的认识论挑战又有哪些，这是本书所要解决的主要问题。为此，本书研究主要沿两条线索展开：其一，关注科学事实层面，侧重于讨论探测引力波实验中所涉及的科学争论类型、产生原因及争论解决过程和机制；其二，关注科学价值层面，侧重于讨论探测引力波实验所涉及的科学争论给当代认识论带来的挑战。围绕上述两条线索，本书研究分为三部分：

第一部分，讨论探测引力波实验的理论基础，对应第一章，主要从物理理论层面对何为引力波、引力波是如何产生的、引力波探测器建造的物理原理，以及引力波探测实验的难度进行理论分析。

第二部分，讨论探测引力波实验所涉及的主要争论类型，其中又分为两个层面的研究：第一个层面，着眼于探测引力波实验本身所涉及的三大争论：(1) 探测引力波实验早期，围绕韦伯探测引力波实验所引发的争论；(2) 探测引力波实验中期，围绕美国探测引力波 LIGO 实验室的建设所引发的争论；

(3) 探测引力波实验后期，针对 LIGO 第一次在世界范围内宣布人类首次探测到了引力波信号——GW150914 信号的可信度的争论(对应第二、四、六章)。第二个层面，主要针对由上述三场大的科学争论所引发的哲学思考的讨论，即关于"实验者的回归论题"、大科学实验的不确定性问题，以及科学实验的可信任度的建构问题、技能与专长的社会规范性问题(包括第三、五、七、八章)的讨论。

第三部分，基于本书第二部分研究，对当代科学争论的特征做整体性反思。所讨论的问题主要包括当代科学争论的特征和当代科学争论解决的可能路径——公众参与的讨论。

第一章 关于引力波的前世今生

美国当地时间 2016 年 2 月 11 日上午 10:30，北京时间 2016 年 2 月 11 日 23:30。美国国家科学基金会(NSF)召集了来自加州理工学院、麻省理工学院以及 LIGO 团队在内的科学家代表在美国华盛顿国家新闻中心向全世界宣布：由加州理工学院、麻省理工学院和 LIGO 在内的科学家利用设在华盛顿州汉福德的增强型激光干涉引力波探测器(Advanced LIGO)H1 和位于路易斯安那州利文斯顿的相同设备 L1 发现了引力波存在的直接证据。这一发现的意义深远——它不仅再一次地验证了爱因斯坦广义相对论的正确性，[①]同时也可以说它是一道光，为我们照亮了整个宇宙。之所以这样说，是因为引力波是一种探测宇宙的工具，它可以帮助我们解开宇宙之谜。但开启引力波的探测之路并非一帆风顺，早在 1916 年，爱因斯坦就提出了引力波，但在这一理论提出的 100 余年之后，人们才宣告准确地探测到引力波，其实验难度及复杂程度之大可以想象。在对围绕探测引力波实验的争论展开讨论，并进一步挖掘其带给我们的认识论挑战之前，我们首先要从理论上对何为引力波有一定的认识。

---

① 在此之前，爱因斯坦广义相对论的四大推论中，包括水星近日点的剩余进动、引力红移光线偏转都已经得到了验证，只剩引力波的存在尚未经证实。

第一节　引力波与爱因斯坦引力场方程

引力相互作用的本质是爱因斯坦在广义相对论中阐明的，广义相对论是爱因斯坦一生中最伟大的成就。19 世纪末，以牛顿和麦克斯韦电磁理论为代表的经典物理学日趋完善。但是，随着研究的深入，牛顿力学的局限性也凸显出来。例如，牛顿把引力看成是一种“超距”作用，它不能解释水星近日点的剩余进动，在研究物体高速（接近光速）运动时也遇到困难，更不能对宇宙大范围的运动性质给出完美描述。而爱因斯坦的工作则弥补了这方面的缺陷。

1905 年 6 月，爱因斯坦完整地提出了狭义相对性理论。他用相对时空代替牛顿力学中的绝对时空，指出物理规律在任何惯性系中都是相同的。然而，狭义相对论也有它的局限性，其一是只对那些以恒定速度相对运动的惯性坐标系有效，其二是与牛顿定律不相容。为了克服这两个局限性，爱因斯坦将相对性原理加以推广，使他不仅适用于惯性坐标系，而且适用于相互之间有相对加速度的非惯性坐标系，即将狭义相对性原理推广为广义相对性原理，并引入等效原理，把引力效应和非惯性坐标系联系起来。以这两个原理为基本假设，爱因斯坦运用几何方法将牛顿万有引力定律纳入相对论的框架之中，创立了广义相对论。

1911 年，爱因斯坦指出，光线弯曲是等效原理所致，而且这种效应一定会在天文学实验中被观测到。1913 年，爱因斯坦发表了重要论文《广义相对论纲要和引力论》，提出了引力的度规场理论，首次把引力和度规结合起来，使黎曼几何有了实在的物理意义。这种用非欧几里得几何来描述引力场的思想，为广义相对论的发展找到了一个重要的数学工具。1913—1915 年，爱因斯坦继续从事引力理论研究和张量分析，集中精力探索引力场方程。1915 年 11 月 4 日，在向普鲁士科学院提交的一篇论文中，爱因斯坦写出了满足守恒定律的普遍协变的引力场方程。在 1915 年 11 月 18 日的论文中，他根据新的引力场方程推算出光线经过太阳表面时所发生的偏转，同时推算出水星近日点的剩余进动值，它们同观测结果一致。这一发现解决了困扰天文学 60 年的一大难题。在 1915 年 11 月 25 日的论文《引力场方程》中，他提出了引力场方程，宣告广义相对论的建立。1916 年 3 月，爱因斯坦发表了论文《广义相对论的基础》，成为物理学上的一个里程碑。爱因斯坦引力场方程为：

$$G\mu\nu = \frac{8\pi G}{c^4} T\mu\nu$$

$G\mu\nu = R\mu\nu - \frac{1}{2} g\mu\nu R$，称为爱因斯坦引力张量，表征时空几何的黎曼特征。黎曼将高斯曲线坐标推广到 n 维空间，使无限邻近的两个点之间的间隔的平方：

$$ds^2 = \sum_{\mu,\ \nu=1}^{n} g_{\mu\nu} dx_{\mu} dx_{\nu}$$

如果采用自然单位，将引力常数 G 和光速 c 都设为一，则爱因斯坦引力场方程演变为：

$$G\mu\nu = 8\pi T_{\mu\nu}$$

这是爱因斯坦引力方程常见的另一种表示。

用著名的美国物理学家惠勒的话来说，爱因斯坦引力场方程的本质就是：物质告诉时空怎样弯曲，而弯曲的时空告诉物质怎样运动。爱因斯坦的广义相对论将引力解释为时空弯曲，因为根据最小作用原理，光线是走捷径的，即沿着“短程线”（也称测地线）行进。所谓“短程线”，就是两点之间的最短路线。在平面上就是直线；在球面上就是圆心与球心重合的大圆上的弧线。实际上，有关短程线的方程就是物体在引力场中的运动方程。光线在横穿上述非惯性坐标系时不再沿着直线传播，而是沿抛物线行进，这就意味着在上述非惯性坐标系中发生了时空的弯曲。

爱因斯坦引力场方程把引力场和时空度规联系起来，将引力解释为时空弯曲。有质量的物体可以导致时空弯曲，引力是物质对时空弯曲的一种响应。一个物体穿过弯曲的时空时，将遵循一条最短路径运动，即沿着一条测地线运

图 1.1

动。这意味着任何一个质量体都会自发地向另一个质量体靠近。引力是时空弯曲率的一种表征。

第二节 引力波的特性

引力波是爱因斯坦广义相对论最重要的预言，引力波探测是当代物理学重要的前沿领域之一。引力场的扰动在宇宙中传播开来，形成引力波。爱因斯坦引力场方程是双曲型偏微分方程，它意味着引力波的扰动将以有限的速度传播开来，这种传播的扰动就是以光速传播的引力波，其形式就像水池中微波纹一样，引力波是时空中的涟漪。根据引力波方程可知引力波具有如下特性：①

(1) 引力辐射的第一项是质量四极矩随时间变化时发射的，引力波在引力理论中的位置与电磁波在电磁学中的作用类似。像电荷的电多极矩一样，

① 王运永：《引力波探测》，科学出版社 2020 年版，第 26—27 页。

也可以写出引力波源质量分布的质量多极矩。引力波是波源质量多极矩随时间变化时发射的,它的第一项是质量四极矩随时间变化时发射的。

(2) 引力波是横向无痕的,它有两个极化模式 h_+ 和 h_x。就是说假设我们在空间画一个圆。关于空间的 $x-y$ 平面内,引力波沿 z 轴方向传播。当引力波到来时,圆内的空间将跟随引力波的频率 ω 在一个方向上被拉伸或被压缩,相应地在其垂直的方向上被压缩或被拉伸。

(3) 引力波以光速进行传播。

(4) 引力波的强度非常弱,它比我们熟知的电磁相互作用小 38 个量级。

引力波的强度 h 可以用质量四极矩随时间的变化来表示:

$$h = G\left(\frac{d^2Q}{dt^2}\right)\Big/c^4 r$$

其中,G 是引力常数;r 是观测点到波源的距离;c 是光速;Q 是波源的质量四级矩。Q 定义为:

$$Q_{ik} = \int \rho(3x_i x_k - \sigma_{ik} x_j x_j)dV$$

其中,ρ 是引力波的质量密度分布函数。

引力波的强度通常用无量纲振幅 $h(t)$ 表示

$$h(t) = F^+ h_+(t) + F^\times h_x(t)$$

其中,F^+ 与 $F^\times$ 是天线图样函数。

无量纲振幅 $h(t)$ 是引力波引起的时空畸变与平直时空规之比,$h(t)$ 又称应变,其意义可用图 1.2 表示:

在图中,当引力波通过时,图中有一个圆,它位于空间 $x-y$ 的平面上,直径为 L。当引力波 h_+ 沿着垂直于圆的平面通过时,该圆会因时空弯曲发生形变。根据引力波的特性,圆内的空间将随引力波的频率 ω 在一个方向上拉伸(或压缩),同时,预期在垂直的方向上被压缩(或拉伸),变成一个椭圆。当引力波通过 1/2 周期时恢复到圆,到了 3/4 周期时又变成椭圆,不过方向转了 90 度。当引力波走过一个周期时,该空间恢复到圆。

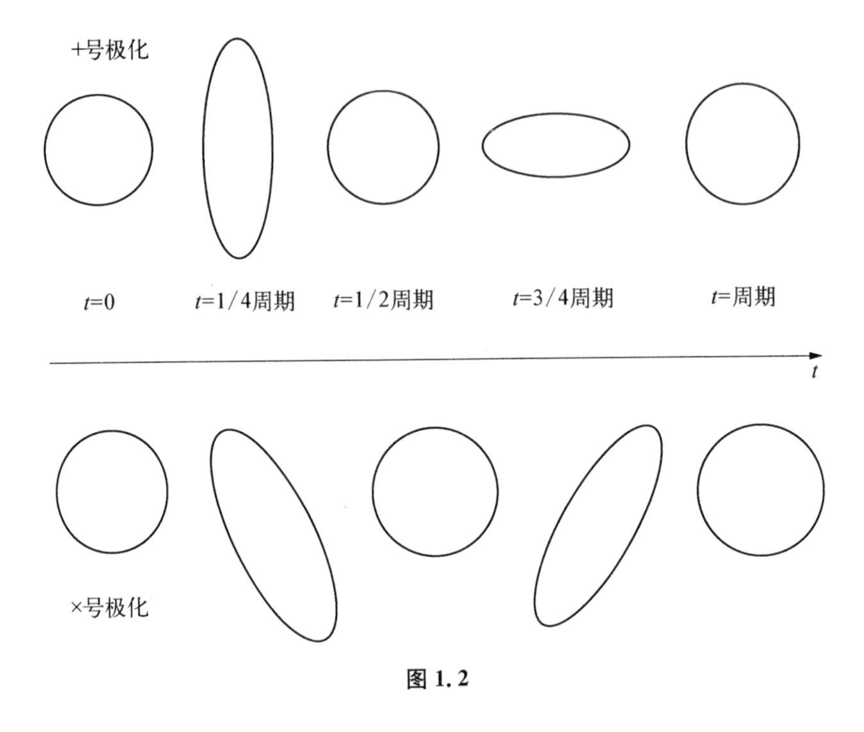

图 1.2

第三节　引力波与电磁波的比较

引力波与电磁波两者的差别如表 1.1 所示：①

表 1.1　引力波与电磁波的比较

电　磁　波	引　力　波
电荷加速或电流振荡产生电磁波	引力质量四极矩随时间变化产生力波
穿越时空的横波	时空扰动的传播，是横波，有两个偏正态 h_+ 和 $h_\times$
由天体源构成部分（如分子、原子、原子核、离子等）彼此无关地辐射出去	由天体源的整体运动所辐射

① 王运永：《引力波探测》，科学出版社 2020 年版，第 29 页。

续　表

电　磁　波	引　力　波
波长远小于天体源的尺度	波长可与天体源相比拟，甚至大于天体源尺寸
可对天体源进行"类像"探测，即"看见"电磁波	可对天体源进行"类声"探测，即"听"引力波
有比较成熟的场的量子化理论，场量子为光子，其自旋是 1	还没有成熟的引力量子场化理论，想象中的场量子为引力子，其自旋是 2

第四节　引力波的可探测性

虽然早在 1916 年，爱因斯坦就预言了引力波的存在。但引力波理论的确立同坐标选择有关，所以爱因斯坦当时并不能确定引力波到底是引力场的固有性质、还是某种虚假的坐标效应。并且，引力波是否从发射源带走能量也是一个十分模糊的问题。此外，引力波探测的难度还不限于理论基础方面，实验设备、实验技术和计算能力的制约也是引力波探测实验的制约条件。

到了 20 世纪 50 年代，探测引力波实验的理论探索取得了突破，首先是确立了包括同坐标选择无关的引力辐射理论，求出了爱因斯坦真空方程的一种以光速传播的平面波前、平行射线的严格波动解。继而在 20 世纪 60 年代，物理学家通过研究零曲面上的初值问题，证明了引力辐射能够带有能量，检验质量在引力波作用下会发生运动。经过近 50 年的不懈努力，在理论层面上为探测引力波实验打下了可靠的理论基础。

在实验层面，自 20 世纪六七十年代，天文学上出现了一系列新发现：例如 1965 年发现的天鹅座 X－1(Cygnus X－1)是人类发现的第一个黑洞候选天体。它是一颗高质量 X 射线双星，其主星是一颗超巨星，光谱型为 B0，伴星名为 HDE 226868，是一颗 8.9 等的变星，直径大约 2 500 万千米。该黑洞从邻近轨道运行的蓝色超级巨恒星中吸取气体，它向内螺旋式释放巨大热量，喷射出高能量X射线和伽马射线。1967年10月，剑桥大学卡文迪许实验室的安东尼·休伊什(Antony Hewish)和他的研究生乔林斯·贝尔-伯内尔(Jocelyn Bell Burnell)在检测射电望远镜收到的信号时无意中发现了一些有规律的脉冲信号，它们的周期十分稳定，为1.337秒。后来人们确认这是一类新的天体，并把它命名为脉冲星(Pulsar)。1974年，美国马萨诸塞大学的罗素·胡尔斯(Russell Hulse)和约瑟夫·泰勒(Joseph Taylor)在波多黎各的阿雷西博通过射电望远镜观测到了脉冲双星PSR1913+16。脉冲双星被观测到，不但证明了爱因斯坦广义相对论的存在，同时由于脉冲双星间的距离在减小，而能够发射充足的引力波的来源并不多，因此脉冲星的发现间接地证明了引力波的存在。这些科学实验对于探测引力波实验来说，无疑是振奋人心的。

一、引力波强度计算

引力波强度可用无量纲振幅 h 表示。引力波的第一级分量是质量四极矩随时间变化引起的，引力波的强度可表示为：

$$h = G\left(\frac{d^2Q}{dt^2}\right)\Big/c^4 r$$

其中 G 是引力常数，c 是光速，r 是观测点导波源的距离，Q 是引力波波源的质量四极距，它的定义为：

$$Q_{ik} = \int\rho(3x_i x_k - \sigma_{ik} x_j x_j)\,dV$$

ρ 是引力波源的质量密度分布函数。

波源的质量四极矩 Q 的表达式很复杂，它曾经被爱因斯坦推导出来，对一些特殊的部位来说会简单一些。

如果用 K_{kin}^{ns} 表示波源内部动能的非球对称部分，则 $\frac{d^2Q}{dt^2}$ 可近似地表示为：

$$\frac{d^2Q}{dt^2} \approx 4\ E_{kin}^{ns}$$

从而得到：

$$h \approx \frac{4G(E_{kin}^{ns}/c^2)}{c^2 r}$$

在远场处，合理地使用平面波近似，可以估算出引力波源的辐射功率为：

$$-\frac{dE}{dt}=\frac{G}{45c^5}\left(\frac{d^3Q_{ik}}{dt^3}\right)\left(\frac{d^3Q_{ik}}{dt^3}\right)$$

致密双星系统是最有可能产生引力波的天体，它们在旋进过程中所发射的引力波功率为：

$$N \approx k\,\frac{M^2L^4\omega^6}{c^5/G}$$

其中，c 是光速；G 是牛顿引力常数，开始预期系统几何有关的参数。

二、引力波源

显然，宇宙中存着在大量的高质量、高密度运动的天体，它们都有可能产生引力辐射。大体上，宇宙中有可能产生引力辐射的主要天体运动有：

（一）致密双星的旋转与合并

对地面上的引力波探测器来说，致密双星系统是首选的引力波源。致密双星系统可以是中子星—中子星、中子星—白矮星、中子星—黑洞、黑洞—黑洞等。这类新体的尺寸一般都比较小，例如中子星直径一般为 20 千米左右。当双星距离较远，绕转轨道比较稳定时，其辐射的引力波振幅和频率也比较稳定。“一般说来，如果一个引力辐射系统能够在较长时间内（相对观测时间而言）持续辐射较为稳定的引力波信号（包括引力波振幅和频率）则我们称之为连续的引力波源。”①当双星距离较远时，它属于连续的引

① 王运永：《引力波探测》，科学出版社 2020 年版，第 33 页。

力波源。但是当双星距离很近时，公转轨道衰减比较明显，它们以较高的频率绕质心转动。这意味着质量四极矩的二阶导数较大，引力波以很高的功率辐射。在接近或处于合并的阶段，其持续时间非常短，合并阶段的双星引力辐射是爆炸性的。计算表明，致命双星系统辐射能量是如此之大，以至于一个彼此相距几千米的双星会在几分钟甚至几秒钟之内失去它们的全部势能。随着时间的增加，引力波的振幅和频率都会增加，直到两个天体足够靠近而合并。

其中，“当双星距离较远，星体的运动速度未达到相对论速度，双星的公转轨道由于引力波辐射造成的衰减比较慢时，后牛顿近似可以很好地描述其引力辐射，该阶段被称为旋进阶段。但是在绕转阶段的晚期和并合时期，通常统称为并合（emerge）阶段，引力场非常强，这时后牛顿近似失效，因此一般采用数值相对论的方法来求解。在双星最后合并成黑洞之后，需要通过引力辐射将多余的自由度辐射掉而变成一个静态的黑洞，这个阶段通常被称为铃宕阶段，其辐射的引力波可以用黑洞振荡的‘准正则（quasi-normal）’模型来解析描述。因此一个双星合并事件的引力辐射模板是由三部分有效叠加而成的，这对引力波信号的搜寻非常重要”。① 由此可知，双星合并过程主要分为三个阶段：

其一是旋进阶段。在此阶段上，由于引力辐射带走能量，致命双星的旋绕轨道逐渐从椭圆变成圆形，其辐射的引力波频率也逐渐进入我们在地球上建立的探测器的测量范围之内，在此阶段由于引力辐射不断带走轨道能量，旋绕轨道不断收缩，引力波幅度增大，频率也不断增高，形成一种鸟鸣信号（振幅不断增大、频率不断提高的连续信号）。

绕质心转动的密近双星系统在旋进阶段是最可能的周期性、连续性的引力波源。密近双星系统在旋绕阶段的物理图像是清晰的，数学模型是成熟的，很多参数可以计算出来。假设由质量 m1 和 m2 组成的双星系统，两个球状子星各自以角频率 ω 绕质心做轨道运动，辐射的引力波频谱中包含 ω 偶数倍的频率。辐射的功率和频谱取决于星体的质量、轨道半径和轨道偏心 e。对于双

① 王运永：《引力波探测》，科学出版社 2020 年版，第 35—36 页。

星系统来说，频谱中出现的最低频率为 2ω ，当 $e=0$ 轨道为圆形时，除频率为 2ω 的谐波之外，其余的高次谐波辐射功率都非常小。根据广义相对论可以算出一个轨道为圆形的双星系统，在距它的质心为 R 处，接收到的引力波的无量纲振幅为：

$$h=2.4\times10^{-19}\frac{m_1m_2}{(m_1+m_2)^{1/3}}\left(\frac{100\ pc}{R}\right)\left(\frac{\omega/2\pi}{10^{-3}Hz}\right)^{2/3}$$

从引力辐射公式可知，要产生强度足以被探测到的引力波，两个子星的质量要足够大、轨道周期要足够短、与探测点的距离也不能太大。

其二是合并阶段。当双星的旋绕轨道达到最内稳定圆时，两个星体将动态地合并在一起。该合并过程的引力辐射是剧烈的、爆发性的，与星体的结构和质量密切相关，这时的引力波携带大量与星体内部结构有关的信息。

其三是铃宕阶断。当两个星体合并后高速旋转时，其发射的引力波具有“余波”的特点，幅度逐渐衰减。

（二）黑洞

按照天体的演化来看，在恒星演化过程中，当核能耗尽之后，将会发生引力收缩，最后演化成白矮星、中子星或黑洞。一颗恒星演化到末期，会成为上述三类天体中的哪一种完全取决于它的质量。如果仍有物理效应足以同自身引力抗衡，则会形成白矮星或坍缩为中子星等致密天体，否则引力坍缩将一直持续下去，直到形成黑洞。黑洞是致密双星系统中最重要的组成部分，2016 年 LIGO 观测到的引力波信号就是由两个双星系统合并成的黑洞产生的。

在黑洞的形成过程中，会有引力波发射出来。1999 年，意大利的 V. 弗拉里等比较系统地阐述了如何从恒星生成率得到超新星事件率，再从单个源的能谱推广到宇宙学尺度内的所有事件，对红移及超新星质量进行积分，最后得到随机背景的能量密度参数。巴西一个小组也对这一背景引力波进行了大量预算，得到了相近的结果。

(三) 超新星爆发

如果其引力波爆发时指标远远小于观测指标，我们称之为爆发式的引力波源，这一类引力波事件一般产生于剧烈的爆发事件，如超新星爆发、宇宙弦碰撞、脉冲星的周期跃变现象发生时伴随的引力辐射等。

超新星质量很大又很致密，在经历非常大的加速而坍缩的过程中，对Ⅱ型超新星来说，如果它的核在坍缩时偏离对称轴，将有很强的引力波辐射出来。根据这种引力波的强度和波形，可以用来判断这类超新星爆发的尚未清楚的机制。虽然在超新星爆发过程中会伴随着强烈的引力波辐射，但是由于星体坍缩的物理过程非常复杂，数值计算起来非常困难，以及涉及复杂的数值相对论、中微子效应、流体力学过程、微观物理过程和磁场等的影响，超新星爆发的机制至今仍是一个理论上的难题。因此在该过程中引力辐射的精确预言也有很大的不确定性。

(四) 中子星或黑洞形成

当一颗星体的核燃料耗尽时，它将坍缩成一颗中子星或黑洞。探测中子星或黑洞形成过程中辐射引力波，为理解该星体核坍缩的物理过程、跳动及随后发生的振荡提供重要信息。此外，球状星团内黑洞的生成、星系核和类星体内黑洞的生成，身体被黑洞俘获等天文现象都会产生爆发性引力辐射，引力波探测是发现和研究这类剧烈天体变化过程的最佳方法。2006 年，基于当时最长的轴对称超新星爆发数值模拟，C. D. 欧特(C. D. Ott)等发现了一种新的产能机制与前中子星内核振荡相关，这种振荡主要表现为 g 模式，发生在反弹后几百毫秒，典型的持续时间为数百毫秒。这一机制可能是超新星爆发辐射引力波的主导过程，总的辐射能量可能高达 10^{-4}。S. 马拉西(S. Marassi)等利用上述数值进行模拟得到引力波背景能量密度，参数峰值发生在 50 Hz，达到 10^{-9}。

(五) 新生中子星的沸腾

新诞生的中子星温度可高达 10^9 K 量级。这些极大的热量可导致中子星内部不稳定，从而使该星核中的物质被拖曳到“中微子气体”中。这种现象被称为新生中子星的“沸腾”。根据理论估算，这种“沸腾”时间约为0.1秒，该沸腾过程会导致爆发性引力波的产生。

（六）坍缩星核的离心悬起

当一个临近坍缩的星核快速自转时，在星核尺度达到中子星的直径之前，它可能因为离心作用而悬起。为收缩到中子星的尺度，它将以引力波的形式把轨道能量释放出来，该引力辐射也是爆发性的。

（七）旋转的中子星

中子星是旋转的致密星体，它是超新星爆发的遗留天体。一般说来，其质量与太阳质量相当，半径为10千米左右。靠中子简并压与引力达到平衡，是宇宙中最致密的天体之一。中子星绕其自转轴高速旋转，而其电磁信号扫过地球时，人们可以接收到规则的脉冲信号，因此中子星通常表现为脉冲星。当中子星的旋转轴不对称时，其四极矩会随时间变化，可以产生比较强的引力辐射。对于一个给定的旋转中子星，其最强的引力波频率是中子星自转频率的两倍，地面激光干涉仪引力波探测天文台（如LIGO、VIRGO等）可观测的引力波有相当一部分来自旋转比较快的中子星，其自转周期一般为毫秒的量级。通常来说，这种类型的中子星包括两类：一类是年轻的中子星（包括Crab脉冲星、Vela脉冲星等），这类脉冲星还没有来得及自转减速；另一类是老年的毫秒脉冲星，它们一般产生于双星系统，由于吸积其伴星的物质后其自转加速而形成。

（八）超大质量黑洞

正在吞噬周围天体的超大质量黑洞也是非常好的连续引力波辐射源，但其频率比较低，一般mHz量级。在地球上探测很困难，但却是太空引力波探测如LISA的有力候选者。

（九）随机背景辐射

“随机引力波背景更为广泛的定义是大量独立的、微弱的且不可分辨的引力波信号叠加形成的一种随机引力波信号，其随机性意味着它只能由统计学量来描述。"①它来源于极早期宇宙发生的众多物理过程所产生的原初引力波，传播到现在形成宇宙中的一种引力波背景，非常类似宇宙中的微波背景辐射。

根据广义相对论，大量宇宙学的或天体物理的现象均可以产生引力波，宇宙中存在着大量的引力波源连续爆发。由于数量巨大，分配范围极广，它们发射的引力波相互叠加，形成一种随机背景引力辐射。因此可以很自然地认为，我们"沐浴"在一个引力辐射的随机背景下。这种随机背景引力波是引力波探测的重要目标之一，随机背景引力辐射主要由以下几种成分组成。②

1. 数量庞大的密近双星系统辐射的连续引力波

双星系统在宇宙中是广泛存在的，其子星质量、轨道周期、轨道偏心率以及到地球的距离大多数是不相同的，到达地球的引力波的频率成分和强度也各有不同。它们相互叠加形成随机背景引力辐射的一部分。

2. 黑洞形成前期发射的引力波

质量超过 2.4 倍太阳质量的主序星在演化后期，恒星星体的简并中子气体向外膨胀的力已经不能抵消恒星星体质量产生的自引力，星体不断坍缩，直至变成黑洞。在即将变成黑洞之前，由于存在高密度物质的剧烈的非轴对称运动，引力波产生，这种引力辐射是爆发型的。它也构成随机背景引力辐射的一部分。

3. 天体物理背景

大量的、不可分辨的天体引力波源产生的引力波信号叠加在一起，形成一种引力波背景，这种天体物理背景引力波的探测将提供宇宙中恒星形成或星系活动的信息。但是，如何在探测器的输出数据中寻找并区分两种不同起源的随机引力波背景，是一个很重要也颇具挑战性的问题。

4. 宇宙大爆炸时的遗迹引力辐射

除了上述天体物理过程产生的引力波背景之外，还有一类非常重要的随机引力波背景起源于宇宙的膨胀与演化过程，因此被称为宇宙学起源的背景

---

① 王运永：《引力波探测》，科学出版社 2020 年版，第 41 页。
② 同上书，第 41—42 页。

引力波。这一类引力波源也可能来自宇宙演化的不同阶段，包括宇宙暴胀时期形成的原初引力波，宇宙重加热过程产生的引力波，早期宇宙相变过程产生的引力波。宇宙弦等大尺度结构的运动与演化过程中产生的引力波，其中最重要的原初引力波部分是目前最确定存在的一种宇宙背景引力波源。

第二章 由韦伯探测引力波实验引发的三场争论

对于当代科学的发展来说，无疑这是一个科学争论频发的时代。比如，关于量子力学诠释的争议；又如，关于关于阿尔茨海默症、[①]抑郁症的成因[②]的争论……国内，关于杨振宁与丘成桐关于建造量子对撞机的争论、对韩春雨实验结果的质疑、国外关于无燃料推进器的争论……但是，相较以往，当代科学争论呈现出了不同的特征——争论从科学的外层渗透进内层，从关于理论、研究方法的争论直逼事实本身，这在探测引力波实验中体现得尤为突出。2016 年 2 月，LIGO 宣布人类首次探测到了引力波，霎时间全世界为之振奋。但实际上这并不是科学史上第一次声称探测到了引力波，之前的"韦伯事件""BICEP2 事件""大犬事件"都曾宣称探测到了引力。但是，为什么之前的结果都不被信任，科学界却相信了此次 LIGO 的实验结果？科学事实的确立是基于证据还是文化？这恐怕还得从韦伯实验及由其引发的三场争论谈起。

---

① 2019 年 3 月，制药巨头渤健(Biogen)终止了阿尔茨海默药物 aducanumab 的两项大型临床试验，因为该药物没有显示出改善患者记忆的能力。然而几个月后，该公司却和合作的日本制药厂卫材(Eisai)表示，他们将请求美国食品及药品管理局(FDA)批准该药品上市。渤健公司称，新的分析显示该药物能溶解少数患者大脑中的β-淀粉样蛋白斑块，有助于治疗阿尔茨海默症。

② 20 世纪初，关于抑郁症的分类和成因有较大的争议，以德国大脑病理学家埃米尔·克雷伯林(Emil Kraeplin)为首的一派认为抑郁症是一种神经疾病，而奥地利心理学家西格蒙德·弗洛伊德(Sigmund Feeud)则认为人们的愤怒和失落感导致了抑郁症。

第一节　韦伯其人

在科学史上，最早是在1969年，美国马里兰州立大学的物理学家韦伯(Joseph Weber)首次在物理学权威期刊《物理评论快报》(*Physical Review Letters*)杂志上发表论文声称测到了引力波。① 尽管后来由于韦伯实验无法复制，因此被学术共同体判定为是一个失败的实验，韦伯也因此被踢出了探测引力波实验的核心层，但不可否认的是，“尽管如此，韦伯引力探测器仍然是引力波天文学发展的一个重要里程碑”。②

在美国物理学界，韦伯的经历可称得上是传奇。韦伯的本名应该是“约纳”(Yonah)或“扬基”(Yankee)，③原名“约纳·盖尔巴”(Yonah Geber)，1919年5月17日出生于新泽西州帕特森市(Paterson)，他的父母是来自立陶宛的犹太难民。④ 由于他母亲的口音很重，上学时老师误把“约纳”听成了“约瑟夫”，因此给他改了名；他父母又在填写护照信息时，把全家人的姓氏“Geber”误写成“Weber”，⑤于是就有了“约瑟夫·韦伯”这个名字。

在大萧条时期，韦伯当高尔夫球童，每天挣一美元。后来，他自学修理收音机，收入增加了10倍。为了替父母省钱，韦伯通过考试，从库伯联盟学院辍学去了美国海军军官学校(US Naval Academy)。同年，他受命担任海军少尉，服役于美国列克星敦号航空母舰(Lexington)。从此以后，他成了美军军官、雷达专家、导航员，后来成为指挥官——1941年12月5日，列克星敦号从珍珠港驶出。1942年5月8日，该航母在珊瑚海战役中被击沉，当时的韦伯就

---

① Joseph Weber, “Evidence for the Discovery of Gravitational Radiation”, *Physical Review Letters*, 1969, Vol. 22, No. 24, pp. 1320 - 1324.

② Gaurang B. Yodh & Richard F. Walls, “Joseph Weber”, *Physics Today*, Vol. 7, No. 74, 2001, p. 75.

③ 5岁时，韦伯被一辆公共汽车撞伤，需要接受语言恢复训练，也就是通过这次训练使他形成了浓重的美国口音，从那次事故之后，家里人都叫他“扬基”。

④ Janna Levin, *Black Hole Blues and Other Songs from Outer Sapce*, New York: CITIC Press, 2017, p. 114.

⑤ 尽管重新登记信息的费用并不高，但他们全家还是选择将错就错。

在这艘航母上。幸存的韦伯随后被任命为美国 SC-690 号航空母舰的指挥官，指挥着 SC-690 为那些穿越大西洋的航母舰队护航，并参与了 1943 年 7 月在西西里岛的登陆战役。

第二次世界大战结束后，韦伯成为海军舰艇局电子设计科科长。由于韦伯有业余的无线电工作经验、参与过雷达工作，因此他的任务主要负责电子对抗(electronic countermeasures)。1948 年，韦伯辞去了中校职务，应聘到马里兰大学，成为电气工程专业教授，年薪 6 500 美元，时年韦伯 29 岁。当时，马里兰大学开出的条件之一是他必须取得博士学位，但韦伯当时并没有博士学位。为了达到这个条件，他试图报考当时著名的核物理学家、宇宙学家乔治·伽莫夫(George Gamow)的博士生。当时，伽莫夫教授问他："你能做什么?"韦伯答道："我是一名有一定经验的微波工程师。您能给我指点一本博士研究类的书吗?"伽莫夫回答是："不。"①(1940 年，伽莫夫曾与他的两个学生拉尔夫·阿尔菲[Ralph Alpher]和罗伯特·赫尔曼[Robert Herman]一起将相对论引入宇宙学，预言了宇宙韦伯辐射的存在，提出了热大爆炸宇宙学模型)现在看来，以韦伯当时在雷达方面研究的背景是非常适合从事微波研究的，但是不知何故却遭到伽莫夫莫名其妙的拒绝。同年，韦伯进入美国天主教大学的研究生院。他于 1951 年获物理学博士学位，导师是基思·莱德勒(Keith Laidler)，研究方向为关于"氨的微波反演光谱"(microwave inversion spectrum of ammonia)。

差不多也是在那段时期里，韦伯开始使用一种被称为"非热平衡"的系统来寻找将信号放大的方法。他的思路是使用原子或分子的集合体并使之充满能量，当微弱的射电信号通过它们时，原子释放出与原始信号一样的能量，只不过更强烈。这一过程的最初预言者是爱因斯坦，后来被人们称为 MASER(Microwave Amplification by Stimulated Emission of Radiation)，即"受激辐射波放大"。之后人们发现了更为著名的同类物质，即"可见光"(LASER，也即激光)。韦伯在 1952 年 6 月于加拿大渥太华举行的无线电工程师学会会议(Conference of the Institute of Radio Engineers)上发表了自己的上述观点，并

---

① Janna Levin, *Black Hole Blues and Other Songs from Outer Sapce*, New York: CITIC Press, 2017, p. 115.

公开发表了第一篇关于量子电子学的论文。他的这一论文在1958年获得了该无线电工程师学会的学术成果奖。同样凭借该发现，查理·托尼斯(Charles Townes)、尼古拉·巴索夫(Nicolay Prokhorov)和阿莱山达尔·普罗科洛夫(Aleksandr Prokhorov)获得了1964年诺贝尔物理学奖。但事实上，韦伯才是最早也是最有可能获得这一奖项的候选者，但显然他却被抛在了一边，韦伯因此深感失望。于是，韦伯从20世纪50年代末改变了研究领域，开启了一种全新的探测引力波的研究。

1955—1956年，韦伯在新泽西州普林斯顿高等研究所(Institute for Advanced Study)任研究员，主要研究广义相对论。在该时期，他主要受到了罗伯特·奥本海默(Robert Oppenheimer)和约翰·惠勒(John Wheeler)等人的影响，他也得到了弗里曼·戴森(Freeman Dyson)的大力赞赏。1955—1956年、1962—1963年和1969—1970年，他都在该研究所工作。1961年，他以教授的身份加入马里兰大学物理系。从1973年开始，韦伯兼任加州大学欧文分校的客座教授。他一直在这两个机构任职，直到2000年9月30日，韦伯因非霍奇金斯淋巴瘤(non-Hodgkins lymphoma)在宾夕法尼亚州匹兹堡去世，享年81岁。在他去世后，《今日物理》(*Physics Today*)杂志在2001年发表了由美国加州大学欧文分校的高朗·约德(Gaurang Yodh)和理查德·沃利斯(Richard Wallis)为他写的悼文，称"韦伯是一位敬业的科学家，也是许多与他互动的人的灵感源泉"。①

回顾韦伯的一生：首先，他有非凡的学术能力。韦伯最早根据爱因斯坦的相对论来设计制造引力波探测器，是他开辟了引力波研究领域的先河。其次，他有坚强的毅力。韦伯热爱户外运动，是个运动爱好者，其中的一项爱好是攀岩，他也喜欢慢跑和游泳。为了保持身体健康坚持进行引力波实验，韦伯在78岁高龄的情况下仍然坚持每天凌晨4点跑3英里②。他经常说："健康对物理学家来说是最重要的，因为一旦你死了就不能做物理了。"1975年之后，韦伯实验被学界"抛弃"，甚至在学界已经对该实验呈现"一边倒"批评

---

① Gaurang B. Yodh & Richard F. Walls, "Joseph Weber", *Physics Today*, Vol. 7, No. 74, 2001, p. 75.

② 1英里约为1.609千米。

的情况下，韦伯依然坚持实验、坚持参加学术会议、坚持发表论文，甚至在资金断裂的情况下，韦伯在真正意义上“自掏腰包”进行实验。再次，在科学史上，韦伯是一位“悲情”的物理学家。之所以这样说是因为纵观韦伯的一生，他有多次机会能够获得诺贝尔物理学奖，但却与它失之交臂——他差一点成为第一个发现宇宙大爆炸的人、差一点成为第一个发明引力波探测器的人、差一点成为第一个探测到引力波的人。在谈到自己在学界的尴尬地位时，韦伯曾经以他著名的天文学家妻子维吉尼亚·特林布尔①(Virginia Trimble)为例，开玩笑地说：“当我娶她的时候，我很有名，而她不出名，现在我们的角色互换了。”②

第二节 韦伯实验

在科学史上，探测引力波实验是一个艰难而曲折的过程。早在1916年爱因斯坦就根据弱场近似预言了引力波的存在，但是直至半个多世纪之后才开始开展探测引力波方面的试验。并且，又过了50多年实验才得到结果，其中主要涉及理论和实验本身两个方面的困难：在理论方面，首先，引力波的理论最初是同坐标选择有关的，以致无法弄清引力波到底是引力场的固有性质，还是某种虚假的坐标效应。其次，引力波是否从发射源带走能量也是个十分模糊的问题，这使得引力波探测缺乏理论根据。在实验方面，引力波强度非常弱，弱到在地面4千米长的距离引力波引起的长度变化仅为10—19米数量级，加之实验最初对于如何减少探测引力波实验仪器的噪声的方法非常有限。到了20世纪50年代，同坐标选择无关的引力辐射理论才完成，求出了爱因斯坦真空方程严格的波动解。20世纪60年代，物理学家通过研究零曲面上的初值问题，证明了引力辐射带有能量，测试质量在引力波作用下会发生运动。至此关于探测引力波实验的理论上的两大难题相继被攻克，这使探测

---

① 韦伯于1971年第一任妻子去世后丧偶，随后与天文学家维吉尼亚·特林布尔结婚。

② Harry Collins, *Gravity's Shadow*, Chicago & London: The University of Chicago Press, 2004, p.25.

引力波实验有了可靠的理论基础。这样，也就为韦伯实验的开展创造了理论条件。

一、韦伯之前的探测引力波实验

根据广义相对论，相互旋绕的双星由于引力辐射会损失轨道能量。轨道半径和相互旋绕周期会变短，使得两颗星越来越近，从而以更快的频率旋绕。1974 年，美国物理学家普林斯顿大学的约瑟夫·泰勒(Joseph Taylor)和罗素·赫尔斯(Russel Hulse)在波多黎各的射电天文望远镜中发现了脉冲星 PSR1913+16。它由两颗质量大致与太阳质量相当的相互旋绕的中子星组成。其中一颗已经没有电磁辐射，而另一颗还处在活动期。这两颗中子星相距几百万千米，两者相互绕转的周期是 7 小时 45 分钟，运动速度为 300 千米/秒。通过观测发现，这两颗星的轨道的长半轴正在逐渐变小，每年缩短 3.5 米，绕质心转动的周期也逐渐变短。期变化率为每年减小 76.5μs。估计大约经过 3 亿年后，这两颗星可以合并在一起。

泰勒和赫尔斯对这次观测所获得的数据与广义相对论计算出的四极矩辐射能流预言相符(截至 2010 年，观测数据的符合度达到 0.3%)。这被看作是人类第一个获得引力波存在的时间证据，是对广义相对论的一大贡献。凭借此发现，1993 年约瑟夫·泰勒和罗素·赫尔斯获得了当年的诺贝尔物理学奖。他们获得的数据如表 2.1 所示：

表 2.1　相对论效应明显的脉冲双星系统

名　称	轨道周期/h	轨道椭率	主伴星质量/M	合并时间/Myr
J0737－3093	2.4	0.09	1.37/1.25	85
J1141－6545	4.7	0.17	1.30/0.98	600
B1543+12	10.1	0.27	1.34/1.33	2 700
J1756－2551	7.7	0.18	1.40/1.118 1	700
J1906－0746	4.0	0.09	1.32/1.29	300

续 表

名 称	轨道周期/h	轨道椭率	主伴星质量/M	合并时间/Myr
B1913+16	7.7	0.62	1.41/1.39	300
B2127+11C	8.0	0.68	1.36/1.35	220

二、韦伯实验的最初设想

泰勒和赫尔斯的观察只是对引力波存在的间接证明，对探测引力波的直接观测始于韦伯。韦伯从19世纪50年代在普林斯顿研究所工作的时候，就开始思考探测引力波的真实性和可探测性问题了。1957年，他与著名量子理论解释者约翰·惠勒(John Wheeler)一起发表了一篇论文，对这个问题进行了论证。1959年，在巴黎附近的罗亚蒙特(Royaumont)会议上，韦伯的论文《引力波》(*Gravitational Waves*)获得了由引力研究基金(Gravity Research Foundation)设立的论文奖，①奖金是1 000美元。韦伯在这篇论文中②最早提出了探测引力波实验的设想：因为引力与质量可以相互作用，因此可以造一个很大的物质来探测引力波。又因为引力波具有典型的四极效应，因此用作探测的物体可以是任何形状，韦伯最后决定采用圆柱形。这样，当有引力波通过时，就会激发共振棒产生振动，原理如图2.1所示：

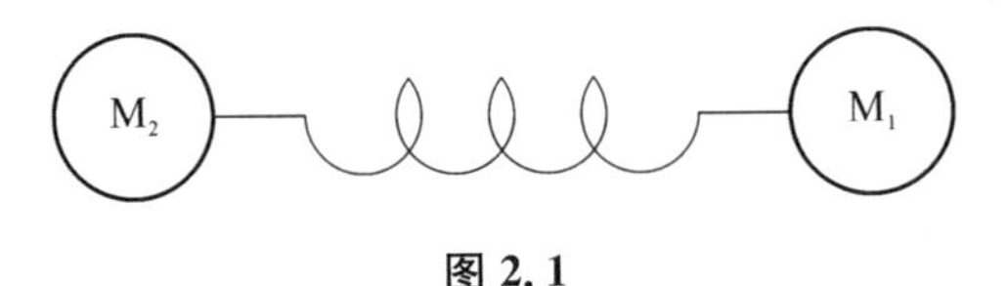

图2.1

但是，由于引力波非常微弱，在探测器的材质的选择上，韦伯认为压电晶体比较适合。这样，当有引力波通过共振棒时，晶体就会改变形状而发出

① 该基金由美国企业家巴布森(Roger Babson)设立。

② 《罗亚蒙特会议论文集》(*Royaumont conference proceedings*)所收录的韦伯的论文直到1962年才出版。但其主要思想已在韦伯1961年出版的著作《广义相对论与引力波》(Joseph Weber, *General Relativity and Gravitational Waves*, New York: Wiley Interscience, 1961)中发表。(这本书是出版商委托约翰·惠勒出版的系列丛书之一，惠勒推荐了韦伯)

电流，①然后通过信号放大仪将收集到的微小信号放大，最后由记录仪将收集到的信号记录下来，如图 2.2 所示：

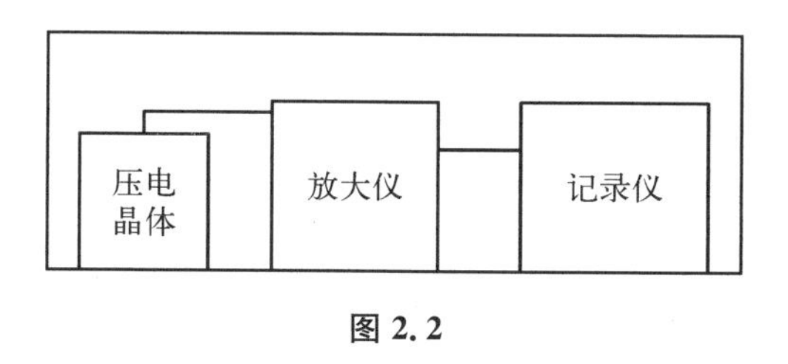

图 2.2

由于电路中不能排斥噪声的问题，因此实验设计了 2 个共振棒连接在一起，如图 2.3 所示：

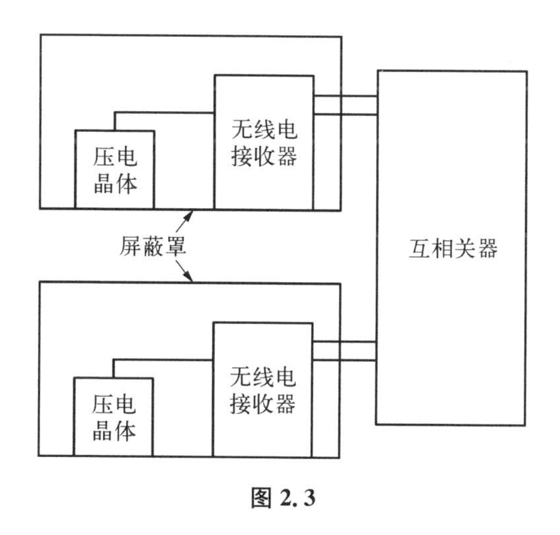

图 2.3

三、韦伯实验的实施

韦伯建造的探测器叫作“共振棒探测器”，因由韦伯设计建造，也被称作“韦伯棒”(Weber bar)。其基本原理是将一根长 2 米、直径 1 米、质量 1 000 千克的铝质实心圆柱悬挂起来，当引力波的频率与棒的固有频率相等时，棒便会产生共振。棒的一个端面上装有传感器，能将机械振动变成电信号，该信号经

① 此时，在韦伯实验的设计中，整个探测棒的材质都是压电晶体而非日后的金属棒上安装压电晶体。

过放大、滤波和成形之后被记录下来。为了避免地震和其他振动(比如汽车、火车、飞机等)的干扰,韦伯分别在马里兰大学和芝加哥大学建造了两个棒式探测器,只有当两个棒同时振动时,信号才被记录下来。

如果说韦伯在 1959 年的论文只是一种实验设计的话,那么韦伯 1968 发表在《今日物理》杂志上的论文则详细记录了整个实验的步骤。这篇论文可以看作是 1959 年论文的“升级版”,之所以这样说是因为:首先,从题目上看,1968 年公开发表的这篇论文的题目与 1959 年论文的题目相同,也叫《引力波》(*Gravitational Waves*)。其次,这篇论文在文章结构上与前一篇论文大致相似,主要包括两大部分——在前半部分,韦伯主要论证了其探测引力波实验的理论的合理性,后半部分则详述了实验装置。再次,与 1959 年发表的论文相比,在 1968 年的论文中,韦伯明显对其实验设计进行了改进——将在 1959 年论文中提及用压电晶体来做探测器主体的设想改为用金属铝棒做探测器,而将压电晶体置于铝棒之上来测量电压。此外,韦伯清楚地表明了这篇论文写作于“作者作为美国科罗拉多州阿斯彭的理论物理研究所(theoretical physics division of the Aspen Institute)访问学者时”,在这篇文章中韦伯将他的引力波探测器最早叫作“高频探测器”(high frequency detector),主要是由两个棒组成:第一根是主体棒(也叫驱动棒),一个重达 1 400 千克的铝棒,直径 8 英寸、长 5 英尺。它沿着 x 轴横放,外面通过一根电线与真空腔的滤波器相连,棒上面安装了一个压电晶体。随着主体棒的振动,这种振动会传到另一个直径 22 英寸、长 5 英尺、重约 1.5 吨的第二根探测棒上。实验的主要设计如图 2.4 所示。

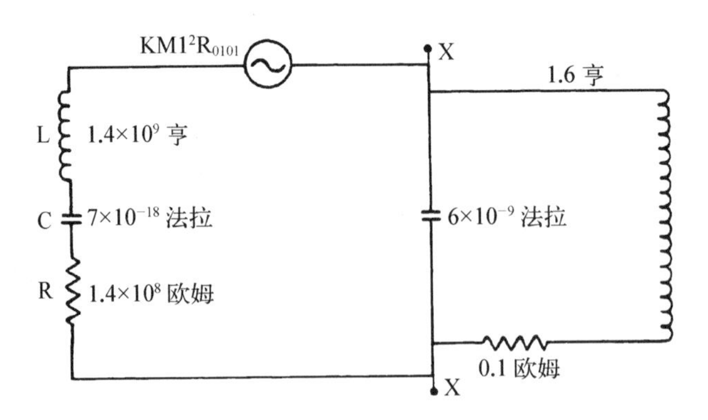

图 2.4 引波探测器的等效电路

左边是气缸及其悬挂系统的特性。右边是在 X 和 X 之间提供高阻抗的谐振电路。为什么采用这种大小的大棒，韦伯没有给出完整的理由。韦伯的助手乔尔·辛斯基(Joel Sinsky)透露当时韦伯的合作者之一的大卫·齐泼埃(David Zipoy)把棒长设计为 5 英尺长(1.524 米)，因为这样的长度能使共振频率 $v=1\,660$ 赫兹；而共振频率之所以要选为 1 660 赫兹，则是因为相应的圆频率 $w=2\pi v=10\,000$ 弧度每秒，便于计算。而韦伯的另一合作者罗伯特·福沃德(Robert Forward)说之所以要把棒设计成这个长度，是因为他要经常搬动天线"大棒"，5 英尺长正好是他手臂张开的长度。也就是说，棒的长度正好是福沃德手臂的长度。实验的细节，如图 2.5 所示：

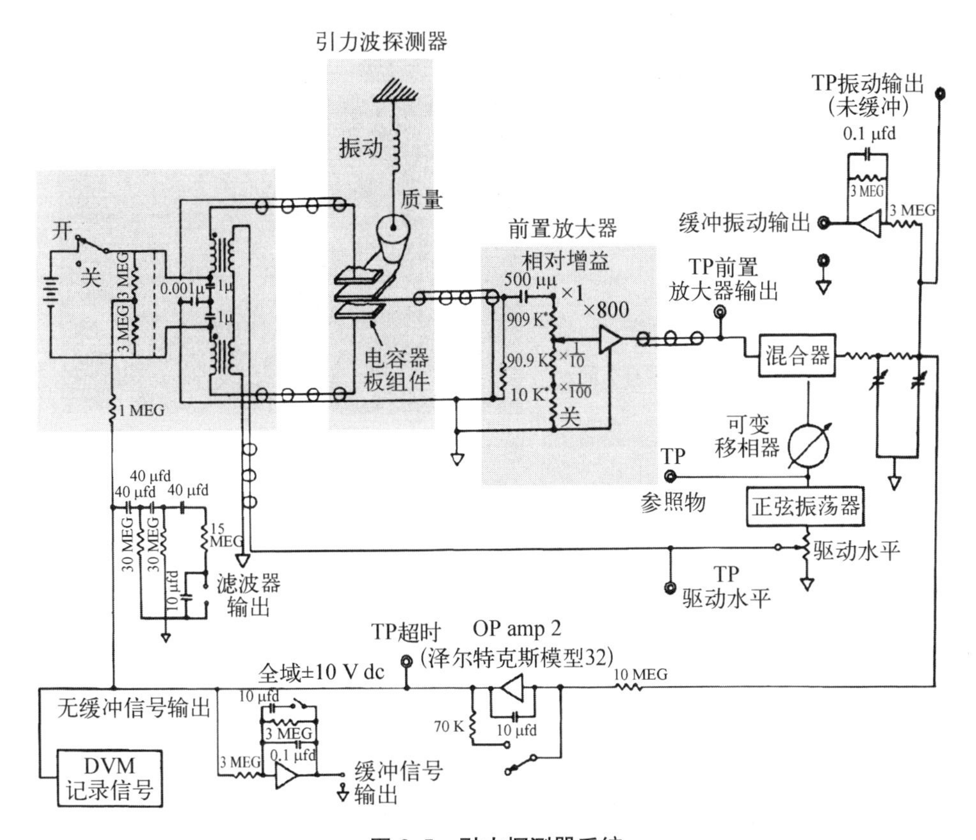

图 2.5　引力探测器系统

整个实验装置如图 2.6 所示：

质量为1400千克的铝圆柱体通过一根电线悬挂在滤波器上，压电传感器连接在顶部

探测器与动态引力场发生器从真空室中移出

图 2.6

四、韦伯实验的团队

如前所述，韦伯从 1958—1959 年开始从事探测引力波实验的研究工作，从约 1960 年开始组织实验团队进行试验。最初的实验团队由三个人组成：“这方面的实验工作已经展开。合作者包括齐泼埃博士和福沃德先生……金属块已经受激产生振动……”①之后，到了 1968 年，实验团队的规模扩充至五

① Joseph Weber, “Detection and Generation of Gravitational Waves”, *Physical Review*, Vol. 117, No. 1, 1960, p. 311.

人:“探测器是一个铝的圆柱体,质量约为 1 400 公斤,由齐泼埃、福沃德、理查德·伊姆雷(Richard Imlay)、乔尔·辛斯基和我共同研制。”①另外,还有两名实验技师达里尔·格雷茨(Daryl Gretz)和杰罗姆·拉森(Jerome Larson),这两人隶属于美国马里兰大学的电器工程部。(伊姆雷当时是齐泼埃的研究生,1958—1962 年在韦伯实验室工作,参与了校准实验,计算了从共振棒到探测器的引力能传输,并帮助齐泼埃设计了棒的隔震设计)在这个实验团队里,除了韦伯外,其核心成员主要包括以下三人:

(一) 福沃德主要负责建造天线

福沃德在遇到韦伯之前,其研究方向是万有引力问题。他是在 1959 年认识韦伯的,当年,他也向“引力研究基金”提交了研究论文,但是最终的获奖者是韦伯。福沃德当时就看到了韦伯的这篇论文,他认为韦伯这篇关于探测引力辐射的论文论证严谨、合理。他在从马里兰大学获得固态物理学专业博士学位毕业后,加入了韦伯的团队。

在韦伯团队中,福沃德的贡献在于:首先,他最早提出了用铝合金棒代替压电晶体作为探测引力波天线。如前所述,韦伯在 1959 年的论文中,他最初设想可以用压电晶体作为媒介来探测引力波。比如,用蓝宝石或其他类似的晶石来做压电晶体,从实验原理上是可行的。但是在实际的实验操作中,实验小组发现如果用压电晶体来做天线的话,这块压电晶体要非常大,至少要像桌子那么大。显然,在实际中很难找到像桌子那么大的一整块蓝宝石,并且这样花费也会非常高昂。是福沃德最早意识到,天线的作用在于质量相互作用,因此天线的材质并不一定拘泥于晶体。福沃德曾试验过用钨来做天线,但未获成功。后来,他将做天线棒的材料改为铝合金。

其次,福沃德最早从第一台引力波探测器上探测到数据,根据福沃德当时的笔记,时间是从 1962 年 5 月 12 日(星期六)凌晨 5:30 开始到 5 月 14 日(星期一)上午 6:30 结束。福沃德首次收集到的数据如图 2.7 所示。但是,当时福沃德对这组数据的态度是非常“谨慎”的:“基本上,我们不知道是什么原因

---

① Joseph Weber, “Gravitational-Wave-Detector Events”, *Physical Review Letters*, Vol. 20, No. 23, p. 37.

导致我们检测到这些高峰值。可以认为它们是由于一个爆炸性天文事件所导致的非常强的引力辐射,但更有可能是设备故障。”①也许,从整个引力波研究的历史而言,这 48 小时的探测数据微不足道,但它首次标记出了探测引力波这一领域信号可能的阈值范围。

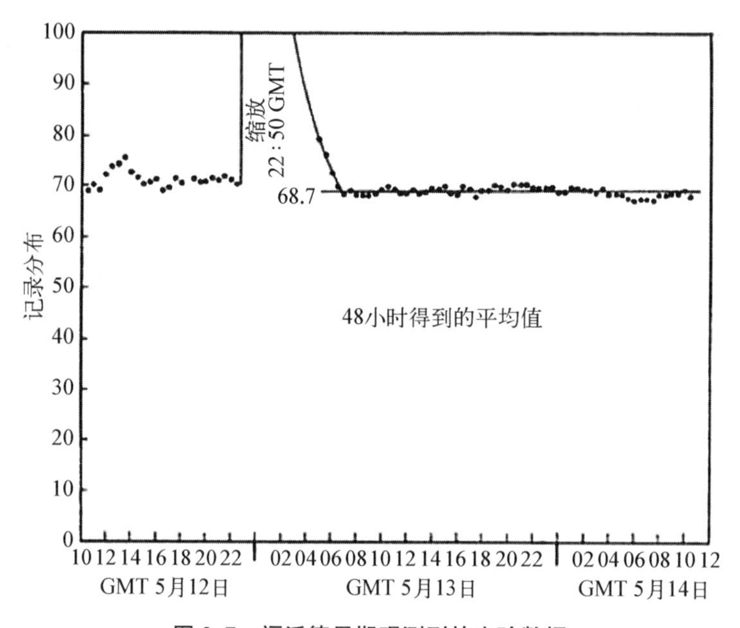

图 2.7　福沃德早期观测到的实验数据

也许是受到最初的实验结果鼓舞,在 1962 年年中,福沃德离开韦伯实验室回到加州的休斯实验室(Hughes Laboratories),在那里,他继续建造引力波探测器。福沃德前后建造过 3 个引力波探测器,但受制于资金和场地方面的因素,福沃德在那里建造的探测器较之韦伯实验室的探测器要小很多[据说其中一个是在他位于奥斯纳德(Oxnard)的家中卧室的壁橱里],遗憾的是,这些探测器再也没有获得探测结果。后来,福沃德还最早提出了激光干涉仪的理念。在职业生涯中,福沃德除了参与探测引力波实验,他还是一位著名的技术科幻小说作家。福沃德于 2002 年 9 月 21 日去世。

---

① Harry Collins, *Gravity's Shadow*, Chicago & London: The University of Chicago Press, 2004, p. 38.

（二）齐泼埃主要负责建造天线和滤波器

齐泼埃在康奈尔大学读研究生时就听说了马里兰大学的韦伯实验室正在从事引力波研究方面的工作。于是他给韦伯写了一封信，表达了自己想要加入韦伯团队的意愿。后来，他去马里兰大学参加了应聘面试，得到了在韦伯实验室工作的机会。齐泼埃是 1959 年进入韦伯实验室的，在那里工作了 8 年。当齐泼埃最初进入这个团队时，实验尚属设计的初级阶段，根据齐泼埃后来的回忆，他与韦伯曾经设计过很多不同的方案："它可以是个棒状，但或许，也可以是其他形状的探测器。"

齐泼埃和他的研究生伊姆雷①在韦伯团队中主要负责建造引力波探测器的天线和过滤器："当时所做的一切都是为了推动技术的发展。我们用杜瓦瓶（真空瓶）来做感应器……那时候一开始用的是铌线——所有的操作都是一种新的尝试——当时铌是一种新材料。然后我们用固态铌做了一个线圈（有两到三英尺高、两到三英寸宽），把它放进杜瓦瓶里。当时的那个杜瓦瓶里有一个小填充管。所以我们设计的这个杜瓦瓶要能够让我们可以把线圈取出来。……另一个有意思的事是安装扩音器。当时对我们来说，晶体管是一种新材料——好吧——关于晶体管——我们甚至不知道它在低温条件下是否能够正常工作……老式晶体管——在那种情况下是不能工作的——但是我们没想到情况会那么糟。后来我们做了一个适于液氦温度的，里面安装了铌线圈的真空管放大器，然后把一个小电路线放到这个真空瓶里，把瓶里充满氦气。……因为当时有人质疑房间里的噪声会对棒的振动和扩音系统形成干扰，所以当然要把棒放到真空瓶里，但是这个杜瓦瓶——我不知道为什么，工作的效果并不好——然后我们又做了一个胶合板的箱子来装这个杜瓦瓶，这个箱子有 6 英尺高、3 英尺见方，为了把它变成一个隔音罩，我要用电锯来切这个箱子。一共是 3/4 英寸大小的胶合板被我切下来 5/8 英寸，几乎切到边了，所以这盒子本身就是一个连接很松散的方块，因此根本不知道它能不能起作用。我把麦克风

---

① 伊姆雷在 1962 年离开了韦伯团队，但他仍然与探测引力波实验这个领域保持着联系。后来，他在路易斯安那州立大学找到了一份工作。路易斯安那州立大学有一个低温探测引力波实验室，伊姆雷没有再参与该实验室的研究，却与该实验室保持着紧密的联系。

安在里面,然后对着它大喊大叫。……但是,不管怎样,好像是没问题的。因为你确实需要对杜瓦瓶的隔音效果进行检验,很明显,过滤效果很好。"①

然而,关于探测引力波实验最棘手的问题就是噪声,因为只要通过电路,系统就会存在噪声。并且,有引力波信号极其微弱,因此探测引力波实验主要要解决的问题就是噪声问题。这需要不断的打开真空仓、抽出空气、仪器调试,再打开真空仓、抽出空气、仪器调试……如此不断重复,不断调试。这是一个单调枯燥的过程,就如齐泼埃所说:"我不想把我的余生都花在无休止的调整上。我已经厌倦了。"②在收获了第一次实验结果后,齐泼埃离开了韦伯团队。或者说,他彻底地离开了探测引力波实验。在之后的30余年时间里,他对整个探测引力波实验的进展一无所知,显然,"他对这个领域的兴趣已经枯竭了"。③

(三)辛斯基主要负责校准

1959年,辛斯基在马里兰大学攻读博士学位,博士论文的主题就是关于探测引力波的校准实验。他于1961年加入韦伯实验团队,直到1966年年底才开始收集数据,1967年获得博士学位。④ 辛斯基在韦伯团队中的工作可以用"艰苦"二字来形容:一方面,为了获得有效数据,辛斯基需要每四个小时将共振棒移动一次,不分昼夜,这使得他不得不以实验室为家,即使周末也不例外。另一方面,辛斯基博士论文的主题就是关于探测引力波校准试验的,如果实验不能顺利进行,无法获得有效的探测数据,那么,辛斯基就无法完成博士论文,便不能顺利地获得博士学位。特别是,当他的同学都已经完成毕业论文顺利毕业后,辛斯基的压力达到了顶点:⑤"我的问题是我在做的是一个非常困难

---

① Harry Collins, *Gravity's Shadow*, Chicago & London: The University of Chicago Press, 2004, pp. 43-44.

② Ibid., p. 45.

③ Ibid., p. 46.

④ 马里兰大学为了支持韦伯的实验,在学校的高尔夫球场为他建造了新的实验楼。辛斯基在实验团队中负责建筑的建立工作,还负责订购和安装设备,这使他博士论文的研究受到了影响。

⑤ 辛斯基当时承受极大的压力,以至于他后来不得不求助于宗教帮助。他去拜访了美国布鲁克林区皇冠高地的"卢巴维谢尔"(Lubavicher rabbi)拉比——史奈森拉比。拉比让他在实验室里放一个慈善箱,如果他想要实验成功,就往慈善箱里放钱。当慈善箱快满的时候,这个实验就会成功。终于,慈善箱在1966年光明节的时候,里面已经装满了钱,而这时韦伯实验也终于清理了所有的噪声,可以真正进入实验阶段了。辛斯基把这个实验中的小插曲告诉了韦伯,韦伯的反应是咧嘴一笑,然后说:"我能解雇他吗?"

的实验。我所要做的是建议做天文台、盖一座楼。我的意思是，很多其他人要做的是——你知道的——操作一台仪器，把曲柄调到另一个频率上，然后就毕业了。”①终于，实验在 1966 年基本清除了所有可能干扰实验的噪声，进入正常实验校准阶段。

辛斯基的校准实验主要分为两个步骤：首先，他要建立关于驱动棒和接收棒之间可能的引力耦合的理论模型，通过这个模型可以清楚地展示两个棒的运动变化。其次，辛斯基还要不断地调整两根棒之间的距离。最初，这两根天线是对着放的，之后要逐步地将两根棒向外侧移动，观察探测器所输出的能量的变化。如果所观测到的能量变化与计算出的变化相匹配，那么就意味着实验成功了。在第一次试验中，辛斯基把两条棒安装在同一水平上，然后每两小时向外侧移动 5 厘米。比如，从上午 10 点到中午 12 点，两根棒之间的距离为 5 厘米；从中午 12 点到下午 2 点左右，两根棒之间的距离为 10 厘米；之后，它们被移到 15 厘米；然后是 20 厘米、25 厘米，最终再返回到 5 厘米的间距。辛斯基记录的数据如图 2.8 所示：

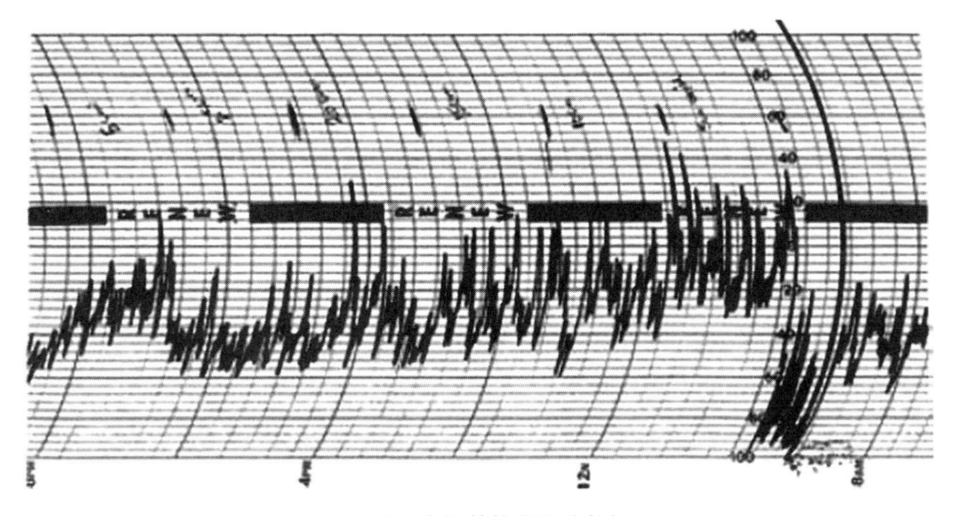

图 2.8　辛斯基校准实验数据

---

① Harry Collins, *Gravity's Shadow*, Chicago & London: The University of Chicago Press, 2004, p. 54.

他的记录显示，当两根天线之间的距离达到 25 厘米时，探测器的探测水平骤降。因此，当探测距离达到 25 厘米之后，两根棒之间的距离再回到 5 厘米的间隔，如此反复。辛斯基的校准实验所收集到的数据表明，距离会影响能量的传递。尽管辛斯基所收集到的信号并不能排除噪声的可能性，但可以根据他之前建立的引力耦合模型进行筛选，以此来保证探测到的引力波数据的可靠性。作为韦伯实验的一部分，在 20 世纪 60 年代，辛斯基的校准实验引起了当时物理学界的关注：辛斯基分别于 1967 年 5 月在物理学权威期刊《物理评论快报》(*Physical Review Letters*)、①1968 年 3 月在《物理评论》(*Physical Review*)上发表论文②对他的引力波校准实验进行了论证和介绍。1968 年 4 月，科普杂志《科学新闻》(*Science News*)对辛斯基的引力波校准实验进行了报道："乔尔·辛斯基博士做了一个实验来测试他们的[棒]的灵敏度。他想查明其中一个棒的振动是否会通过引力相互作用引起另一个棒的振动。他发现，在两码以内的中心距上，这种现象的确发生了。"③此时，辛斯基的研究达到了他的学术顶峰。辛斯基 1997 年在接受科学知识社会学家柯林斯采访时说，之后的若干年里，他写了 50 多篇论文，但是一篇都未能发表。这些记录了其探测引力波的校准实验有关的笔记、图纸和论文被一直尘封在辛斯基家的地下室里。1969 年年初，辛斯基带着绝望的心情离开了韦伯的实验团队。之后辛斯基加入了美国海军，负责整个美国冷战时期潜艇探测工作的后勤工作。从那之后，他对引力辐射研究领域内的相关研究失去了兴趣，对其中所涉及的论题几乎一无所知。④ 1994 年，辛斯基从美国海军退役。

(四) 为什么韦伯团队到最后只剩下韦伯

回溯韦伯实验的过程不难发现，从实验刚开始，韦伯团队成员就纷纷离

---

① Joel Sinsky & Joseph Weber, "New Source for Dynamical Gravitational Fields", *Physical Review Letters*, Vol. 18, No. 19, 1967, pp. 795 - 797.

② Ibid., pp. 1145 - 1151.

③ Harry Collins, *Gravity's Shadow*, Chicago & London: The University of Chicago Press, 2004, p. 60.

④ 到韦伯实验的后期，由于不再享有美国国家自然科学基金的资助，韦伯申请了海军的资助项目，因此他经常和辛斯基在海军军部见面。

开。到最后，韦伯实验团队只剩下他一个物理学家。有人可能会把造成团队成员离开的原因归结为韦伯的性格不容易和人相处（韦伯实验后来受到质疑，导致韦伯多次和包括理查德·嘉文（Richard Garwin）在内的物理学家发生激烈争论，甚至在一次会议上差点和嘉文动手打起来。因此，韦伯常给人留下一种很难相处的印象）。但是，据辛斯基说："在工作上他对我们从不苛求。我们的实验进行得很困难，但他仍然对我很好、很公平。他比我工作更努力——工作时间更长——尽管为了保证每四小时挪动一下探测棒，我需要在实验室里。"[①]恐怕导致韦伯团队最终解体的主要原因还是探测引力波实验的难度太大、持续的时间太长。一直在做一项看不到"希望"的实验，每天都要对实验的各个环节不断改进，这种"高压"状态对所有团队成员的心理承受能力都构成一种挑战。这也许就是为什么在韦伯团队成员离开实验室之后，无一人再从事相关领域甚至是物理方面研究的原因。这一点正如多年之后，最后离开团队的辛斯基在接受采访时说：[②]

> [1997]我每天都来，我们在做实验。你知道，需要花几天时间才知道它是否起作用，因为我们要获得足够的数据，看它是否按照我们预期的读数来读数（如果距离探测器和发电机之间的关系是引力耦合是正确的）。如果不是，那么我们就要采取比我们预期的隔离措施更严格的隔离措施。我们把音响设备要么放在接收器下面，要么放在发电机下面。然后我们把地板振动探测器放在它周围，看看它是否通过地板耦合。我还要在棒周围放置更多的绝缘材料。我要做的就是让安装有放大器的这根棒能够和电磁辐射耦合。所以我们把放大器放在莫斯勒保险柜里。那是一个用来存放贵重物品的保险柜，是一个很大的保险柜，有着大概四英寸厚的铁墙[笑声]，我们把扩音器放进去了。这真是太不可思议了。
>
> 每一天，乔都会想出一些新的方法来测量假耦合并试图降低这种概率，我在这样做了大约一年之后就放弃了，我想通过其他渠道来改善隔离

---

① Harry Collins, *Gravity's Shadow*, Chicago & London: The University of Chicago Press, 2004, p. 48.

② Ibid., p. 63.

效果。韦伯太让我感到惊讶了，我一直认为他是我所见过的最伟大的实验主义者，因为他每天都会提出一个关于如何减少耦合的新想法。哪里可能阻碍泄漏，如何来做……

我记得我每天来的时候都会说："韦伯博士，我想不出我还能做什么。"然后，他会说："好吧，我们为什么不这样试试……"

我们能够探测到这种引力相互作用——我可以肯定——因为我们得到了所有适当的误差(当驱动程序离开驱动杆时耦合强度适当降低)。

第三节　物理学界对韦伯实验的批评

1969年7月在以色列举行的一次会议(会议记录于1971年出版)上，韦伯第一次报告地球自转影响其观测方式的地方。他在随后发表的论文中说："这些数据证明了引力辐射已经被发现的结论是正确的。"从1970年开始先后有多个实验室复制韦伯的实验，但都没有成功，从而引发了韦伯与其反对者之间的争论。这场争论从1972年开始到1975年结束。

一、争论的早期阶段

事实上，早在1970年，对韦伯的质疑就已经在学术圈暗流涌动了。1970年，《物理评论》(*Physical Review*)的编辑萨姆·古德斯米特(Sam Goudsmit)就已经在地下出版物中暗自质疑韦伯的数据统计方法和韦伯关于恒星相关理论的研究了。① 古德斯米特还曾对韦伯在《华尔街日报》上发表论文一事进行过阻挠，但该报主编在古德斯米特休假时将该文刊发了。

最早对韦伯的实验结果直接提出质疑的是莫斯科大学的物理学家弗拉基米尔·布拉金斯基(Vladimir Braginsky)，大约是1972年，布拉金斯基在学术会议和私人信件中曾多次提醒韦伯：在他们的实验中并没有发现韦伯实验中

---

① "Critique of Experiments on Gravitational Radiation", 1970.

所展示的数据统计的显著性。基本上，布拉金斯基对韦伯的批评是比较委婉的："对一个信道中的数据做延时处理，就会发现重合现象的减少和重合点在恒星时中的分布情况，这是韦伯实验中支持爆炸的重要论据。然而在我们的实验方案中，没有出现[统计上显著的 3 个标准差]与天体物理学相悖的爆炸。"①

1973 年，韦伯迎来了他学术生涯中比较艰难的阶段，在那一年先后有 5 个实验室对韦伯的实验结果发难，分别是：IBM 实验室、贝尔实验室、位于罗马附近弗拉斯卡蒂（Frascati）的欧洲空间研究组织实验室（European Space Research Organisation Laboratories）和英国的格拉斯哥大学。其中，五所研究机构中 IBM 实验室的物理学家嘉文和詹姆斯・莱文（James Levine）的批评是最直接的。他们在《物理评论快报》（*Physical Review Letters*）上直接抨击韦伯说："我们的实验表明：(a) 1969—1970 年的韦伯事件不是由引力波产生的，(b) 在 1969—1970 年比较活跃的一个引力波源在 1973 年的活跃程度较低，(c) 这些引力波的持续时间[长于]24 毫秒。"②贝尔实验室的托尼・泰森（Tony Tyson）也说："我不对韦伯所观察到的结果进行推测，但是这些事件看起来不大可能是由引力辐射所引起的（飞溅、偏移或其他事件）。"③格拉斯哥实验室在报告中说："我们的结论是，韦伯在 1970 年报告的信号不太可能是由于持续时间不到几毫秒的引力辐射脉冲造成的，假设从那时起，辐射源没有发生显著变化。但我们目前的观测并不排除韦伯探测到持续时间更长的引力辐射爆发的可能性。"④

在争论的初期，韦伯对物理学界针对其实验结果的质疑所做的回应还是比较客气和友好的。1972 年 11 月，韦伯在《自然》（*Nature*）杂志上发表了一篇论文。在这篇论文中，韦伯将他自 1970 年 10 月至 1971 年 2 月的实验数据

① V. Braginsky, B. Manukin, I. Popov, N. Rudenko, A. Khorev, "Search for Gravitational Radiation of Extra-Terrestrial Origin", *JETP Letters*, 1972, p. 111.

② Richard Garwin & James Levine, "Single Gravity-Wave Detector Results Contrasted with Previous Coincidence Detections. ", *Physical Review* Letters, Vol. 31, No. 3, p. 180.

③ Atony Tyson, "Null Search for Bursts of Gravitational Radiation", *Physical Review Letters*, Vol. 31, No. 5, p. 329.

④ Ron Drever, James Hough, R. Bland, and G. Lesnoff, "Search for Short Bursts of Gravitational Radiation", *Nature*, Vol. 246, No. 7, 1973, p. 344.

公之于众。关于这篇论文,有两点值得注意之处:一方面,韦伯强调所有的数据计算均是由计算机来完成的,因此并不存在通过人为干预挑选实验数据或对实验结果进行干扰的情况;另一方面,韦伯在这篇论文中公布了“延时直方图”的数据统计方法,延长的时间为 2 秒钟。通过延时的方法可以避免在数据统计上出现峰值重合的情况,以便能够更加清晰和准确地表征出不同的数据参数及其来源,这样做有助于区分噪声和信号。延时直方图的工作原理如图 2.9 所示:①

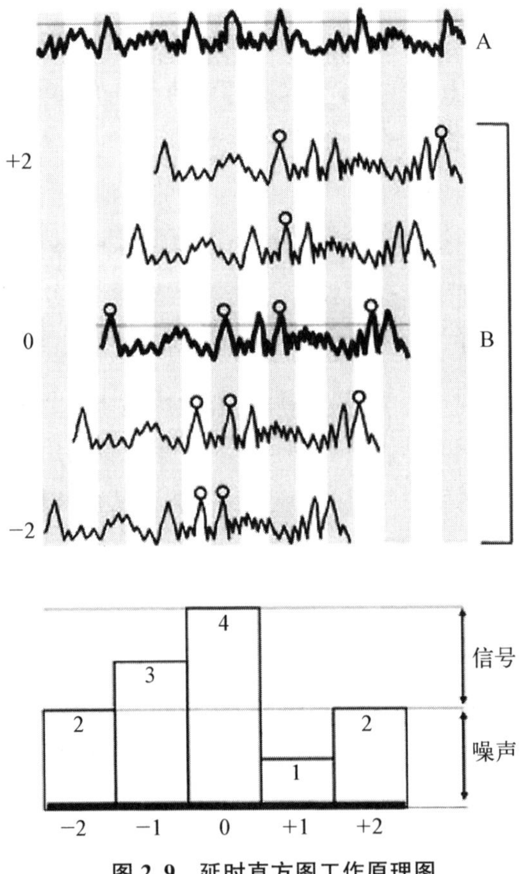

图 2.9　延时直方图工作原理图

① Joseph Weber, “Computer Analyses of Gravitational Radiation Detector Coincidences”, *Nature*, Vol. 240, No. 3, 1972, p. 28.

在该文中韦伯所提供的延时直方图如图 2.10 所示：

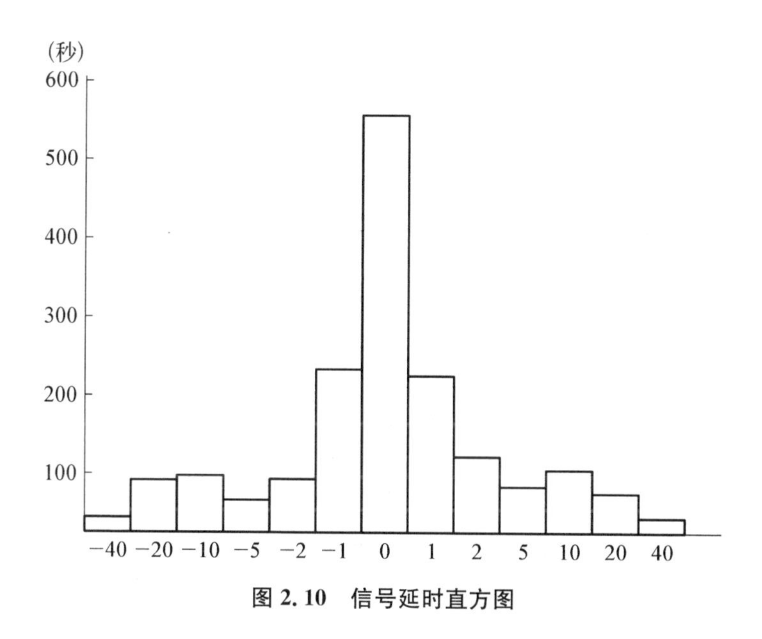

图 2.10　信号延时直方图

延时统计的方法可以被看作是韦伯对于探测引力波实验在数据分析方面的一种贡献。在这篇论文的结尾，韦伯强调："目前所公布的数据是不存在人为偏见的。对于预期脉冲的持续时间或其形状，不存在任何假设……毫无疑问，位于 1 000 千米基线终端的引力辐射探测器所测到的信号来自一个共源极(common source)，它不是由地震、电磁或带电宇宙线的相互作用所引起的。"①接下来，在不到一年之后(1973 年 9 月)，作为确证，韦伯又在《物理评论快报》上发表论文，公布了三个直方图，涵盖了实验截至 1973 年所收集到的数据。所公布的数据直方图如图 2.11 所示：②

① Joseph Weber, "Computer Analyses of Gravitational Radiation Detector Coincidences", *Nature*, Vol. 240, No. 3, 1972, p. 30.

② Joseph Weber, M. Lee, D. J. Gretz, G. Rydbeck, V. L. Trimble, and S. Steppel, "New Gravitational Radiation Experiments", *Physical Review Letters*, Vol. 31, No. 12, p. 780.

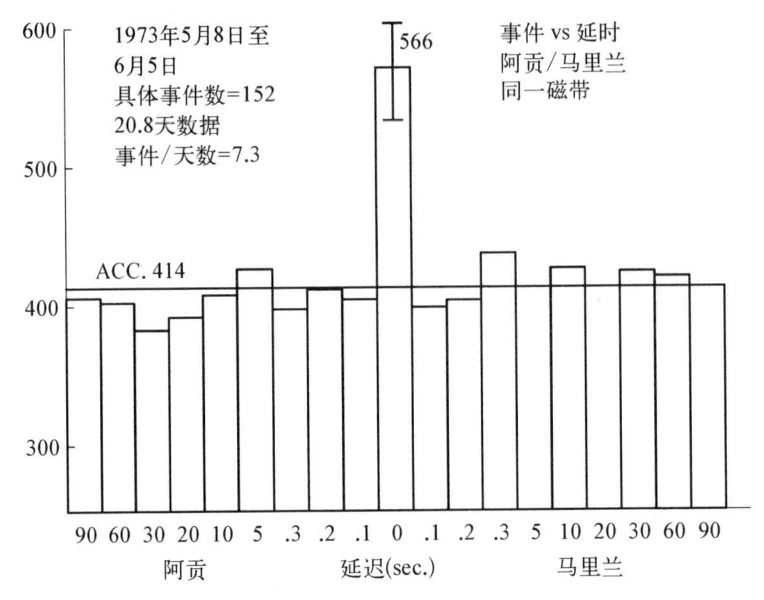

图 2.11　韦伯收集到的数据直方图

二、争论进入白热化阶段

韦伯试图通过公布他所有的实验数据和实验细节，以此为“武器”对当时的物理学界进行“劝说”，使其他物理学家相信他的实验结果。但是，令韦伯没想到的是这反而招致了学术界的反感，使得双方的矛盾逐步升级，最终达到了白热化的程度，其间主要经历了三个阶段：

（一）围绕着实验原理展开的争论

众所周知，探测引力波实验原理无可依附，只能按照爱因斯坦的广义相对论假说进行推测。1972 年 1 月，在皇家天文学会（Royal Astronomical Society）上，英国物理学家马丁・里斯（Martin Rees）首先站出来说如果广义相对论是正确的，那么韦伯就是错的。里斯的说法是如果韦伯的结果是正确的，那么只有当质量急剧发生变化时，才会产生引力波。如果质量消耗过大，那么保持现有星系的引力就会变得非常少。同年，物理学家马克・卡夫卡（Marc Kafka）在提交给“引力研究基金会”（Gravity Research Foundation）的一篇论文中也提到，如果引力是均匀的，那么按照韦伯的实验每年将会有 300 万次引力辐射通过；之后包括物理学家基普・索恩（Kip Thorne）和特伦斯・谢诺夫斯基（Terrence Sejnowski）也撰文说如果韦伯测到的是引力波，那么按他的估算宇宙运动太频繁了，可能性不大。对于韦伯而言，他并没有急于解释，他把注意力投入实验中，在他看来，世界也许和我们的现有理论是不同的。① 当年韦伯还有支持者——韦伯在马里兰大学的同事查尔斯・米斯纳（Charles Misner）为其进行了辩护："如果按照银河中心理论，用同步模型（窄角、高和谐度）发射来看韦伯的结果的话，波的强度和频率都是合理的。"②

（二）针对韦伯的实验方法展开的争论

1. 算法

韦伯采用的是非线性算法，"当有能量产生时，我们认为，用非线性算法而非线性算法，可以让两台探测器测到更多的信号"。③ 物理学家泰森和卡夫卡也曾尝试用非线性算法，但结果一无所获。所以，后来几乎所有的实验团队都改用线性算法，但只有韦伯坚持用非线性算法。韦伯的固执就如泰森所批评的："所有的这些实验，包括我的、韦伯的、卡夫卡的——都是用相同的算法、用相同的方式测量脉冲。但是你就是认为你的（韦伯）实验比我们的强。"④

2. 计算机程序

这是韦伯实验最被世人所诟病的问题，也是最终导致韦伯实验"不可信"的主要根源。所有探测引力波实验所采集到的数据都需要通过电脑收集并进行分析。在探测引力波实验中，不同的探测小组会相互交流他们的数据。最初是罗切斯特大学的大卫・道格拉斯（David Douglass）把自己的数据寄给了韦伯，经过比对，韦伯发现他的数据和道格拉斯的很接近。这让韦伯很兴奋，

① Joseph Weber, "Gravitational Radiation Experiments", *Physical Review Letters*, Vol. 24, No. 6, 1970, pp. 276 - 279.

② C. Misner, "Interpretation of Gravitational-Wave Observations", *Physical Review Letters*, Vol. 28, No. 5, 1972, p. 994.

③ Joseph Weber, "Weber Responds", *Physical Today*, Vol. 28, No. 11, 1975, p. 246.

④ Allen Franklin, *Can That Be Right?: Essays on Experiment, Evidence and Science*, Spring Science + Business Media Dordrencht, 1999, p. 23.

因为道格拉斯的结果即将成为证明他的实验成功的一个最好的证据。然而，韦伯却忽视了“时差”的问题——在韦伯与道格拉斯的数据之间存在最小值为1.2秒、最大值达到4个小时的延迟，这一事件被称为“四小时错误”(four hour error)。韦伯后来承认他的计算程序有误，但他拒绝承认他探测的信号不是引力波的结论：“磁带的副本送给了罗切斯特大学的道格拉斯教授。道格拉斯在未公布的重合数据中发现了程序错误和错误的值。他没有进一步的处理磁带就得出了错误的结论，认为每天都有零延迟溢出值。这个不正确的信息被嘉文博士和IBM的沃森实验室(Thomas Watson Research Laboratory)广为散播。”①

3. 数据分析方法

在普林斯顿大学举行的一次学术研讨会上，韦伯介绍说每过24个小时银河系的中心出现在我们头上，他的探测器就会测到一个非常明显的峰值，这些数据表明致密的星系核的引力波正在散射。当时，坐在前排的听众里就有天文学家泰森、惠勒、弗里曼·戴森(Freeman Dyson)。据泰森回忆：“听到这里我们全都跳了起来，对他提出质疑：‘韦伯稍等一下，引力波应该可以穿透地球，不是吗?’韦伯的结论有一个问题：既然引力波可以穿透地球，那么无论银河系在我们的头顶上还是脚底下，他的探测器都应该能探测到一组异常数据，因此这个周期应该是12个小时。在被指出他的推理有误之后，韦伯重新分析了数据，并在两周后得出了每过12个小时就会出现异常数据的结论。这种不严谨的数据分析方法加剧了人们对他的不信任。”②泰森曾经就他与韦伯实验在数据分析方法上的差异进行过这样的描述：“韦伯的做法是这样的：他不知道会发生什么，因此他和他的程序员在实验中或多或少地会做调整，在每个瞬间都尽量使零延迟值溢出。我想说的是，这种方法存在错误的可能性，不支持泊松统计。……我同意乔(韦伯)的观点。但我认为你必须要先有一个好的算法然后再来分析数据。”③IBM的嘉文也批评道：“……在CCR-5(在剑桥召开

① Joseph Weber, “Weber Responds”, *Physical Today*, Vol. 28, No. 11, 1975, p. 247.

② [美]珍娜·莱文：《引力波》，胡小锐、万慧译，中信出版社2017年版，第86页。

③ Allen Franklin, *Can That Be Right?: Essays on Experiment, Evidence and Science*, Spring Science + Business Media Dordrencht, 1999, p. 27.

的广义相对论会议)上,马里兰团队在解释他们没有获得重合的正电荷过剩时说'我们尽力了',但马里兰团队却对数据进行了挑选(挑选了能代表重合的正电荷过剩的数据发表,而没有将那些代表没有正电荷过剩的数据公布出来)。"①韦伯试图否认这些对他的指责:"说我们'造假'是不对的。过去的6个月里我一直待在加利福尼亚大学欧文分校,没有在加利福尼亚遥控指挥(韦伯的团队及他的天线处在马里兰大学)。事实上,在这一年,参数并没有发生变化。我们所做的不过是用两种算法把它们记录下来。"②

由于之前韦伯拒绝了所有对他的指责,这无形中更加激化了双方的矛盾,使争论从最初对实验方法的质疑到对实验结果的质疑,甚至于演化成对韦伯的人身攻击。在所有的批评者中,IBM的嘉文对韦伯的批评是最猛烈的,他直接把韦伯的实验叫作"病态科学"(pathological science)——在他1974年2月7日发给韦伯的信中,他说:"我附了一篇朗缪尔(Langmuir)的论文《病态科学》。讲真的,对我来说这些年来你的结果越来越像朗缪尔描写的'病态科学'。"③两人最主要的矛盾爆发点发生在1974年在麻省理工学院召开的引力波理论研讨会上。会上,嘉文在会议礼堂当着全体参会科学家的面公开指责韦伯的结果不可信。此举使韦伯十分愤怒,两人随即大吵起来险些就动起手来。就当他们即将挥拳相向的时候,因患脊髓灰质炎而行动不便的天文物理学家菲利普·莫里森(Philip Morrison)用他手中的拐杖将两人分开。虽然,两人最终回到了各自的席位上,但是"韦伯摆出了不屈不挠的姿态,嘉文则是一脸轻蔑的表情"。④ 两人冲突的根源如嘉文所言:"韦伯一直按照他自己的信念行事,他认为他的信念是正确的,但其实从一开始就错了。"⑤嘉文团队的另一位成员对韦伯的批评更直接:"在这一点上这就不是物理学。以前它是不是物

① Richard Garwin, "Detection of Gravity Wave Challenged", *Physics Today*, Vol. 27, No. 1, 1974, pp. 9 - 10.

② Allen Franklin, *Can That Be Right?: Essays on Experiment, Evidence and Science*, Spring Science + Business Media Dordrencht, 1999, p. 28.

③ Harry Collins, *Gravity's Shadow: The Search for Gravitational Waves*, Chicago: The University of Chicago Press, 2004, p. 170.

④ [美]珍娜·莱文:《引力波》,胡小锐、万慧译,中信出版社2017年版,第85页。

⑤ Harry Collins, "Son of Seven Sexes: The Social Destruction of a Physical Phenomenon", *Social Studies of Science*, Vol. 11, No1, 1981, p. 46.

理学问题，尚不清楚；但现在它肯定不是。”①

但是，在激烈对抗的同时，科学家们在争论的过程中也表现出了某种“惺惺相惜”。比如，1973 年，与韦伯有过激烈冲突的嘉文在其论文中为韦伯的信号放大器的灵敏度进行了辩护，同时驳斥了泰森对韦伯的批评。② 但同时，莱文还是对韦伯仪器的灵敏度提出了质疑，在其 1974 年的论文中，莱文谈道："……由于忽视了用于降低宽带噪声的滤波器的影响，我们认为他们在很大程度上夸大了他们的系统的灵敏度。”③又如，泰森也曾经建造过一个引力波探测器，他强调他的探测器的灵敏度比韦伯棒的灵敏度高，但是，他什么也没测到。即便如此，在 1973 年，泰森承认他的探测器和韦伯的探测器对不同信号的敏感度是不一样的。

如果说理论物理学家的批评并没有动摇韦伯意志的话，那么来自实验物理学家的报告对韦伯的打击则是致命的。在相当长的一段时间里，共振棒引力波探测器的实验共同体几乎呈现出“一边倒”的倾向——几乎所有从事该领域研究的实验室都发表文章、公布数据说没有探测到引力波信号，韦伯的实验是不能被复制、不能被验证的。而不能被复制、不能被验证的实验，基本上可以被认定为失败的实验，这已经成为一条学界公理。于是，韦伯当时的处境可想而知。

1975 年之后，尽管韦伯的实验还在继续，但是科学界已经基本上达成一种默契——认为韦伯实验是一个“失败的”实验。认定这一事实的标准主要体现在两方面：其一，韦伯自 1975 年之后几乎没有在权威期刊上发表过论文（但这并不意味着韦伯停止向权威期刊投稿或撰写论文，只是他的论文总是被“拒”）；其二，自此之后，韦伯很难从最主要的科研资助渠道（美国自然科学基金会）获得资金支持。

上述两种指标宣告探测引力波实验的“韦伯时代”结束了。如果说在这场争论的最初韦伯还能得到一些零星支持者的支持，那么到了争论的后半程韦

---

① Harry Collins, “Son of Seven Sexes: The Social Destruction of a Physical Phenomenon”, *Social Studies of Science*, Vol. 11, No1, 1981, p. 47.

② James Levine & Richard Garwin, “Absence of Gravity-Wave Signals in a Bar at 1695 Hz.”, *Physical Review Letter*, Vol. 31, No. 3, 1973, p. 178.

③ Ibid., p. 280.

伯则几乎是在以一己之力对抗整个科学界，这使韦伯看起来有点像个悲情的“英雄”。[①] 事实上，如果说韦伯的实验有这样或那样问题的话，他的批评者们的实验也并不是“完美”的。有人评论莫斯科国立大学的布拉金斯基的实验：“我不认为布拉金斯基的结果非常可靠，因为他提供的数据太少，只有五六天的数据，没有更多了……他说如果有情况发生——如果是韦伯所说的那种情况——他一定能测到。”[②]罗切斯特大学的戴夫·道格拉斯(Dave Douglass)的实验问题在于噪声太大，无法区分信号。贝尔实验室的问题和罗切斯特大学的问题差不多，也是仪器的灵敏度太差，甚至都没有达到韦伯实验的那个水准。罗纳德·德雷弗(Ronald Drever)所在的格拉斯哥大学的仪器灵敏度还不错，但是仪器很小，而且他的棒是裂开的，和韦伯的很不一样。IBM的嘉文设计的棒更小，有人甚至开玩笑说他的探测器就是个“玩具”。只有弗拉斯卡蒂实验室的卡夫卡的共振棒设计与韦伯的最接近，但是他却选择了与韦伯不同的算法。也就是说，上述实验室没有一个是在真正意义上复制了韦伯的实验，他们或多或少都对实验本身做了改动。那么，批评者们批评韦伯的依据何在？

第四节　棒式引力波探测器的“后韦伯”时代

从1975年开始，探测引力波实验进入了“后韦伯时代”。所谓的“后韦伯时代”对探测引力波实验，应当从两方面来看：

一方面，对韦伯而言，韦伯彻底被赶出了探测引力波实验的“核心层”，他在他所开创的这个实验领域中不再处于主导和领先的地位。然而，韦伯的探测工作并没有停止，在随后的20余年时间里，韦伯依然从事着探测引力波实验——他不断地对他的探测器进行改装和升级，只是，韦伯的实验环境发生了很大变化——他从万众瞩目的一个学术超人几乎变成一个学界的“过街老

---

① Harry Collins, *Gravity's Shadow: The Search for Gravitational Waves*, Chicago: The University of Chicago Press, 2004, p. 111.

② Ibid., p. 157.

鼠”：几乎不会被任何学术会议邀请；他的实验室变得斑驳不堪；所有的曾经的实验合作者都离他而去，到最后只剩他一人；没有学术机构愿意资助他，他自掏腰包做实验，在70多岁高龄的年纪，韦伯还要自己搬运设备、拧螺丝、打扫实验室等，一个人完成各种琐碎的日常实验工作。一直到韦伯去世，他在马里兰大学的实验室才正式关闭。

另一方面，韦伯探测引力波实验主要采用的是共振棒技术，撇开激光干涉技术不谈，仅就共振棒技术而言，实验进行了多次升级和改造。在韦伯之后，探测引力波实验的共振棒技术主要从如下三方面来寻求突破：

一、光学传感读出系统

利用光学技术对共振棒的机械振动进行读出的想法，最早是由德雷弗在1977年首先提出的。基本思想是把一个加工精细的法布里-珀罗腔接到共振传感器的共振体上，共振棒的机械振动改变腔的长度，这种长度变化可能携带引力波信号，利用光电器件可以用很高的灵敏度把它转换成电信号。1986年，库拉金(V. Kulagin)从理论上对这种思想的可行性进行了论证。1988年，理查德(J. Richard)等进行了更详细的计算，并于1992年设计了一个完整的系统。1995年该系统建成，随后进行了性能测试。由罗提(L. Louti)等建成的光学机械传感器读出系统是由激光器、两个法布里-珀罗腔、分光镜、光隔离器、光纤、透镜、光电二极管等部件组成的。从激光器来的一束稳频激光通过光路进入分光镜，一部分反射到法布里-珀罗腔内，这个法布里-珀罗腔与共振传感器小质量振动体相连，称为探测腔。通过共振棒的机械振动，改变腔的长度，使腔内激光的相位随之变化，把机械振动信号转变为光信号，激光束的另一部分透过分光镜进入一个长度固定的法布里-珀罗腔，此腔不与共振棒相连，称为参考腔。它所输出的激光的相位不发生变化，将两个光束进行比较，并通过光电二极管将相位差引起的光强度的变化转变为电信号。这个信号是由棒的机械振动所导致的，由于光在探测腔内的多次反射与叠加作用，光学机械传感器大大提高了共振棒引力波探测器的灵敏度，并能使频带宽度从1 Hz提高到10 Hz。

二、球形共振质量引力波探测器

球形共振质量引力波探测器的想法是在 1976 年提出的，作为共振棒探测器的升级版，它有如下特点：①

一是对于直径与半场相等的共振球来说，如果物质是相同的，它与引力波的相互作用截面要比共振棒高 20 倍。

二是一个共振球可以具有 5 个同一频率的共振模式，因此，它的探测是全方位的。可以用来探测引力波的方向和极化。分开适当距离的两个共振球可以代替多个被分开的共振棒，组成一个“引力波观测站”，适当选择两个共振球间的距离，或将共振球安放在激光干涉引力波探测器旁边，可以更有利于寻找随机背景引力辐射。

三是在共振球中，第二级四极矩共振模式的截面和第一级一样大，这个特点可以用来探测中子双星的最后合并，因为合并时发出的引力波相继激发这两种共振模式。一个共振球如果装上达到量子极限的共振传感器，探测距离可达到或超过 100 百万秒差距（Mpc），在这个距离上每年有望探测到几个黑洞—黑洞合并事件。

球形共振质量引力波探测器的工作原理与共振棒引力波探测器是相似的，这个方案在理论上是很先进的，但技术上要复杂得多，最终没有实现。

四是共振棒引力波探测器国际网的建立。由于引力波信号非常微弱，所以就很难将噪声与真信号区分开来。但是如果在世界上的不同地点建造多个共振棒引力波探测器的话，就可以对引力波信号进行复合测量。这样就能更好地确定引力波源的位置，探索波源的结构和性质。因此，对于探测引力波实验的共振技术来说，建立一个跨国际的引力波探测网是非常必要的。

于是，1997 年 7 月 4 日，在 D. 布莱尔（D. Blair）、M. 切尔多尼奥（M.

---

① 王运永：《引力波探测》，科学出版社 2020 年版，第 86 页。

Cerdonio)、W. 汉密尔顿(W. Hamiton)、W. 约翰逊(W. Johnson)、G. 帕洛蒂诺(G. Pallottino)、G. 皮泽拉(G. Pizzella)、M. 托瓦尔(M. Tobar)和 S. 维塔莱(S. Vitale)的倡议下,国际引力波事例合作组织(IGEC,International Gravitational Event Collaboration)宣告成立共振棒引力波探测器,国际网初步形成。当前参加国际引力波事例合作组织(IGEC)的主要有 5 个探测器,它们分别是:位于美国路易斯安那州巴吞鲁日的 ALLEGRO(快乐的乐章),位于意大利帕杜瓦附近的 AURIGA(御夫座),位于瑞士日内瓦的 EXPLORER(探险者),位于意大利弗拉斯卡蒂的 NAUTILUS(鹦鹉螺)和位于澳大利亚帕斯附近的 NOBIE(尼俄伯),它们的基本参数如表 2.2 所列。

表 2.2 GEC 组织内五个共振棒引力波探测器的参数和性能

参 数	共振棒探测器名称				
	ALLEGRO	AURIGA	ECPLORER	NAUTILUS	NOBIE
物质	A15056	A15056	A15056	A15056	Nb
质量/kg	2 296	2 230	2 270	2 260	1 500
长度/m	3.0	2.9	3.0	3.0	2.8
直径/m	0.6	0.6	0.6	0.6	0.6
+模式/Hz	920	930	921	924	713
−模式/Hz	895	912	905	908	694
温度/K	4.2	0.25	2.6	0.1	5.0
Q 值	2×10^6	3×10^6	1.5×10^6	0.5×10^6	20×10^6
AURIGA 位置	美国 BatonRouge	意大利 Legnaro	瑞士 CERN	意大利 Frascati	澳大利亚 Perth
灵敏度 $Sh^{1/2}(\omega)Hz^{1/2}$	10^{-21}	2×10^{-22}	6×10^{-22}	2×10^{-22}	5×10^{-22}
频带宽度	1	1	1	1	1

然而,尽管经历了技术的提升、设备的改造,但是到 21 世纪初,除韦伯之外没有一个共振棒引力波探测器实验室宣称再次探测到引力波信号。于是,

这些共振棒引力波探测器最终相继关闭。至此，探测引力波实验的共振棒技术被彻底废止，探测引力波实验的共振棒时代宣告结束。此后，探测引力波实验变成了激光干涉技术为唯一技术路径的科学实验。

第三章　跨越探测引力波实验的“韦伯之争”

——对“实验者的回归”论题的反思

对于传统的科学观，特别是自逻辑实证主义以来的自然科学观而言，自然科学是建立在实验证据、理性基础上的。经由实验，知识被合理地制造出来。而我们对实验的判定就是以实验结果的可复制性为标准的——当实验结果被其他实验室有效地复制出来，我们就认为实验结果是可靠的，实验是成功的。但是，韦伯实验的问题恰恰在于韦伯成功地得到了实验结果，而这一结果却是不可复制的。那么，是韦伯的实验出了问题，还是实验标准出了问题？从韦伯与其反对者的争论来看，除韦伯之外，其他实验室均无法复制韦伯的探测引力波实验；然而，我们也应该看到，事实上对韦伯的批评者而言，没有一个实验是严格地复制韦伯的实验的，他们或多或少都对实验进行了改动。那么，如何去理解“复制”科学实验的含义？又该如何对科学事实的合理性进行判定？围绕上述问题，科学哲学针对上述问题所涉及的“实验者的回归”论题，进一步引发了认识论上的讨论。

第一节　建构论与实在论之争

在科学中，实验者的回归(experimenter’s regress)指的是理论和证据之间的一个依赖循环。为了判断证据是否错误，我们必须依靠基于理论的预期，而判断竞争理论的价值，我们依赖证据。认知偏差影响实验，实验决定哪种理论是有效的。这一问题在新的科学领域尤其重要，因为在这些领域中，社会对各种相互竞争理论的相对价值没有达成共识，而且实验误差的来源也不为人所知。

对“实验者的回归论题”的最早表述参见柯林斯 1985 年出版的著作《改变秩序》，在该书中，柯林斯写道：

> 正确的结果所依赖的是，在检测通量时是否有引力波冲击地球。为了搞清楚这一点，我们必须建造一台好的引力波探测器，然后进行观测。但是，在我们为此而努力并获得正确结果之前，我们并不知道我们所建造的探测器好不好！我们也不知道什么才是正确的结果，直到……（这是没有尽头的）为止。①

或者说，“设备及其元件的正常运行和实验者的正确工作方式，是通过参与产生正确实验结果的能力来定义的。其他指标则找不到”。② 也就是说，在柯林斯看来，首先，在理论上是没有一个所谓的理性的判断标准可以用来对实验进行判断；其次，从实验的实践过程来看，柯林斯认为所谓的“校准”并不能为实验的判定提供一条可靠的标准。“校准是用一个替代信号使一台仪器标准化。校准的运用依赖于这样的假设：替代信号与用仪器测量（探测）的未知信号之间的结果几乎具有同一性。通常，这个假设太微不足道了，以至于引不起人们的注意。在有争议的案例中，用校准来决定能胜任的仪器的相对敏感度，这种假设可能会引起疑问，只有在这种假设没有受到严重质疑的条件下校准才能被完成。事实上，在正在讨论的科学状况情形中，质疑只是通过所谓的似真性强加的。”③柯林斯强调，实验者的回归是通过科学共同体内部的协商打破的，并不涉及所谓的认识论标准或理性判断。

他还把批评者们团结一心将韦伯“挤出”科学共同体的核心层、终结争论的过程概括为三个步骤：“步骤一是当观点还在萌芽时期就在社会范围内将其搁置起来；韦伯试图通过修正他的数据破茧而出，特别是针对恒星时的峰值重合度和用延时直方图来呈现结果。步骤二是直接打压……我们会看到新鲜的

---

① ［英］哈里·柯林斯：《改变秩序》，成素梅、张帆译，上海科技教育出版社 2007 年版，第 71 页。
② 同上书，第 64 页。
③ 同上书，第 93—94 页。

观点遭到各方的打压。步骤也是最可怕的一步，就是更严重的忽略你的观点：……我们会看到韦伯的遭遇就是这样的。到了1975年年末，韦伯的观点就那样冰冷的、无生气的、透明的存在着，连‘你叫都没人听见’。”①

柯林斯的这种典型的建构主义观点，对传统的科学观无疑是一种颠覆。特别是，在柯林斯的笔下，他把科学比喻成“勾勒姆”(Golem)——一个用泥土做的怪物，它拥有无比强大的力量，却听命于人。勾勒姆总是笨笨的，容易出错，所以是很危险的。在主流的科学实在论看来，这完全是对科学的妖魔化，是传统的实在论者所不能接受的。于是，以美国科学史学家阿伦·富兰克林(Allan Franklin)为代表的实在论者认为，既然建构论对传统科学观的批判是以科学实践为基础的，那么，他们便要从科学实践入手，对建构论的所谓强调“知识不是实在的，而是社会建构的”观点进行反思及驳斥，同时为“科学是一种基于证据的理性实在”的观点进行辩护。在具体做法上，富兰克林对柯林斯的标志性论点，即复制科学实验理论的关键环节——实验者回归论题进行了二次考察。两者的争论主要集中在以下几个方面：

一、富兰克林采用了与柯林斯不同的调查方法

柯林斯采用的是一种社会学的访谈方法，特别是他对探测引力波实验的调查基本上是来自他对当事科学家的访谈。访谈的好处在于，它能向人们展示许多科学中不为人知的一面。但富兰克林指出，在柯林斯的描述中，这些被采访的科学家都没有名字，只是用字母来表示，这为访谈内容作为论证证据的可信度打上了一个问号。如在柯林斯1972年的采访中，他调查了来自不同实验小组的三位科学家对四种实验结果的不同看法：②

实验W

科学家a：……这是为什么尽管W的问题非常复杂，也有特定属性的原因所在，所以如果他们看到了某种现象，它会更加可信……他们实际

① Harry Collins, *Gravity's Shadow: The Search for Gravitational Waves*, Chicago: The University of Chicago Press, 2004, p. 155.

② [英]哈里·柯林斯：《改变秩序》，成素梅、张帆译，上海科技教育出版社2007年版，第71—72页。

上已经把某种想法落实到其中……

科学家 b：他们希望获得非常高的灵敏度。但坦白地说，我不能信任他们。在这个实验中，还有比残忍的力量更加微妙的方面……

科学家 c：我认为，……W 实验小组……一定是疯了。

实验 X

科学家 i：……他生活在小地方……[但是]……我看了一下他的数据，他也确实有某些令人感兴趣的数据。

科学家 ii：我对他的实验能力没有什么印象，所以我更怀疑他所做的实验。

科学家 iii：那个实验纯粹是胡说八道！

实验 Y

科学家 1：Y 的结果似乎确实给人留下了深刻的印象。很有条理，看起来也相当有权威性……

科学家 2：我估计，他的仪器的敏感度很高，我和他是好朋友……是……[微弱的]……他只是没有遇到(探测引力波的)好机会。

科学家 3：如果你照着 Y 那样做，只是把你的数据提供给某些……女孩子，并要求她们进行计算，唉，你将一无所获，你不知道，那些女孩子当时是不是正在与她们的那朋友谈话。

实验 Z

科学家 i：Z 的是实验是相当令人感兴趣的，而且不应该被排除，恰好是因为……该小组无法重复这个实验。

科学家 ii：我对 Z 的事情没什么印象。

科学家 iii：那儿还有 Z，现在，Z 的问题完全是一个骗局。

在富兰克林看来，不能把访谈的内容作为代表科学家不同观点论据的另一原因在于“采访实际上并不能代表科学家对某个结果所引发的问题的思考，这些思考包含在已发表的记录中”。① 也就是说，尽管通过访谈的形式能够披露出比文本更多的实验细节，但是在访谈中访谈的对象对待自己所发表的观点的态度

① A. Franklin, *Can That Be Right?: Essays on Experiment, Evidence and Science*, Spring Science + Business Media Dordrencht, 1999, p. 14.

可能并不是很严谨,因为他们不需要署名,所以他们往往会带有个人偏见的色彩或者会将还不成熟的观点拿来说。并且,从柯林斯的采访来看,不同科学家对待实验证据的权重是有差异的,这也就使访谈内容作为论证证据的可信度大打折扣。而另一方面,事实上在科学家所出版的文本中已经涵盖了他们在接受采访时所发表的观点,但出版物的发表需要反复斟酌。因此,相较于访谈内容而言,富兰克林认为文本作为证据而言更客观、可信度更高。因此,他强调"柯林斯的陈述也没有证明这个决定是基于这些论据的综合证据分量之外的任何东西"。①

二、富兰克林重新对"实验者的回归"过程进行了"校准"

在1994年的论文《如何避免实验者的回归》(*How to Avoid the Experimenters' Regress*)一文中,富兰克林强调科学并不是不可错,但是柯林斯对科学证据及其在科学中所发挥作用的理解有问题,导致他对作为知识的科学的理解也有问题。②

柯林斯的论点可以简单地概括如下:对一个正确的实验结果或是好的实验装置缺乏有效的判定标准。这触发了实验者的回归,因为正确的实验结果依赖于好的实验装置,而判断实验装置是不是合格的标准恰恰是合理的实验结果。这样看来,实验证据的有效性是值得怀疑的,并且实验证据不能为科学知识的合理性进行辩护。从表面上来看,柯林斯的推理是合理的。但实验者回归论题的关键问题是实验证据如何得出?对此,一方面,富兰克林承认探测引力波实验的特殊性——由于探测引力波实验的复杂性,导致对实验证据的判断存在很大的不确定性;另一方面,富兰克林也强调,即使是对探测引力波实验而言,获得可靠的实验证据,也并非不可能。为此,他回顾了探测引力波实验中关于韦伯及其反对者之间的争论,即对探测引力波实验的分析进行重新"校准"。他是从校准韦伯的分析程序开始的。

首先,从得到的实验结果来说,在所有探测引力波实验室当中,只有韦伯

① A. Franklin, *Can That Be Right?: Essays on Experiment, Evidence and Science*, Spring Science + Business Media Dordrencht, 1999, p. 14

② Allen Franklin, "How to Avoid the Experimenters' Regress", *Studies in History and Philosophy of Science*, 1994, Vol. 25, No. 3, p. 471.

一人说他测到了引力波，其余六个实验室得到的都是否定的实验结果。1974年6月23日至28日在特拉维夫大学举办的第七届广义相对论和引力国际会议（the Seventh International Conference on General Relativity and Gravitaiton, GR7）上，在关于引力波小组的讨论中，泰森发言说：“关于韦伯实验，我想说的是，有一个很突出的问题：‘在最后十分之一秒，能量是增加的还是减少的？’——所有这些实验，我自己的、韦伯的和卡夫卡的都在其中——在给定的相同的算法的情况下，对给定的脉冲的响应应该也是相似的。但似乎只有你的探测器的敏感度是够的，而不是我们的探测器。”①德雷弗也报告说，他曾研究过他的仪器在任意波形和脉冲长度下的灵敏度。虽然他发现长脉冲的灵敏度降低了，他也确实分析了他的数据，努力地寻找这种脉冲，但是他没有发现任何效果，他没有找到使用短脉冲（线性）分析重力波的证据（如图3.1、图3.2所示）。他说：“也许我只是对这种情况发表个人看法，因为听约瑟夫·韦伯的实验得到了积极的结果，另外三个实验得到了消极的结果，还有其他一些实验也得到了消极的结果，这一切意味着什么？现在，从表面上看，显然存

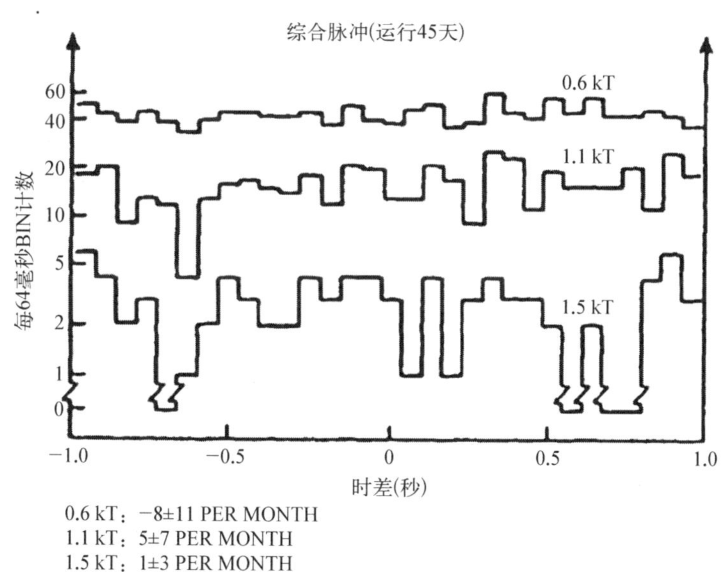

图3.1 德雷弗搜索长脉冲获得的数据没有看到零延迟峰值

① G. Shaviv & J. Rosen, Eds, *General Relativity and Gravitation: Proceedings of Seventh International Conference (GR7)*, Tel-Aviv University, June 23 - 28, 1974. New York: John Wiely, 1975, p. 288.

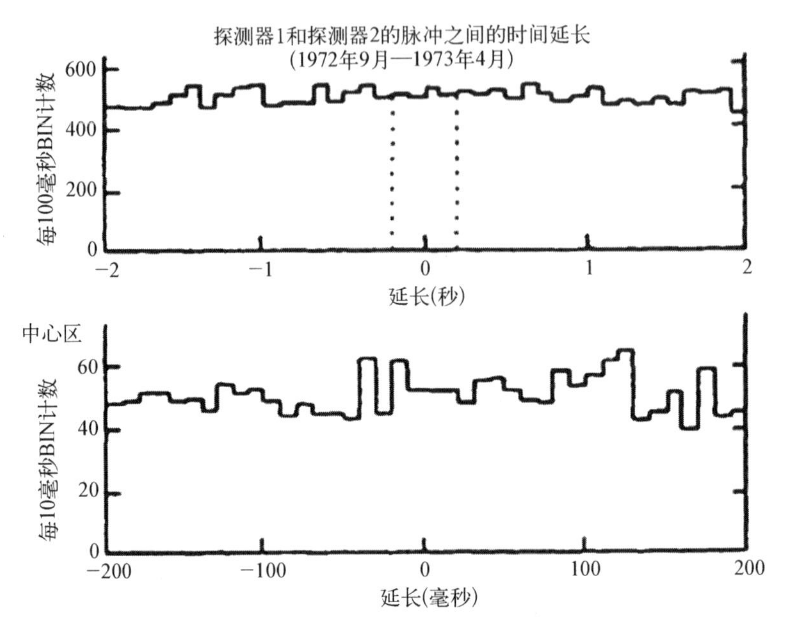

图 3.2 德雷弗的时间延迟图在零延迟时没有看到峰值

在着很大的差异,但我认为值得努力尝试,看看是否有任何方法可以将所有这些明显不一致的结果组合在一起。我仔细考虑过这个问题,我的结论是,在这些与乔的实验有关的实验中,总有一个漏洞。从一个实验到下一个实验,这是一个不同的漏洞。以我们自己的实验为例,它们对长脉冲不是很敏感。"

其次,从研究方法来看,只有韦伯一个人采用的是非线性的算法,其他 6 个实验室采用的都是线性的算法,并且当这六个实验室采用韦伯的非线性算法重新实验,依然没测到引力波。韦伯偏爱的非线性或能量算法只对信号幅度的变化敏感,而线性算法则对信号的幅度和相位的变化都很敏感。韦伯之所以对非线性算法情有独钟,是因为它会导致激增(proliferation),会使得每次探测器捕捉到的脉冲都会超出阈值,便于观察:"我们认为,这种级联(cascading)可能会导致关于某种能量算法(6)[非线性]比(7)[线性]获得更多的两个检测器的重合信号。"①但韦伯也承认,线性算法在检测校准脉冲方面更有效。他说:"对于将正常模式的能量从零增加到 kT 的脉冲,算法(7)[线性]

① G. Shaviv & J. Rosen, Eds, *General Relativity and Gravitation: Proceedings of Seventh International Conference* (*GR7*), Tel-Aviv University, June 23 - 28, 1974. New York: John Wiely, 1975, p. 246.

比算法(6)[非线性]给出的响应脉冲数量更大,超过阈值。也许这就是算法(7)被许多小组所青睐的原因。"①在那次会议上,卡夫卡和泰森都报告了线性算法检测校准脉冲优越性的结果(如图 3.3、图 3.4 所示)。对比可见,采用线

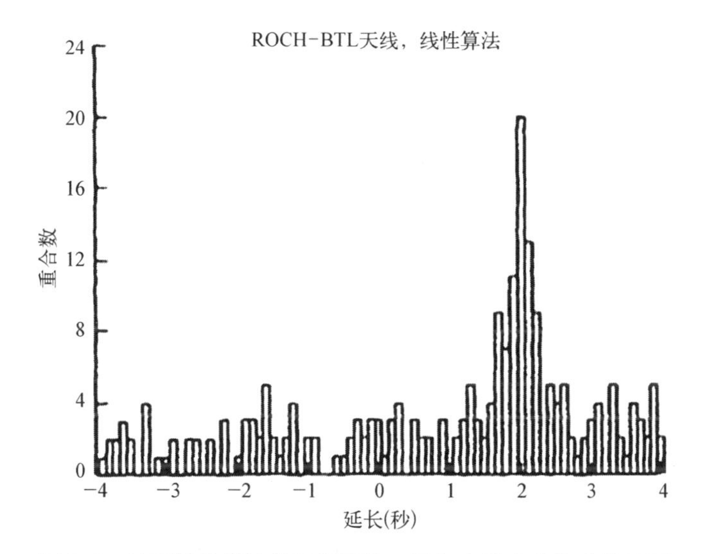

图 3.3 使用线性算法的罗切斯特—贝尔实验室的校准脉冲图

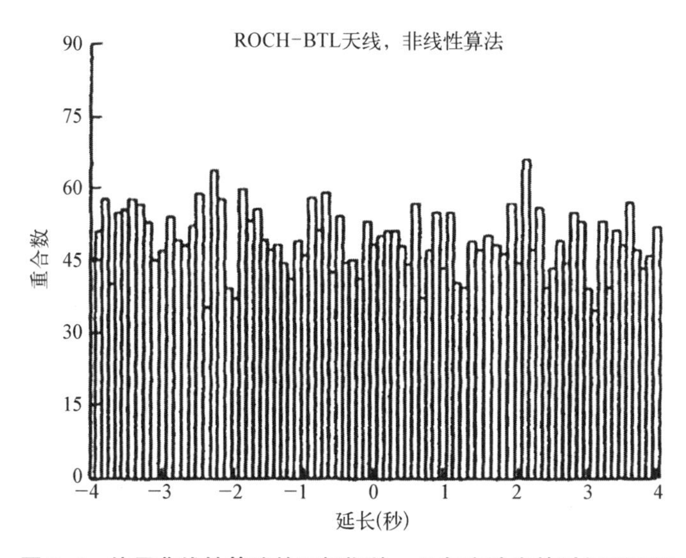

图 3.4 使用非线性算法的罗切斯特—贝尔实验室的时间延迟图

① G. Shaviv & J. Rosen, Eds, *General Relativity and Gravitation: Proceedings of Seventh International Conference* (*GR7*), Tel-Aviv University, June 23 - 28, 1974. New York: John Wiely, 1975, p. 247.

性算法能够给看到一个明显的峰值，而非线性算法则没有。

但韦伯仍坚持采用非线性算法，原因是韦伯强调采用这种方法探测到的信号更重要。在图 3.5 中，上半部分图形采用的是非线性算法，而下半部分图形采用的则是线性算法。对比可见，只有非线性算法才能看到零延迟峰值。

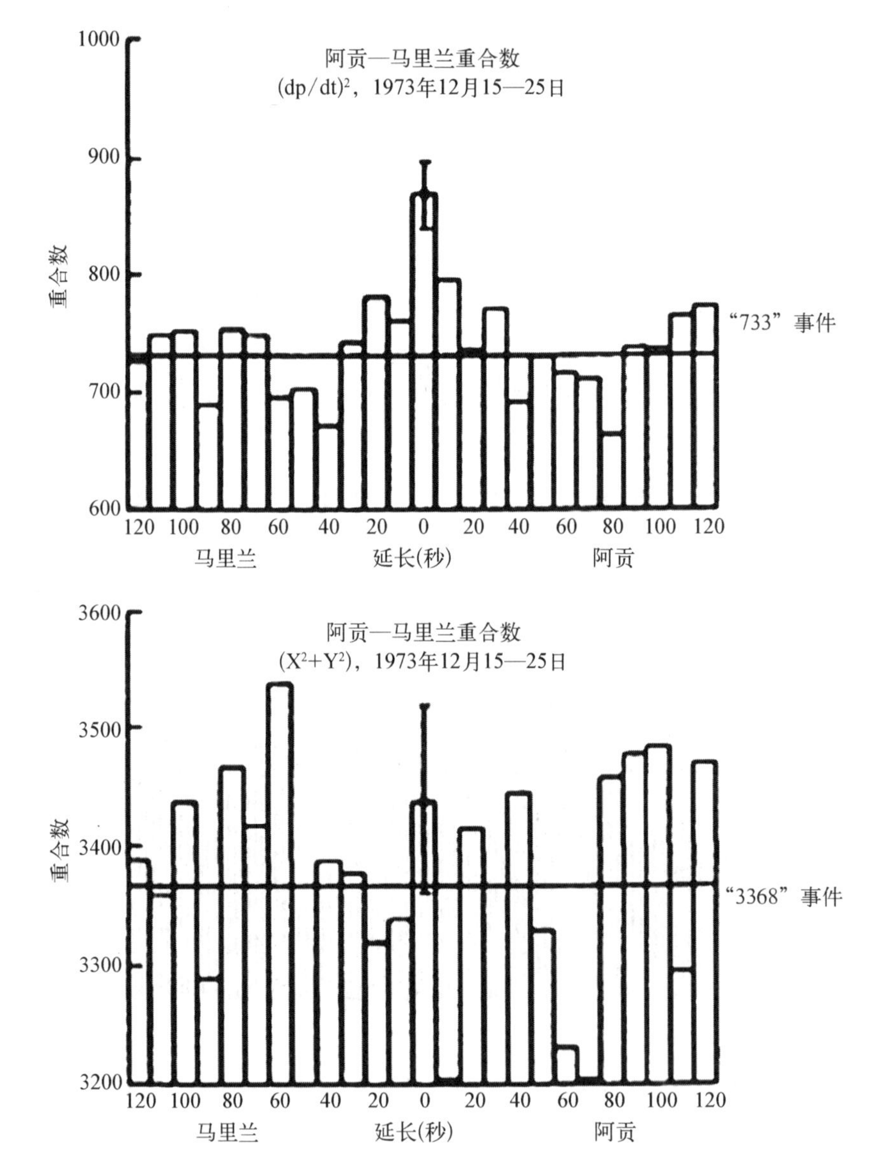

图 3.5　1973 年 12 月 15—25 日，马里兰与阿贡实验室合作期间韦伯获得的时间延迟数据

对于这样的做法，富兰克林批评道：“事实上，韦伯是在用肯定的结果来决定哪一个是更好的分析程序。如果说有人在‘倒退’，那就是韦伯。”①

后来，韦伯对其实验进行了校准，又引发了第二轮针对他的批评：批评者分别使用两种算法分析了他们的数据，如果说是线性算法屏蔽了信号的话，改用非线性算法后，依然没有测到信号。图 3.6 是泰森改用非线性算法后探测的数据，图中依然没有出现明显的校准峰值或零延迟峰值。

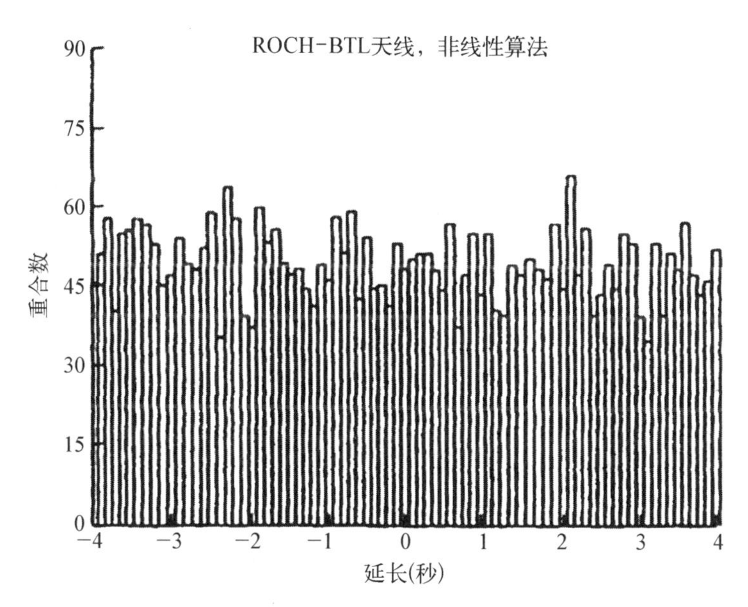

图 3.6　泰森改用非线性算法后探测的数据

这组数据和泰森之前采用线性算法得到的数据非常相似，由此可以判定采用线性算法或非线性算法之间没有信号差异。关于这一点，韦伯解释说造成这种情况的原因是线性算法更适合于检测短脉冲，但引力波信号比大多数人所认为的要长。因此，他相信在探测引力波这种长脉冲时，非线性算法依然是优于线性算法的。但批评者们回应说即使引力波信号真的是长信号，那么，在他们改用非线性算法探测时应该也能测到，没有理由只有韦伯测到而其他人测不到。如泰森评论说：“我只想说所有韦伯型实验都有一个问题：‘能量在

① Allen Franklin, *Can That Be Right?: Essays on Experiment, Evidence and Science*, Spring Science + Business Media Dordrencht, 1999, p. 22.

最后的十分之一秒是增加的还是减少的?'——所有这些实验,包括做的、韦伯的和卡夫卡的——在给定的相同算法的情况下,对脉冲的形状的记录是相似的。我想必然是只有你的(韦伯)探测器才敏感,我们的都不行。"①

综上所述,对比韦伯实验和批评者们的实验数据可以看出,虽然韦伯最早报告了探测引力波的实验结果,但是除韦伯之外的其余 6 个实验团队均没有获得与引力波有关的实验证据。批评者们的数据不但多,而且经过了严密的交叉检验。此外,他们除了互换了数据还调换了实验算法,但都没有得出韦伯宣称的实验结果。反之,对比韦伯实验,在实验数据中存在一个明显的虚假重合,即四小时偏差。对比之下,不难发现韦伯的批评者们的实验证据较之韦伯的证据更可信。因此,富兰克林针对柯林斯对韦伯实验的描述反驳说:"我认为柯林斯严重夸大了负面结果的可处理性,低估了与韦伯结果相反的证据的分量。事实上,韦伯的批评者可能对某些论据的分量存在分歧,但这并不意味着他们不认为韦伯是错误的。……我相信这些图片对驳斥韦伯结果而言,是一个压倒性的证据,基于认识论的标准,最后的决定尽管不太合规,但是是合理的。"②

再次,富兰克林重新审视了嘉文在整个针对韦伯的争论中所扮演的角色。显然,嘉文在"反韦伯"的运动中扮演着"推波助澜"的角色。在柯林斯的《七种性别之子》(Son of Seven Sexes)一文中,他把嘉文描述成一个"非常有权势又非常危险的人"。他强调在披露韦伯的计算机错误时,第一个发现韦伯的错误的人(道格拉斯)或多或少地受到了嘉文的胁迫。在《七种性别之子》中他援引了一段他对道格拉斯的访谈,其中说道:"……那次会议是奎斯特(Quest)③强迫我的。除非韦伯发表承认错误的声明,否则我不会提及计算机的错误。……但是当我到了那,奎斯特马上递给我一份他已经写好的声明的副本,然后我就离会了……那天我根本没吃午饭,毫无感情地说了一下发生了什么、

---

① G. Shaviv & J. Rosen, Eds, *General Relativity and Gravitation: Proceedings of Seventh International Conference* (*GR7*), Tel-Aviv University, June 23 - 28, 1974. New York: John Wiely, 1975, p. 288.

② Allen Franklin, *Can That Be Right?: Essays on Experiment*, *Evidence and Science*, Spring Science + Business Media Dordrencht, 1999, p. 20.

③ 在柯林斯的 *Son of Seven Sexes* 一文中,奎斯特(Quest)是嘉文的化名。

我认为正确的做法是什么……这就是那个所谓的第一份声明。”[①]但是，富兰克林强调韦伯的批评者并不止嘉文一人，其他科学家也提出了对韦伯的批评，只是他们的态度没有嘉文这么激进。他说：“柯林斯认为嘉文表现得好像他认为一个合理的论据不足以破坏韦伯结果的可信度，这一点似乎也值得怀疑。嘉文的行为就是一个科学家的行为，他认为韦伯的结果是错误的，而且把宝贵的时间和资源都花在调查一个错误的结果上，对韦伯坚持他错误的结果是对这个领域做出了贡献的结论提出质疑。嘉文是一个有力的辩论家，这点毋庸置疑。”[②]特别是在对韦伯实验的判定具有决定性意义的GR7会议上，嘉文并没有出席。因此，在富兰克林的笔下，他认为嘉文并没有做错什么，他只是在维护科学的正当性而已。

基于上面的分析，富兰克林认为尽管在科学中存在争议，但是柯林斯所谓的科学家对韦伯的排挤并不是导致韦伯实验不可信的关键因素。是韦伯实验所暴露出的越来越多的错误为他的实验的“不可信”提供了一种证据，导致其他科学家不能无视这种“不合理”继续存在科学中。以嘉文为代表的反对派科学家只是做了他们该做的事、说了他们该说的话。因此，“我将介绍我自己对这一事件的描述，这与他的描述有很大的不同，并认为他的描述是误导性的，没有理由相信实验者的回归。我要说明的是，校准虽然是决定的一个重要组成部分，但在这种情况下并不是决定性的，因为实验使用了一种新型的仪器，试图探测到迄今为止未被观测到的现象，而且重力波探测的情况根本不是科学实验的典型。我还将争辩说，回归是被合理的论点打破的”。[③] 与柯林斯相反，在看待韦伯实验问题上，用嘉文自己的话来说富兰克林坚持一种“老套”的实在论立场的解读，即他认为“科学不但是一种由科学家主导的实践，还是一种来自‘真实’世界的证据，它取决于科学提供给我们关于世界的可靠知识的判断”。[④]

---

① Harry Collins, “Son of Seven Sexes: The Social Destruction of a Physical Phenomenon”, *Social Studies of Science*, Vol. 11, No. 1, 1981, p. 47.

② Allen Franklin, *Can That Be Right?: Essays on Experiment, Evidence and Science*, Spring Science + Business Media Dordrencht, 1999, p. 32.

③ Ibid., p. 14.

④ Ibid., 1999, p. 5.

第二节 认识的一元论与多元论之争

从柯林斯与富兰克林的争论来看，两者的“对抗”其实是旗鼓相当的。柯林斯的逻辑是：因为没有办法复制实验，所以对实验的判定缺乏理性标准。既然理性标准不可行，那么只能通过社会途径——在韦伯实验的争论中，韦伯的反对者们结成了同盟，将韦伯排挤出主流科学界，从而终结了这场争论。富兰克林的逻辑是：即使无法重复实验，但可依据基于证据的可信度对实验进行判定。也就是说，富兰克林认为依然存在科学实验的理性标准，只不过不是基于实验复制而是基于证据，看谁的证据更可靠。通过对比，富兰克林认为批评者们的证据更充分、更可信。所以，不存在所谓的社会“排挤”，是韦伯的漏洞太多导致实验失败。这两种说法似乎都有道理。然而，通常我们对某一事实的理解，只能有一种合理的认识。由此引发的问题是：在专家意见相分歧的情况下，我们该信任谁？我们如何做出明智的选择？具体到韦伯实验的案例，如果在柯林斯和富兰克林两者之间只能有一个人观点是正确的，我们该如何选择？

上述问题的解决涉及对分歧（disagreement）的合理性的理解问题。事实上，在现实生活中，关于分歧的合理性问题是普遍存在的。“当陪审团或法庭在一个棘手的案件中发生意见分歧时，意见分歧的事实并不意味着不讲理道理。古生物学家对恐龙的死因就意见不一。虽然这场纠纷的大多数当事人可能是不理性的，但事实并非如此。相反，即使在深思熟虑和理性的调查人员中，经过对证据的仔细审查也不能保证达成共识，这似乎是认识生活中的一个事实。一个明显的例子是医学研究，在那里专家似乎对各种疾病的病因和治疗方法存在分歧。”①范・因瓦根（van Inwagen）强调关于分歧的合理性问题已经成为一个普遍存在的哲学问题：“我怎么能（我也确实）相信自由意志与决定论不相容，或者说未实现的可能性不是物理对象，或者人类不是时空扩展的四

---

① Gideon Rosen, “Nominalism, Naturalism, Philosophical Relativism”, *Philosophical Perspectives*, Vol. 1, 2001, pp. 71 – 72.

维事物，当大卫·刘易斯——一个真正令人敬畏的智慧，洞察力和能力的哲学家——拒绝这些东西时，我如何相信，并意识到并完全认识到我可以提出论点为它们辩护?”①

围绕着对分歧的合理性问题的看法，在认识论上主要呈现出两条不同的研究路径：一种是认识的“一元论”，强调针对同一事实不可能同时存在两种合理的认识论立场，这种观点主要以理查德·费尔德曼(Richard Feldman)为代表。另一种立场与其相对立，即认识的“多元论”，认为基于不同的证据，即使面对同一事实也可以有不同的认识立场存在，主要以吉迪恩·罗森(Gideon Rosen)的观点为代表。两者之间的争论，构成了由探测引力波的韦伯实验所引发的另一场认识论争论。

一、即使面对单一的证据，理性的人也可以表示不赞同

这种观点来自罗森，他强调“科学并不止于是以接受证据为基础的理论，并从公认的理论中得出预测”。② “我们没有任何理由先验地假设形而上学的分歧总能通过诉诸中立的理由来解决。因此，我们应该对这样一种可能性持开放态度，即理性的人可能对恐龙的命运持不同意见，而理智的人也可能对抽象物体的存在持不同意见。”③

罗森认为科学并不仅以证据为基础形成理论，并基于理论得出预测结果，他强调科学是一种社会实践，而理论的选择需要受到社会规范的约束。关于科学的实在性，普特南在《数学、物质和方法》(*Mathematics, Matter and Method*)中曾谈道：“我本人不喜欢谈论简单性，因为任何可测量的意义上的简单性(例如，所涉及的表达式的长度、逻辑连接词的数量，或所涉及谓词的论证位置的数量)只是影响科学家和理性人实际作出的相对合理性判断的因素之

---

① P. van Inwagen, “It Is Wrong Everywhere, Always, and for Anyone to Believe Anything on Insufficient Evidence”, in J. Jordan and D. Howard-Snyder (eds.), *Faith, Freedom, and Rationality: Philosophy of Religion Today*, Lanham, MD: Rowman & Littlefield, 1996, p.138.

② Gideon Rosen, “Nominalism, Naturalism, Philosophical Relativism”, *Philosophical Perspectives*, Vol.1, 2001, p.77.

③ Ibid., p.72.

一，也绝不是最重要的。但这并不是一个关键点；我们只需要认识到，工具主义者使用简单这个词来代表一个复杂的问题，这取决于许多因素，尽管这个词可能有一些误导性的含义。虚构主义者承认，预测力和简单性（即与对立假设相比，总体上的合理性，因为科学家和理性的人实际判断这些问题）是一个好理论的标志，他们使接受一个理论变得理性，至少'为了科学目的'。但是，工具主义策略的一个很好的特点就是把这个毁灭性的问题推到小说作者身上——在人们认为相信一个理论是理性的之前，还有什么进一步的理由呢？如果使虚构者把物质对象等视为'有用的虚构物'的东西，并不能使人们理性地相信物质对象的'概念系统'，那又有什么能使人们相信任何事物都是理性的呢？"[①]也就是说，在普特南那里，他蔑视为了科学目的而接受一个理论的理由就是相信它是真的观点。可见，在普特南那里，他强调了科学的意义在于它的实在性，即它能给出解释、进行预测、设计实验等。因此，可以把科学理解成是一种实践。

既然科学是一种实践，那么，罗森强调科学需要遵守实践的内在规范。那么科学实践所遵从的规范是什么？一种规范如认识论的自然主义（methodological naturalism ）的观点，即决定是否接受某一理论是处于信仰的事实。"假设智力实践来源于作者，尽量避免接受强制的信仰规范。在这个意义上假设 P 是权威实践，那么怀疑或否认一个完全可以接受的 P 理论就是不合理的。"[②]这样，我们首先就要先找到权威实践，而"什么是权威"是有歧义的：比如，我们可以认为数学的可信性取决于它在自然科学中发挥的作用，也可以把数学本身看作是一种权威实践。且科学共同体不是一个统一的群体，当涉及抽象实体时，我可以有合理的、有说服力的理由相信任何有科学理由接受的东西；以及相信科学的抽象概念。那么认识论的自然主义如何从冲突的意见中提取真正的认识规范？简而言之，罗森认为自然主义并没有解决实践中的权威问题。

---

① Hilary Putnam "Philosophy of Logic", in, *Mathematics*, *Matter and Method*, Cambridge University Press, 1979, p. 354.

② Gideon Rosen, " Nominalism, Naturalism, Philosophical Relativism ", *Philosophical Perspectives*, Vol. 1, 2001, p. 81.

罗森指出我们关于基本规范的冲突的问题不是一个认识论问题，而更像是一种道德分歧，即不论理性结果是怎样的都会产生道德分歧。因为罗森相信道德是一种历史的产物，它塑造了我们的感性认识，而感性认识又构成了我们信仰的基础。比如，我看到垫子上有一只猫，那么我就相信垫子上有一只猫。这种“相信”是有感性认识来支撑的，并不是一种命题态度，不需要对其进行辩护。“我们可以想象有一个由头脑清晰、富有理性的人组成的社区，他们在伦理、数学和其他方面与我们不同。我认为在其他条件相同的情况下，一个人完全有权依靠自己的情感，即使这个人能够清楚地意识到还有其他选择。这样做不仅不是不理性的：这样做可以构成一个认识美德的典范。……我们对事物的认识取决于事物给我们的冲击。”①

二、相互合理的认知分歧是不可能的

这种观点的持有者是费尔德曼，他认为有些分歧只是表面上的，并不是真正的分歧。并且，不存在所谓合理的分歧，因为明智的人总能做出判断。作此论断，费尔德曼首先对何谓“分歧”进行了解释，他从分析分歧的结构开始：假设有两个人 Pro 和 Con，他们通过审查了相关证据、认真思考了之后，针对命题 P 得出不同的结论——Pro 赞成 P，Con 反对 P。费尔德曼把分歧分成了两个阶段：第一个阶段称作“隔离”(isolation)，在这一阶段上赞成者 Pro 和反对者 Con 都对相似的证据进行了审查，经过仔细认真的思考，Pro 得出了 P 是真的结论，而 Con 得出了 P 不是真的结论。第二个阶段称作“全面披露”(full disclosure)，在这一阶段赞成者 Pro 和反对者 Con 开始了深入的讨论，他们充分了解了对方的理由和观点，即这个阶段是争论双方分享证据的阶段。

关于分歧的类型，费尔德曼主要区分为三种情况：(1) 孤立的合理分歧，即赞成者 Pro 和反对者 Con 可以孤立存在的合理态度。即是不是在审查了同一批证据后，赞成者 Pro 和反对者 Con 的观点都是合理的？如果是这样的话，

---

① Gideon Rosen, “Nominalism, Naturalism, Philosophical Relativism”, *Philosophical Perspectives*, Vol. 1, 2001, p. 88.

那么费尔德曼认为，可认为存在“孤立的合理分歧”（reasonable disagreements in isolation）。（2）充分披露之后产生的合理的分歧，即在充分披露情况下赞成者 Pro 和反对者 Con 的合理态度。在这种情况下，赞成者 Pro 和反对者 Con 的分歧被充分暴露出来，然后他们被迫面对这样一个事实，即对方使用了相同的证据来支持不同的结论。鉴于这种分歧，保持自己的信仰是合理的吗？当面对对方的立场时，正反双方都能合理地保持自己的信念吗？如果情况是这样的话，费尔德曼认为这属于一种“充分披露之后产生的合理的分歧”（reasonable disagreements after full disclosure）。（3）相互认可的合理分歧，涉及分歧的一方如何明智地看待另一方的信仰的问题。假设，在第二种情况下得到的是肯定的答案，即赞成者 Pro 和反对者 Con 是否在坚持认为自己的信仰是合理的同时也相信对方的信仰也是合理的？费尔德曼把这种情况称作是“相互认可的合理分歧”（disagreement mutually recognized as reasonable）或“相互承认的合理分歧”（mutually recognized reasonable disagreement）。前两种情况不难理解，因为通常理智的人都会坚持自己的信仰。那么，是否会有第三种情况产生？这就涉及对“合理性”概念的理解。

关于合理性，费尔德曼把它区分成两个层面：（1）关于合理性的对象，费尔德曼强调“一个理性的人是一个有着普遍的合理信念倾向的人”。[①] 虽然，一个诚实的人可能偶尔也会说谎，一个通情达理的人偶尔也会有个别不合理的信念。当他有这样的信念时，这个理智的人会与另一个掌握类似证据但不存在理智缺失的情况的人产生意见分歧。（2）关于理性的认知状态，费尔德曼认为“一个信仰的审慎价值可以使一个人持有该信念看起来是‘合理的’，即使对于拥有相同证据的另一个人来说，这个信念并不合理”。[②] 比如一名人质和一名在现场的中立的记者对人质获释的前景可能有相同的证据。与记者不同的是，人质可能有理由相信他会被释放。考虑到这个动机，我们可以说人质有理由这么相信。

在对“分歧”与“合理性”的概念进行澄清后，费尔德曼开始针对罗森的“分

---

① Richard Feldman, “Epistemological Puzzle about Disagreement” in Stephen Heterington, *Epistemology Futures*, Oxfored, Oxfored University Press, 2006, p. 220.

② Ibid., p. 221.

歧双方可能拥有相同的证据”的观点进行反驳。罗森强调:“如果有争议的主张在遭遇另一方后仍然幸存下来,那么这一方面仍然有理由持有它:表面的理由。如果在反思了一种崇尚残酷的风气的合理性后,残酷行为仍然不言而喻地应受到谴责,那么我认为这种行为应该受到谴责的信念有着强大而有说服力的理由,尽管我认识到,其他缺乏这种理由的人可能完全有理由不这么想。”[①]这种观点认为,一个人的立场表面上的明显性,或直觉上的正确性,都可以算作证据。在充分披露之后,赞成者和反对者有一些不同的证据,他们有理由保留他们原来的信仰。支持者 Pro 的证据,包括共享证据支持 P 的直觉,确实支持 P。反对者 Con 的证据,包括共享证据支持非 P 的直觉,支持非 P,两者的信念都是合理的。且每一方都有理由将合理的信念归于另一方,即认为存在相互认可的合理分歧。

然而,费尔德曼认为这种情况不可能出现,因为他强调私人证据应当包括感官体验和直觉,而上述这两者是因人而异的,因此对立的双方不可能掌握相同的私人证据:“假设我们同意直觉或‘表象’可以作为证据的假设。假设我们同意一个更进一步的,也许是可疑的假设,即在这些情况下,他们可以给自己带来有利的平衡。这意味着可以孤立地存在分歧;分歧的每一方都可以是合理的。然而,当我们转向完全披露的情况时,情况就不同了。要想知道原因,可以比较一个更直接的常规视觉案例,而不是洞察力或直觉。假设你和我站在窗户边,看着外面的院子。我们认为我们有相似的眼光,而且我们彼此都很诚实。我似乎看到了在我看来像一个穿着蓝色外套的人在广场中央。(假设这不是什么奇怪的事情)我相信一个穿蓝色外套的人站在广场上。与此同时,你好像什么也没看到,你以为没有人站在广场中央。我们不同意。在孤立的情况下,在我们彼此交谈之前,我们每个人都相信是合理的。但是假设我们谈论我们所看到的,并且我们达到了完全的披露。在这一点上,我们每个人都知道发生了一些奇怪的事情,但我们不知道谁有问题。不是我在看东西,就是你错过了什么。我不会合理地认为问题在你的头脑里,你也不会合理地认为问

---

① Gideon Rosen, “Nominalism, Naturalism, Philosophical Relativism”, *Philosophical Perspectives*, Vol. 1, 2001, p. 88.

题在我的脑子里。”①

因此，费尔德曼强调尽管每个人都拥有独特的洞察力或明显的感觉，经过充分披露的阶段后，争论的双方都会对对方的洞察力做到“心中有数”。但洞察力不是证据，“证据就是证据。更明白地说，有证据证明 P 的证据就是 P 的证据”。② 因此，费尔德曼强调“私人证据(即洞察力或直觉)并不支持这样一种观点，即可以存在相互认可的合理分歧，甚至不支持充分披露后可能存在合理分歧的观点”。③

在对以罗森为代表的认为私人证据能够支持分歧的合理性的观点予以驳斥后，费尔德曼还讨论了其他能够导致分歧的合理性成立的因素，包括框架、自信心和分裂的证据。人们对于同一问题可能会由于出发点不同而导致分歧，这可以被理解成人们的认知框架不同，比如人们对政治的看法。美国专栏作家大卫·布鲁克斯(David Brooks)于 2004 年发表在《纽约时报》的一篇文章中说：“我们在国内政治领域已经习惯了。来自人口稀少的南部和西部的政客们更有可能(至少在政治和经济领域)拥护金水时代的美德：自由、自给自足、个人主义。来自城市的政客们可能会拥护泰德·肯尼德耶斯克的美德：社会公正、宽容、相互依存。来自人口稀少地区的政客们更倾向于说：“他们希望政府远离民众，这样他们就可以自己管理自己的生活。来自人口稠密地区的政客们更希望政府至少扮演一个裁判的角色，以防止人们之间发生过多的暴力冲突。”④这就是一个典型的由起点不同而导致整个认知框架不同，以至于对具体问题的讨论出现偏差的例子。而对这种情况，布鲁克斯在这篇文章中说：“这场辩论可能会持续一段时间，因为双方都代表了合理的观点，而且双方都有具体的理由采取他们所采取的立场。”⑤

① Richard Feldman, “Epistemological Puzzle about Disagreement” in Stephen Heterington, *Epistemology Futures*, Oxfored, Oxfored University Press, 2006, p. 223.

② Ibid.

③ Richard Feldman, “Epistemological Puzzle about Disagreement” in Stephen Heterington, *Epistemology Futures*, Oxfored, Oxfored University Press, 2006, p. 224.

④ David Brooks, “Not Just a Personality Clash, a Conflict of Visions”, *New York Times*, 12 October 2004.

⑤ Ibid.

对于上述观点，费尔德曼认为从分歧的第一个层面即隔离阶段，这种情况有可能发生，即可以把这种情况看成是“孤立的合理分歧”，但是经过分歧的第二个层面即充分披露阶段后，这种情况就不可能存在了。“一个人的出发点有一些独立的正当性，这一事实不足以证明这样的观点：一旦一个人意识到其他人（其他方面和自己一样有能力）有一个与自己同样‘客观’的初始可信性的不同的出发点，那么这个观点就很难维持。”[①]比如说分歧的一方，他可能认为自己的和分歧的另一方的出发点都是合理的。如果出发点都是合理的，就意味着两种选择都是合理的，那么分歧的这一方面还有什么理由继续坚持自己的观点，而不是转向对方的观点？这是一个很奇怪的结果，意味着分歧的一方要基于此反过头来对自己的出发点产生怀疑。基于此，费尔德曼认为将出发点作为分歧合理的理由的观点并不成立。

除此之外，费尔德曼还讨论了自信心作为分歧的合理性存在的条件。假设分歧的双方 Pro 和 Con，针对命题 P 得出了不同的结论——Pro 赞成 P，Con 反对 P。经过分歧的第一个阶段即隔离阶段，到达了充分披露阶段，此时赞成者 Pro 仍然相信 P 是真的，反对者 Con 仍然相信 P 是假的，且两者都相信他们共享的证据支持自己的观点。支持者 Pro 的证据是共享的证据中加上在 Pro 看来 P 是真的这一事实。反对者 Con 的证据是共享的证据，加上在 Con 看来 P 是假的这一事实。此外，支持者 Pro 的证据中应当包括涉及认为反对者 Con 认为 P 是假的这一事实的信息，而反对者 Con 的证据中还应当包括认为支持者 Pro 认为 P 是真的这一事实的信息。德保罗声称，在这种情况下，如果 Pro 中止判决，那将是“对（她）认识权威的侵犯”。事实上，它将服从另一个人的权威，而不是根据自己的判断行事。当然，类似的评论也适用于 Con。对自己的适当信任会导致即使在完全公开之后，也能在分歧的情况下保持信念。而费尔德曼认为“只有当一个人的证据更好地支持某种对立的信念时，才有理由改变自己的信仰。实际上，在没有更好的东西出现之前，保持自己的信念是合理

① Richard Feldman, “Epistemological Puzzle about Disagreement” in Stephen Heterington, *Epistemology Futures*, Oxfored, Oxfored University Press, 2006, p. 225.

的”。[①] 即费尔德曼认为保持分歧的合理性的基本根据并不是自信心，自信心是一个变量，它的产生仍旧来源于证据。在没有充分的证据支持的情况下，分歧的双方当然可以各自保有自己对于自己信念的自信心。但是，当有充分的证据出现，足以对结果进行判决时，继续保持自己的自信心就是徒劳的。比如，在观看比赛时，某人可能相信他所支持的球队会赢，但是当比赛结束，事实上他所支持的球队失利了，那么再坚持自己所谓的“相信自己所支持的球队会赢”的信念，就会变得没有意义了。

关于分歧的合理性的最后一种观点是“割裂的证据和多重选择”(Divided Evidence and Multiple Choices)：假设你有两个朋友A和B，他们分别拥有一辆颜色和型号相同的汽车(这里忽略了汽车牌照的因素)。某天，当你看到你家门口停着一辆这样的车，你会猜测可能是A开车来了，当然你也可以猜是B开车来了，这两种猜测都是合理的。当然，也可以是：你认为是A开车来了，其他人猜测是B开车来了，此时这两种猜测也同样都是合理的，这就是所谓的“多重选择”问题，即在一个人有同样支持两种观点的证据的情况下，可以有理由相信其中任何一种观点。但是，费尔德曼认为，不论做怎样的选择，行动者最终都将做出选择，即做出一种终止判断(suspending judgement)。以停车为例，无论是A或B的车子停在你家门口，行动者都必须在A与B之间做出选择。并且，并不能期待有更多选择，就好像我们在旅行时，碰到一个岔路口，这时你的选择就是在向左走还是向右走之间二选一。

综上所述，在费尔德曼看来，尽管从分歧的第一个层面即隔离阶段，基于私人证据、框架、自信心和割裂的证据使所谓孤立存在的合理的分歧是有可能的，但是到了分歧的第二个层面即充分披露阶段，上述诸多因素便不能为合理的分歧做辩护，因此，不存在所谓合理的分歧。即产生分歧时，要么分歧的一方所持有的信念是合理的，要么争论的另一方所持有的信念是合理的，因此，费尔德曼强调理性是单向度的。这便触发了我们对理性的思考——什么是理性、理性的构成依据是什么？概括而言，费尔德曼强调理性的构成包括两种

---

① Richard Feldman, “Epistemological Puzzle about Disagreement” in Stephen Heterington, *Epistemology Futures*, Oxfored, Oxford University Press, 2006, p. 228.

要素：

首先，理性要得到客观性证据的支持。在这里，费尔德曼强调证据支持关系是一个“客观”的问题，与信徒的想法无关。且证据支持关系可能与逻辑和概率相悖。然而，重要的是客观证据的确立需要经过分歧的充分披露阶段的检验，只有经过充分披露后依然保持下来的证据才被视为客观证据，才有说服力和可信度。

其次，对分歧的合理性判断要回归到信念的持有者所持的证据本身而非其他（如功能）。非证据主义的关于正当性的观点认为当一个信念来自一个正常运作的认知系统时，它是合理的。但费尔德曼认为，一方面，非证据主义者并没有就认知系统的机制给予一种清楚的说明，因此很难据此对分歧进行判断，比如当分歧产生时我们事实上并不清楚分歧的双方头脑中的认知机制究竟是怎样的；另一方面，我们也很难就这种认知系统的功能进行判断，也就是说认知系统在分歧的判断中会发挥怎样的功能。比如说，功能主义强调尊重现象的对称性，他们认为分歧的双方可能都会认为是另一方的功能出了问题。照此推理，产生分歧时分歧的一方 Pro 会认为他相信命题 P 的功能正常，同时，他相信分歧的另一方 Con 不相信命题 P 的功能不正常。但费尔德曼认为，信任的功能和分歧的信念的持有者所持的信念之间其实并不相关。或者说功能的破损并不会对信念的持有者所持的信念造成实际的破坏。比如分歧的双方 Pro 和 Con 都拿着温度计去测量问题，经过测量，Pro 得到了一个测量的温度值，Con 也得到了一个测量的温度值，双方都认为自己的测量是准确的、合理的。并且，按照功能主义的说法，Pro 和 Con 的自我认知系统也是完备的。但是，Con 却不知道自己的温度计是坏的。在这种情况下，如果不经过分歧的充分披露阶段，是很难说服 Con 放弃自己的信念的。因此，费尔德曼说：“在某种程度上，我认为外部主义者的合理信念是不可信的，我发现如果不解决它们更普遍的不足之处，就很难评估它们在当前情况下的应用。”①

综上所述，如果我们将以罗森为代表的认识多元论与以费尔德曼为代表的认识一元论的观点进行比较的话不难发现两者最大的分歧在于对“分歧”理

① Richard Feldman, “Epistemological Puzzle about Disagreement” in Stephen Heterington, *Epistemology Futures*, Oxfored, Oxford University Press, 2006, p. 234.

解的角度不同,或者说他们对于构成合理性的前提条件的看法是存在差异的——费尔德曼是从证据的角度来看的,从他的视角出发,支持合理性的证据应当具有唯一性;而罗森认为合理性应当是“被他人认可”的合理性,那么构成合理性的首要条件就必须要达成社会共识。因此,归根结底认识论的“一元论”与“多元论”反映的是事实的理性与社会性属性的矛盾,这在富兰克林与柯林斯对韦伯的看法上体现得尤为突出。也正是由于两者看待事实的证据性与社会性的出发点不同,才导致了富兰克林与柯林斯之间的争论。那么,有没有可能在事实的“理性”与“社会性”属性之间做调和?在这个问题上也许我们可以借鉴美国科学哲学家海伦·朗基诺(Helen Longino)的“批评的语境经验主义”路径。

第三节 认识的一元论与多元论争论的解决——如何理解理性—社会性二分

在朗基诺《知识的命运》一书的前言中她首先指出在当前的科学哲学中导致不同的科学观产生的主要根源是将科学的理性与社会性二分:[①]

> 在科学的历史、哲学和社会文化研究领域内的新近工作,对这两个方面都各有强调。结果,由于阐明我们的概念的规范维度的那些叙述——即阐述知识与诸如真理、谬误、意见、理由和辩护之类的概念之间的关系——都未能抓住现实的科学,而对科学探索的实际事例的详尽叙述已经暗示了,要么我们通常的规范概念与科学无关,要么科学没有经受好的认知实践的检验。这不可能是正确的。……我认为,这一僵局是由争论双方所接受的理性与社会二分的理解造成的。
>
> 在一方面是理性的(或认知的)与另一方面是社会的这两者之间的二分,既构成了(1) 科学的社会文化研究实践者与哲学家之间的分歧,也构

① [美]海伦·朗基诺:《知识的命运》,成素梅、王不凡译,上海译文出版社2016年版,第1—2页。

成了(2)他们所提供的对科学知识的建构(或解构)的叙述。认知的合理性和社会性之间的二分是再把两者明确地看成是互相排斥的时候才产生的。根据对这些概念的二分理解,如果一种认知实践在认知上是理性的,那么它就不可能是社会的。反之,如果一种认知实践是社会的,那么,它就不可能在认知上是理性的。不同的学者对“理性的”或“认知的”和“社会的”进一步含义的理解是不同的。概括地说,理性的或认知的进路,是在叙述科学判断时,聚焦于证据的或辩护的诸理由的那些进路。相比之下,社会(或社会学)的进路,要么关注非证据的(观念的、专业的)考虑,要么关注共同体成员之间的社会互动,而不是关注在叙述科学判断时的可作为证据的那些理由。我的一部分任务是阐明关于认知或理性和社会性的诸假设,对科学的许多思考者来说,这些假设使得这种二分非常有说服力。我断言的社会叙述对于包括科学的全部认知过程在内的科学认识论来说是必要的,拒斥这些假设将会为这样的社会叙述开辟一条路径。

一、理性—社会二分的源起

谈到理性与社会二分,不禁会让人想起赖辛巴赫的“发现的语境”(context of discovery)和“辩护的语境”(context of justification)之间的区别。1933年春,纳粹开始施行种族法,赖辛巴赫因此失去了工作而前往美国寻求教职。在此期间,他搁置了关于相对论和概率论的技术性研究,转而用英语写作认识论著作,这本书便是《经验与预测》(Experience and Prediction)。赖辛巴赫在书的开篇就强调“每一种知识理论都必须从知识作为一个给定的社会事实出发”。[①] 在全书中,“发现的语境”和“辩护的语境”只出现了两次,分别在第一章和最后一章。在第一章中,赖辛巴赫区分“发现的语境”和“辩护的语境”是为了表明“思想家发现这个定理的方式和他向公众展示这个定理的方式之间的众所周知的差异”。[②] 在最后一章,赖辛巴赫区分“发现的语境”和“辩护的语

---

① Hans Reichenbach, *Experiecne and Prediction*, Phoenix Books The University of Chicago Press, 1938, p. 1.

② Ibid., p. 6.

境”是为了指出“理论到事实的关系独立于理论的发现者”。[①] 对于发现来说，发现的过程被看作是因果性的，受到了包括目标和意图在内的许多因素的影响；而辩护的过程则被看作是一种认知或逻辑关系。在赖辛巴赫看来，这只是一种关系，因而并不受制于任何目标。

朗基诺提出理性—社会二分是基于20世纪70年代以科学知识社会学(Social Studies of Knowledge)为标签的科学元勘(Science Studies)的兴起给传统的科学哲学所带来的冲击。科学元勘的整体观点是通过不同的案例研究揭示科学的所谓“制造”过程，侧重描写了科学家在制造知识的过程中会用到一些“非科学”的手段，带有目的性地去进行科学实验，通过交流结成某种科学家联盟，一方面使自己的科学解释变得合理，另一方面打压异己。在提出他们自己的口号“科学知识是社会建构”的同时，驳斥了传统哲学家对于科学发现模式的规范描述。

在《知识与命运》一书中，朗基诺将科学元勘划分成两种类型：一种类型是利益(interest)研究。以大卫·布鲁尔(David Bloor)最早提出的强纲领为代表。在其代表作《知识与社会意向》中，布鲁尔强调科学知识社会学应当遵循四个信条：“一、它应当是表达因果关系的，也就是说，它应当涉及哪些导致信念或者各种知识状态的条件。当然，除了社会原因以外，还会存在其他的、将与社会原因共同导致信念的原因类型。二、它应当是对真理和谬误、合理性或者不合理性、成功或者失败，保持客观公正的态度。三、就它的说明风格而言，它应当具有对称性。比如说，同一原因类型应当既可以说明真实的信念，也可以说明虚假的信念。四、它应当具有反身性。从原则上说，它的各种说明模式必须能够运用于社会学本身。和有关对称性的要求一样，这种要求也是对人们寻求一般性说明的要求的反应。它显然是一种原则性的要求，因为如果不是这样，社会学就会成为一种长期存在的对它自己的各种理论的驳斥。”[②]其他研究著作还包括柯林斯的《改变秩序》、安德鲁·皮克林(Andrew Pickering)的《建构夸克》、史蒂文·夏平(Steven Shapin)与西蒙·谢佛(Simon

---

① Hans Reichenbach, *Experiecne and Prediction*, Phoenix Books The University of Chicago Press, 1938, p. 382.

② [英]大卫·布鲁尔：《知识和社会意象》，艾彦译，东方出版社2001年版，第8—9页。

Schaffer)的《利维坦与空气泵》等。尽管,其中布鲁尔的“强纲领”与柯林斯的“相对主义经验纲领”在内容上略有不同,但这种类型的研究对象通常都聚焦于科学争论,在认识论立场上强调要对称地看待科学——要同等地对待所谓好的科学和坏的科学、成功的科学和不成功的科学,在研究方法上通过揭示科学争论的过程得出科学是由利益驱动的结论,认为实验结果是争论双方博弈的结果,科学的过程就是利益分配的过程。

另一种进路的研究是科学实践研究。主要以卡林·诺尔-塞蒂娜(Karin Knorr-Cetina)的“实验室研究”和拉图尔的“行动者网络”为代表。这类研究主要聚焦于实验的实践过程,认为科学实验是行动者的一种实践活动,包括行动者在实验室内的活动和行动者与实验室外部的互动等不同维度。在这个互动过程中,行动者的决策选择是多样的,也是偶发性的。研究者的主要目标就是继续他的研究,其中涉及经验、资金、研究项目或工业应用的联系等。概言之,知识是由意志行动的混合体产生的,而非由逻辑引导的。总之,尽管研究的侧重点不尽相同,但这两种进路的核心要义均表明了科学的产生并非传统科学哲学所描述的那般客观,其中夹杂着社会因素。这也就从事实上证明了传统的科学哲学所描述的科学规范模型是失效的。

科学元勘对传统科学观所做的一系列的破坏性颠覆必然会引起哲学家的激烈反抗。其中,拉里·劳丹(Larry Laudan)、苏珊·哈克(Susan Haack)、埃尔文·戈德曼(Alvin Goldman)和菲利普·基切尔(Philip Kitcher)是最猛烈的反对者,他们共同反对的目标是科学元勘的相对主义立场。劳丹的反对意见主要针对的是布鲁尔的强纲领,集中讨论对称性和非充分决定性的概念。哈克的反对意见主要集中于反对将科学知识看成是社会的。戈德曼和基切尔的态度稍有缓和,他们接受了社会认识论,但他们只承认所谓“最低限度的社会认识论”,即把社会看成是个人的集合,把公共知识看成是单个人所做的可靠的认知判断之和。

那么,在面对一方是对科学的规范性叙述的传统科学观和另一方是对科学的颠覆性叙述的科学元勘之间,我们应该持怎样的立场?显然,从《知识与命运》一书的叙述来看,朗基诺是少数认为有必要“认真地对待科学的社会研

究”的哲学家之一：①

> ……对科学实践的一种恰当表征，必须把科学家置于他们的共同体当中，并把这些共同体置于维持他们研究的客户、投资者、消费者和市民的更大的和部分重叠的共同体中。这些共同体的特征是，具有异质性，有时会有利益和忠诚的冲突。我已经概述了他们的工作的这些研究者，在他们叙述互动模式时和在分析的适当目标与水平上，各不相同。他们同意，他们所确定的哲学家的路径——以对知识本质的规范性关注为特征——歪曲了科学的过程。案例研究表明，社会利益是这些深思熟虑的过程的一部分：这些过程导致接受，在这些模型案例中给出的理论或实验结果——例如波义耳实验方法的政治维度提供了一种接受的动机。案例研究表明协商——讨论和论证——能够确定，在一个特定的共同体中什么算作是证据。案例研究表明，接受域内的利用或忽视的预期，在研究设计中发挥着作用，正如在诺尔-塞蒂娜对植物蛋白小组的研究中显示的那样。案例研究表明，机敏的培育同盟（包括非人类的研究对象）能够确保围绕一种结果临时达成共识，正如拉图尔的案例研究显示的那样。如果我们设法用从20世纪中期的分析的认识论中得出的知识模型，也就是说，用从论证的先天模型和原则导出的抽象概念来表征科学实践，那么，我们将只能成功地提供一幅漫画。同时，认为案例研究表明科学实践不是理性的，证据理由和各种理由在科学实践中没有位置，或者，理论或假说总是或必然是由职业或政治利益决定的，这些都言过其实了。他把“理性主义”的观点接受为对推理和其他认知概念的一种适当分析，并且只认为它不符合科学实践的实际情况，而不是质疑对推理和合理性的僵化刻画。

二、解构理性—社会二分

在朗基诺看来，围绕科学元勘与科学哲学家之间的这场争论，本质上代表

① ［美］海伦·朗基诺：《知识的命运》，成素梅、王不凡译，上海译文出版社2016年版，第50页。

的是一种明显的理性与社会二分的冲撞。“……各方都共享了一个潜在的共同前提——一方面是理性的和认知的，另一方面是社会的。这构成了过程和实践的两个专有区或集合理性的因素和社会的因素被二分化了，而且这种争论是在科学知识的叙述中，哪一方应该占有主导地位。”[①]她认为，导致这场争论的根源是对“知识”概念理解的歧义性。其中，朗基诺区分了三种“知识”的含义，分别指用来表示知识生产实践的集合；知道(knowing)即认知者和某些内容的关系；以及知识生产实践的结果。

（一）作为知识生产的知识

所谓知识论的要义，即是回答关于知识如何生产或产生的问题，只不过对于知识产生的方式的理解是有区别的。在科学元勘中，讨论的是知识的实践过程是成功的还是不成功的，即科学共同体如何确定知识的过程问题。而在科学哲学中，讨论的是信念的获得过程，以及是否能对信念做合理的辩护的问题，这使得哲学家们所感兴趣的是对术语的规范用法的概念分析。可见，经验的研究者对知识的产生和哲学的研究者所理解的知识的产生方式之间是有根本区别的。这被朗基诺分别称作是“经验的叙述与规范的叙述”——PPe 的 PPn 差别。

> 对经验的研究者而言算作是生产知识的，不是个人的信念是正当的或成为正当的过程，而是产生叙述和表征并使它们被共同体所接受的过程。知识社会学家的模型是科学，但认为科学是发展和发布对自然过程的新叙述的过程，从而达到普遍接受那些叙述的效果，而不是在实验室里或该领域内形成信念或接受假说的个人实践。社会学家对阐述模型时涉及的所有因果性过程和互动感兴趣，或者，对发现或建构至今未知的本质或过程感兴趣，对共同体在接受—拒绝这一本质或过程时涉及的过程和互动感兴趣。因此，经验的研究者对断言和建构认知权威或合法性地位的过程感兴趣。但哲学家承认，在没有获得的前提下也能断言和归因认

---

① ［美］海伦·朗基诺：《知识的命运》，成素梅、王不凡译，上海译文出版社 2016 年版，第 101 页。

知权威和合法性，并且希望辨认能保证这种归因的那些过程。①

两者之间的差别如表 3.1 所示：

表 3.1 经验的叙述与规范的叙述的差别(1)

	经 验 的	规 范 的
知识生产实践	PPe：在某个共同体中成功地确定信念或使用某些内容被接受的过程或实践	PPn：正当地获得信念的过程或实践

(二) 作为指导的知识

在这里，“……知识的意思是指一个人或一群人(或者能够知道的任何生物或实体)关于某个特定对象或对象集合的一种状态。在这种含义中知识是下列三个术语之间的关系：一个主体或多个主体，一种表征或某些内容，以及一个对象或多个对象”。② 科学元勘对这种关系研究是不太感兴趣的，但当他们用到这种关系时，却把它当作是从生产实践的含义中延伸而来的。而哲学家们把知识理解成是关系，是为了能区分知识与意见。通常对于知道的标准定义是：

S 知道 P，当且仅当

i. S 相信 P

ii. P(或 P 为真)，并且

iii. S 有理由相信 P。

这样一种模式首先指定了主体和某些内容的关系，即信念。其次，指定了内容与其对象的关系，即真理。再次，在 S 相信 P 与其他信念之间具有进一步的辩护关系。上述三点中的每一点都是哲学中所争论和研究的主题——如何定义信念、如何理解内容、如何定义真理、如何辩护。哲学家曾尝试用不同的方式来进行辩护，但这种做法恰恰是被社会学家所嘲笑的。

---

① ［美］海伦·朗基诺：《知识的命运》，成素梅、王不凡译，上海译文出版社 2016 年版，第 103—104 页。

② 同上书，第 104—105 页。

他们认为信念的成因并不在于对某个信念做出好的论证。在经验世界中，PPn 是或可能是空洞的，但在 PPn 不是空洞的理想世界中，PPn 和 PPe 是相互排斥的。

表 3.2 经验的叙述与规范的叙述的差别(2)

	经 验 的	规 范 的
知识生产实践	PPe：在某个共同体中成功地确定信念或使用某些内容被接受的过程或实践	PPn：正当地获得信念的过程或实践
认 识	S 接受 P，而且，P 在 C 中是公认的，以及 S 对 P 的接受在 C 中是可接受的	S 接受 P，而且，P 为真，以及 S 对 P 的解释是 PPn 的结果或与 PPn 相一致

（三）作为内容的知识

作为内容的知识意指哪一个是已知的，是知识的内容还是知识的语料库？“在这种用法中，知识没有被归属于任何特定的个人，也没必要与产生它的任何特定的历史时刻相联系。在这种用法中，知识是以言语形式，或者，以二维、三维或四维的可视化的表示形式，在书和期刊中所积累的东西。这里也意指区分算作是知识的那些表示形式和不能算作是知识的那些表示形式。”①对此，科学元勘的研究者是以过程或实践为出发点来进行分析的。而哲学家是从内容的含义出发的，即哲学的研究进路完全是基于对真理的理解来定义知识的内容的。如科学哲学家认为科学知识是理论的集合，更准确地说是命题的集合；而社会学家则认为科学知识包含理论也包含做的方式，其间涉及实验中的共识和默会知识等。哲学家在对主体的认识和知识生产实践的叙述中，认为理想的语料库具有与人无关的独立特征；但社会学家则更关心实践，对认识形成的描述暗含在对实验过程的叙述中。在这一点上，两者的分歧进一步加深，如表 3.3 所示：

---

① ［美］海伦·朗基诺：《知识的命运》，成素梅、王不凡译，上海译文出版社 2016 年版，第 108—109 页。

表 3.3　经验的叙述与规范的叙述的差别(3)

	经　验　的	规　范　的
知识生产实践	PPe：在某个共同体中成功地确定信念或使用某些内容被接受的过程或实践	PPn：正当地获得信念的过程或实践
认　识	S接受P，而且，P在C中是公认的，以及S对P的接受在C中是可接受的	S接受P，而且，P为真，以及S对P的解释是PPn的结果或与PPn相一致
内　容	内容e：在某个共同体C中所接受的东西或在共同体C中PPe的成果	内容n：(无论通过个人，还是通过共同体)已知真理的子集

综上所述，朗基诺强调基于对知识概念的说明可见，存在对知识的不同的定义方式，这就是引发科学元勘与科学哲学争论的根源。“关于知识本性的哲学争论和科学争论，是由可列举的每一种含义导致的：过程或实践、行动者的认识、内容。此外，当叙述知识的一种含义所产生的分析或说明的预期，被应用于评价叙述知识的完全不同的含义时，这些相互交叉的线索就带来了争论和疑惑。”①“我从中得到的一个教训是定义认识的辩护条件应该(在分析的意义上)保持与知识的生产的程序有所不同，不应该先验地把是否具备正当性的规范等同于是否产生或引起知识的规范。”②那么，接下来的问题是，我们如何看待规范哲学和以科学知识社会学为代表的科学元勘对知识的解读？是支持对知识的经验研究还是支持对知识的哲学研究？这个问题从根本上来讲是一个关于如何理解“理解—社会二分”的问题。

朗基诺认为理解—社会二分，同其他形式的二分一样，是靠潜在的二元组的集合来维持的，其中包含三组二元组：其一是个人主义和非个人主义，针对的是关于知识的行动者或主体的观点；其二是一元论和非一元论，针对的是关于已知(或可知)的特征的形而上学的观点；其三是非相对主义和相

① [美]海伦·朗基诺：《知识的命运》，成素梅、王不凡译，上海译文出版社2016年版，第115页。

② 同上书，第114—115页。

对主义，是关于认识的根据或可接受性的观点。该二元组的分化方式如下表 3.4 所示：

表 3.4　理解—社会二分的二元组

二分化者的方式	
个人主义	非个人主义
一元论	非一元论
非相对主义	相对主义

在二元论者看来，这三组二元组的关系如下：左侧的第三个要素非相对主义包含了个人主义和一元论；右侧的第一个要素非个人主义包含了非一元论和相对主义。其中科学元勘与科学哲学的关注点又有所不同——科学元勘立足于右侧，而科学哲学则站在了左侧。这样：①

> 社会学研究者和哲学研究者，共享了构成他们彼此分歧的不言而喻的前提——认知的合理性和社会性是相互排斥的，或二分的。直言不讳地说，这一前提似乎是错误的：社会实践可能是认知实践，反过来，合乎理性的认知实践也可能是社会实践。任何一方都会对另一方喜欢的说明性因素的漫画发挥作用。社会学研究者，即强纲领的宏观社会学家和实验室研究的微观社会学家，都认同社会利益和社会过程在科学研究的最终内容与细节方面发挥了作用。他们把这些看作是与他们所接受的理解科学的认知进路不相容的，因为他们把认知的合理性看成是受规则支配的、算法的、免受心理学因素和社会因素影响的计算。另一方面，哲学研究者在拯救科学的合理性时，试图容纳他们认为是正确的社会学家的见识。他们的分析意味着，有时科学家可能是有偏见的，任何个体科学家取得的成就，都依赖于前辈和同事取得的成就。因此，对于他们而言，对科学的合理性的辩护需要表明，科学活动能够在概念上从取得特定科学成

① ［美］海伦·朗基诺：《知识的命运》，成素梅、王不凡译，上海译文出版社 2016 年版，第 261—262 页。

就的社会历史语境中剥离出来。这是因为他们以为,社会过程是由社会利益和权利决定的,因而是非理性的。

双方的漫画——科学探索完全是受规则支配的漫画,或者,科学探索是由社会利益和权利决定的漫画——都是通过社会—理性二分来维持的。这种二分依次是通过一组二元理解来维持的:这些二元理解导致了在知识内容的概念、知识的生产实践或担保的概念,以及知识的主体/行动者的概念之间,进行鲜明的对比。

换句话说,朗基诺认为无论是实在论、还是建构论,两者都是从自己的立场出发来看科学,因此他们都只看到了科学的一面而忽视了另一面。而真正的科学实际上远比他们看到的更复杂,因此不能把科学单纯地归到某一特定的属性里,这样看到的科学都是片面的。

三、社会—理性二分的替代方案

既然,社会—理性二分会使我们对科学的理解陷入一种僵局,那么,朗基诺认为一个替代的解决方案是"……通过分解导致它们的二分来打破僵局。关于科学知识只有两种立场的(理性的和不是社会的,社会的和不是理性的)错觉,是对根据、能动作用和内容的二分化理解的特殊联盟的产物。对这些进行调整,使得对这些维度的多重理解成为显而易见的。从这些新的可能性来看,包含认知能动作用、内容的多元性、生产实践或辩护的语境性的相互依赖的一组新解释,构成了对相互排斥的理解的一种积极的替代"。①

对照前文所述的二分化者的方式,这种替代方式是一种"非二分化者的方式",包括非个人主义、非一元论和非相对主义。非个人主义有三种形式。第一种,整体主义的非个人主义,即一个小组只有以小组的身份才能知道。非个人主义的另一种形式完全消除认知主体:无人知道。知识反而是独立的集体实践的产物,属于那些结果,而不是行动者。在这两种形式的非个人主义中,

① [美]海伦·朗基诺:《知识的命运》,成素梅、王不凡译,上海译文出版社2016年版,第262页。

每一种形式都强调了刚才区分出的知识的这种或那种类型或含义。整体主义把知识—建构实践的社会性扩展到认识的状态，以便凡是参与进行知识—生产实践的要素都成为集体的知识主体的一部分。第二种，消除主义的非个人主义，主张通过内容的具体体现（在书、期刊、仪器等中），或者使内容独立于话语共同体的任何个体成员，来表明认知行动者或主体是多余的。这两种形式的非个人主义只是清除了单个主体。第三种，既不是消除主义的，也不是整体主义的，而是社会性的非个人主义，强调认知行动者和主体的相互依赖性。这些行动者之间（与共同性一样多）的差异性是能使他们一起声称和辩护内容的东西。他们的相互关系允许把知识属于他们中的任何一个人。把认识的主体刻画为是相互依赖的，带来了没有个人主义（个人独立于他们与他人的关系而认知的观点）的单个主体。

非一元论是关于内容的一种立场，否认恰好存在一种（正确的、完备的、一致的）叙述，也有三种解释。反实在论的解释是通常所谓的建构主义：能够使得对任何自然过程的多种叙述，都与人们拥有的任何经验基础相一致，而且没有一种叙述对应于（或者需要对应于）任何实在的东西。建构主义者可能拥有更丰富的或更贫乏的经验基础的概念。这里也存在着消除主义的解释：正确的叙述都是不可能的。消除主义的立场不同于建构主义，可能坚持认为，存在着一个真实世界的因果网络，但没有任何叙述能够捕捉到它。最后，非一元论的实在论解释坚持认为，尽管单一的叙述、单一的理论或模型都不能捕捉到在单个真实—世界系统中起作用的全部物理过程或生物过程，但是，每个令人满意的叙述都捕获到了某个方面。因此，多种叙述（理论、模型）不仅是允许的，而且是必要的。于是，实在论的非一元论是多元论。

非相对主义否认辩护是各抒己见，或者，换句话说，根据是任意的。这也能给出三种解释。绝对主义的解释坚持认为，辩护是独立于语境的，而且辩护程序的可接受性也是独立于语境的。而分化者往往把相对主义等同于绝对主义。一种消除主义的看法将坚持认为，根本不存在对信念的辩护，要么因为辩护是不可能的，要么因为辩护是不必要的。辩护是不可能的观点，在经验世界中等同于相对主义。辩护是不必要的观点可以应用于具有康德所谓的“智性直观”即直接洞察事物真相能力的那些实体。经验的（人类）主体的认识论可能不考虑这种可能性。语境主义的解释坚持认为，辩护既不是任意的，也不是主观的，而是依赖于探索语境中固有的规则和程序。语境主义是关于辩护的相对主义和绝对主义的非二分的替代。

揭示出这些多种解释，破坏了最初二分的显而易见的自明性，使我们摆脱了这样的幻想：二分穷尽了这些可能性。一个额外的好处是，化解了二分左边的个人主义、一元论和非相对主义之间的相互支持和二分右面的非个人主义、非一元论和相对主义之间的相互支持。认知的能动作用、内容和根据这三个概念的多种结合是可以想象的，即使最终不是全部，同样可行。此外，理性化者的非相对主义显然是辩护和根据的绝对主义概念。理性化者承诺个人主义、一元论和绝对主义。忽视非相对主义的非绝对主义解释的社会学化者，承诺非个人主义、非一元论和相对主义。作为一种替代，我提议理解和采纳非个人主义的相互依赖的解释，而非一元论的多元论解释和非相对主义的语境主义解释。

总之，对于理性—社会二分，朗基诺的结论是：①

1. 经验的思考者和规范的思考者对知识的含义给出了不同的叙述，我们应该以容易接受或保护双方洞见的方式，重新阐述知识的含义。

2. 对认知概念进行的任何重新分析都应当注意到前面区分出的知识含义之间的差别。我对这种二分的瓦解，强化了这样的评论：对认识的辩护或根据的分析、对认知能动作用的分析和对知识内容的分析，至少在某种程度上，都是相互独立的。

3. 哲学家的规范的认识论关注所蕴含的评价不应该排除形而上学的问题；他们不应该被经验版本的认知概念所排除。尤其是，它们不应该在没有论证的前提下排除关于知识内容的一元论和非一元论的问题。

按照朗基诺的观点，把科学事实按照理性和社会性二分的做法是不适当的，那么我们就有必要重新审视分歧的合理性。现在，让我们回到探测引力波实验的案例，回到以科学知识社会学家柯林斯为代表的建构论与以富兰克林

① ［美］海伦·朗基诺：《知识的命运》，成素梅、王不凡译，上海译文出版社 2016 年版，第 124—125 页。

为代表的科学实在论对此案例的争论上来：显然，富兰克林是基于对实验证据的合理性和有效性的判断认为拒绝韦伯的那些科学家的意见是合理的，因此柯林斯所谓的“实验者的回归”论题对于解释韦伯争论是失效的；而柯林斯认为我们对于韦伯实验的判定不能仅限于证据，而要从整个实验过程出发，除了要考察实验证据还要考察实验者的意见，在实验程序外有某种特定的社会因素对实验结果产生了本质性的影响。那么，如果我们按照朗基诺的进路，消解理性—社会二分的话，我们就会发现：“在这里，误解的可能性很高，因为柯林斯在这个案例中所处的‘额外的东西’并不是公开的政治性的，而且富兰克林把它理解为认识论。”[①]并且，按照科学哲学家本·阿尔玛斯(Ben Almassi)的观点，如果我们认可了科学理性不应当具有唯一一种属性观点的话，那么我们就应当对科学的合理性重新进行分层，即“……合理的专家意见分歧是可能的，原因在于信任的社会—证据维度。富兰克林至少有一些观点表达出他认为证据和正确的认识是具有语境性的，为证据的重要性预留了社会因素的空间。同时，柯林斯也持类似的观点认为是社会的也是证据的，在他的论述中他吸收了科学哲学家和认识论者的观点。简而言之，这种情况证明了实验者的信任度既取决于社会，也依赖于证据：着眼于信任，我们就可以看到专家之间的分歧如何是合理的”。[②]

---

① Ben Almassi, “Conflicting Expert Testimony and the Search for Gravitational Waves”, *Philosophy of Science*, 2009, Vol. 76, No. 5, pp. 571 - 572.

② Ibid.

第四章　围绕美国探测引力波的 LIGO 实验室的争论

“在美国，为建立引力波观测站而争取基金的斗争过程相当复杂，若将之比为一个人的一生，引力波战的建立，则经历了如下几个阶段，阴差阳错的婚姻、难产、多病的童年和动荡不安的青春期。”①在探测引力波实验的“韦伯时代”结束后，韦伯棒探测技术基本被废止，以低温棒技术和激光干涉技术为代表的新技术开始涌现，以此为标志，新的核心层也不断涌现——如果我们把韦伯棒技术看作是第一代引力波探测技术的话，那么以美国 LIGO 实验室为代表的激光干涉技术则可以被看作是探测引力波实验的第二代。尽管探测技术发生了更迭，但是围绕探测引力波实验的争论却并未终结，它同样也发生在 LIGO 实验室。自 LIGO 建设之初便一直争议不断，可以说，LIGO 是在学术界的一片反对声中建设起来的——技术上面一筹莫展、权威科学家表示反对、团队内部斗争十分激烈。

第一节　LIGO 的由来

在韦伯的共振技术不被信任之后，探测引力波实验领域主要以激光干涉

① ［澳］大卫·布莱尔、杰夫·迈克纳玛拉：《宇宙之海的涟漪》，王月瑞译，江西教育出版社 1999 年版，第 193 页。

技术为主。用激光干涉技术来探测引力波的想法最早是在 1963 年由两位苏联物理学家——莫斯科大学的米哈伊尔·格森史泰因(MiKhail Gertsenshtein)和 V. 普斯托瓦伊特(V. Pustovoit)首先提出的。文章发表在俄文刊物 JETP,即《实验与理论物理杂志》上,但当时并未引起人们的注意。之后,美国麻省理工学院的雷纳·韦斯(Rainer Weiss)也提出了这种想法,并开始着手设计。据韦斯说,他的设计灵感来源于他在 1968—1969 年在麻省理工学院的课堂上给学生们讲解爱因斯坦广义相对论的"时空弯曲"理论。当时还是助理教授的韦斯在授课过程中认识到可以通过光束在物体之间的来回运动测量引力波。韦斯曾经回忆说:①

> 学生们要求我讲解引力波方面的内容……我使用的教学材料是爱因斯坦的德语论文,因为我会德语……我从这些论文中得到了一个启示:让光束在物体之间来回运动,再测量这些光束的变化。这个方法并不复杂,但却非常新颖。这是整个广义相对论中,我唯一理解的内容。
>
> 于是我以思想实验的形式提出一个创意:"我们通过在物体之间来回运动的光速来测量引力波吧。"这是因为光速的测量可以做到的,整个创意是这样的:在这里放一个物体,把另外一个物体放在那里,让这两个物体呈直角设置并且自由悬浮在真空中。然后,它们之间发射光束,就可以回答"引力波对光在物体间传播所需时间有什么影响"这个问题了。这是一个程式化的问题……

在教授这门课程的过程中,韦斯得到一个重要启示:让光束在两个物体之间来回反射,再测量这些光束的变化。韦斯说这是整个广义相对论中他唯一理解的内容。但是,即使用最精密的钟表也测不出光线传播时间的微小变化,韦斯的创新在于利用悬浮的镜子制造一台干涉仪,干涉仪有两个相互垂直的臂,从激光器发射的一束激光被分光镜分成强度相等的两束,分别沿着两臂传播,而不是在一条路上来回振荡。两束光在两臂的终端镜上被反射,沿着两臂返回到分光镜。经过合并干涉后产生两个结果:如果光在两个臂上的传播距离严格相同,会得到完美的干涉相减,干涉相减,光线完全消失,剩下一片黑

---

① [美] 珍娜·莱文:《引力波》,胡小锐、万慧译,中信出版社 2017 年版,第 20—21 页。

暗;如果光在两个臂上的传播距离不同,两束光的干涉相减就不完美,有些光线透出来。激光干涉引力波探测器的原理如图 4.1 所示:

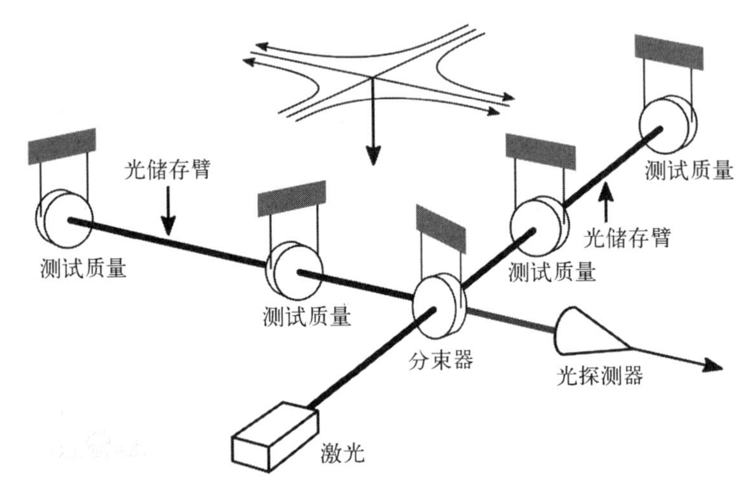

图 4.1 激光干涉引力波探测器的原理

韦斯是从 1969 年开始在麻省理工学院的“夹板宫殿”实验室、[①]在美军联合勤务部门的 5 万美元研究经费资助下,建造出了第一台臂长 1.5 米的激光干涉引力波探测器的原型机。1972 年,韦斯以麻省理工学院林肯电子研究实验室(MIT's Lincoln Research Laboratory of Electronics,简称 RLE)的名义向麻省理工学院提交了一份季度报告(RLE 报告),报告首次系统分析了可能会干扰引力波天线的各种因素。事实上,在这份报告中已经描绘出了 LIGO 的蓝图。在此基础上,1972 年,韦斯向美国国家科学基金会(National Science Foundation, NSF)提交了一份建造激光干涉引力波探测器的申请。然而,这份申请却被拒绝了。1974 年 1 月,韦斯继续向 NSF 提交了一份建造一台臂长 9 米的激光干涉引力波探测器的申请,申请金额为 53 000 美元,项目直到 1975 年 5 月才获批准。项目进行得非常不顺利,韦斯在 1976 年写给 NSF 引力物理学项目负责人理查德·艾萨克森(Richard Isaacson)的一封要求延长拨款期

---

① 说“夹板宫殿”是个实验室,其实是夸大了。实际上,它是第二次世界大战期间,作为应急措施,在校园的一个角落里草草建造起来的一座三层木板房,四面透风,摇摇欲坠。虽然实验室简陋,但它却顽强地坚持了几十年,其中至少有 9 人在这里工作过并获得了诺贝尔奖。1988 年,这座“名声在外”的夹板宫殿还是在一片反对声中被拆除了。

限的信中提到了他所遇到的困难——主要是来自麻省理工学院的阻力：首先，从实验的设计上，要实现该实验的探测目标，韦斯需要建造的实验仪器要比原型机大好几千倍，甚至比麻省理工学院的校园还要大。在当时，这样的实验规模简直令人匪夷所思。其次，韦斯建造的原型机的灵敏度不高，根本捕捉不到任何从太空传来的声音，以至于韦斯的同事当时曾讥讽他说："我们直接看看窗外，效果也比这些机器好。"再次，韦斯的科研能力饱受质疑——韦斯从来没有发表过任何与探测引力波有关的学术论文。这一点就如他自己所说："我的短板之一是没有发表多少研究成果，有好几次我都因为这个问题陷入困境。我也不知道最终会怎么样，也许会万劫不复吧……后来我因为这个问题也吃了很多亏。"[①]上述这三点也成为后来麻省理工学院没有成为 LIGO 发源地的主要原因。

正当韦斯的实验举步维艰，甚至打算放弃的时候，1975 年，韦斯和来自美国加州理工学院的物理学家索恩一起出席了美国国家航空航天局（NASA）在华盛顿哥伦比亚特区举行的一次会议。当时，NASA 有意在太空进行广义相对论实验，为此他们组织了一个专门委员会进行论证。他们请了韦斯担任该专门委员会主席，由于索恩是广义相对论方面的专家，于是韦斯邀请了索恩于当年 6 月来华盛顿参加听证会。但由于时间紧，索恩没有订到酒店，于是韦斯把索恩带到自己的套房，他们在客厅里开始聊起引力波的问题，越聊越深入，内容几乎涉及所有引力波问题，后来干脆摊开一张大纸，把所有引力波探测所需要进行的实验全部罗列开来。正是从那时候起，加州理工学院和麻省理工学院决定联手进行激光干涉探测引力波实验。

当时索恩正准备向加州理工学院提交成立引力实验研究项目的申请，他出席这次会议的目的是为撰写申请报告搜集资料。索恩于 1940 年 6 月 1 日生于美国犹他州的洛根。他是被奉为"美国相对论之父"的普林斯顿大学物理学家惠勒的学生。在惠勒的指导下，索恩从 1962 年开始研究与黑洞有关的问题，在他看来，引力波的存在是确定无疑的。

1972 年，索恩在对自己的博士研究生比尔·普莱斯（Bill Pnice）进行年度考评时对引力波这个领域进行了展望，向世人展示了他为加州理工学院选择

---

① ［美］珍娜·莱文：《引力波》，胡小锐、万慧译，中信出版社 2017 年版，第 24 页。

的一个开拓性的发展方向。从概念上讲，引力波是速度有限制的必然产物，当两个致密天体（如两个黑洞）相互旋绕做轨道运动时，周围的时空扭曲加剧，由于信息不能以超光速传播出去，因此时空状态无法瞬时适应这种变化，而是逐渐变化、调整，这种变化和调整会以逐渐增强的“波”的形式以光速向外传播，这就是引力波。1976 年，30 岁的索恩成为加州理工学院的全职教授（加州理工学院费曼理论物理学教授），在加州理工学院领导着全球顶尖的广义相对论研究中心。就在韦斯在麻省理工学院、德雷弗在格拉斯哥、R. 贾佐托(Giazotto)在意大利、布拉金斯基在苏联以及另外一个种子小组在德国研究用激光干涉引力波的同时，索恩也在从事这方面的研究。他与学生一起试图把广义相对论与引力波结合在一起，找到一些实验物理学家能够测量的参数，从而让广义相对论效应更容易测量。他们的研究奠定了引力波探测的理论基础，并在引力波波形计算以及数据分析的研究方面做了开创性工作。在此过程中，加州理工学院取代了普林斯顿大学，成为全球广义相对论研究中心。

在 20 世纪 70 年代，索恩已经是一位偶像级的天体物理学家了，同时也是一位相当有影响力的相对论学者。1970 年，30 岁的索恩已经成为加州理工学院的全职教授。通过在华盛顿这次会议的交流，索恩对韦斯所提出的探测引力波实验表现出了极大的兴趣。1975 年，韦伯在意大利西西里的一个漂亮的中世纪小镇埃利斯(Erice)组织了一个国际讨论会，目的是对引力波探测领域的前景进行评估并讨论先进的探测技术，吸引了世界上众多的物理学家。在会上，索恩对用激光干涉技术探测引力波理论进行了深入分析，报告了各种可能的引力波源所辐射的引力波强度的计算结果，引起了广泛关注。1977 年 12 月，在索恩的牵头下，他们①向美国加州理工学院提交了建造探测引力波实验室的申请。在这个实验团队里，除了韦斯和索恩两人外，索恩还提议将莫斯科大学的物理学家布拉金斯基纳入实验团队。但是，由于当时美苏两国正处于冷战时期，计划未能如愿完成。于是，韦斯提议，让时任英国格拉斯哥大学的德雷弗加入实验团队。韦斯之前并不认识德雷弗，于是 1978 年，由索恩出面，在加州理工学院向德雷弗发出了邀请。

---

① 在这份项目申报书上，韦斯为该项目的第二负责人。

1931年，德雷弗出生于苏格兰的一个小镇。本科就读于英国格拉斯哥大学，毕业后留校任教。在格拉斯哥大学任职的早期，德雷弗就通过简单的实验装置完成了一个独创性的物理实验，该实验被看成是“等效原理的高精度实验”，因此该实验以他与休斯的名字命名，称为“休斯—德雷弗实验”。20世纪70年代，当韦伯第一次声称探测到了引力波后，引力波实验就已经成为物理学界关注的热点。通过与霍金的交流，德雷弗对此领域产生了兴趣，并坚信引力波是存在且是可测量的。在韦伯之后，德雷弗已经在格拉斯哥大学建造出了一台棒式引力波探测器，但是遗憾的是，该探测器并未得出和韦伯相同的实验结果，这也使德雷弗后来站到了反对韦伯的阵营中。1976年，德雷弗开始改进引力波探测技术，他最早采用激光干涉技术在格拉斯哥建造了一台小型激光干涉仪。并且，是他第一次引进了法布里-珀罗腔技术，使激光干涉引力波探测实验有了质的飞跃。

德雷弗以超强的实验能力闻名于物理学界。也正是看中这一点，索恩向德雷弗抛出橄榄枝，邀请他加入加州理工学院的激光干涉引力波探测计划。1979年，德雷弗成为加州理工学院的兼职教授。1978—1983年，德雷弗分别在美国加州理工学院和英国格拉斯哥大学建造引力波探测器。直到5年过渡期结束之后，加州理工学院希望德雷弗做出明确的承诺——是留在加州理工学院，还是回到格拉斯哥大学。于是，1983年，德雷弗辞去了英国格拉斯哥大学的工作，成为加州理工学院的专职教授和实验的领导者。就是在那段时间里，德雷弗在加州理工学院建造出了一台臂长40米的激光干涉引力波探测器的原型机，这就是LIGO探测器的雏形。该探测器在1983年建成并开始进行激光干涉引力波探测试验，灵敏度达到10^{-18}。虽然，相较于探测引力波实验本身而言，该探测器尺寸比较小，很难称得上是真正意义上的激光干涉引力波探测器，更不要说探测到引力波了。但是，它确实是第一台真正意义上的激光干涉仪。也正是由于它的存在，加州理工学院的所谓激光干涉引力波探测实验室得以成立。

就在美国国家科学基金会为加州理工学院项目投入资金的同时，麻省理工学院的韦斯教授和他的同事们提出了一个更加雄心勃勃的计划：建造一台尺寸更大的探测器——长基线引力波天线系统，美国国家科学基金会亦给了他们进行可行性研究的经费。麻省理工学院的科学家在韦斯的领导下完成了这项研究：工程技术公司测试了组件，而且基本上完成了零部件的定价工作，行业合作伙伴详细地调研了真空管道、激光器等情况。在深入研究的基础上，韦斯与麻省理工学院的同事彼得·索尔森(Peter Saulson)、保罗·林赛(Paul Linsay)等，花了3年的时间完成了一份长达419页的关于“长基线激光干涉仪的研究报告”，并在1983年10月，由麻省理工学院和加州理工学院联名提交给美国国家科学基金会，该报告后来被称为蓝皮书。蓝皮书详细列出了各种可能的引力波源，比较了世界各大实验室用干涉仪测量引力波的方案以及原型研究的若干成果。建议在美国建造灵敏度足够高的激光干涉仪探测从天体辐射的引力波，虽然这份报告本身不具申请基金的效用，但有力地证明了实验目标是可以实现的。

蓝皮书提交之后，韦斯、索恩和德雷弗开始起草研发计划，美国国家科学基金会非常重视，组织了一系列的专门委员会进行论证，加州理工学院和麻省理工学院的科学家，共同就蓝皮书涉及的内容做了解释，并报告了各自在原型研究方面的若干成果。通过激烈的争论，所有的质疑都被否定了，他们的建议得到了美国国家科学基金会的认可。结论是：这是一项有风险，但可能产生卓越成果的研究，值得美国国家科学基金会考虑立项。美国国家科学基金会做出重要决定，由麻省理工学院和加州理工学院联合实施这个极具发展前途的项目，并立即拨出一定的经费开始前期研究，根据这个决定建立了一个引力波天文学研究团队，韦斯、索恩和德雷弗成为这个团队的负责人，人们戏称为“怪异的三巨头组合”。随后更多的高校加入进来，他们整合资源开展了广泛的预研究。

这个项目遇到来自各方面包括国会的阻力，由于经济不景气，很多大科研项目被叫停，它们的申请也被搁置。美国国家科学基金会一直在做坚持不懈的努力，不断尝试着全面启动它，对国会议员及持不同意见的科学家做了大量的工作。1986年5月，僵局终于被打破，事情出现转机。这时，曾与诺贝尔物理学奖获得者恩里科·费米(Enrico Fermi)一道工作的嘉文就职于美国能源部。在得知美国国家科学基金会正在推广这个大型的引力波项目后，他以一个过来人的身份给美国国家科学基金会写了一封信，建议基金会组织一个高规格的专门委员会“做一下真正的调查研究”。这是一封与LIGO生死攸关的信件。1986年11月,美国国家科学基金会接受了这个建议,组织了一个包括R. 加尔文在内的一流科学家组成的高水准委员会处理这个问题。该委员会在美国艺术与科学院研究院(The American Academy of Arts and Sicences)举行了一场研讨会。来自全世界的引力波探测领域的著名科学家出席了会议,这场研讨会持续了一周时间,经过多次辩论,最后委员会提出一个令人难以置信的建议:这个领域很有发展潜力,该项目绝对值得做,但不必再造原型,直接造两台大型的全尺寸探测器。委员会还建议在项目管理体系中做一些调整,只设置一个主管主任,而不再由一个管理小组领导。美国国家科学基金会接纳了委员会的建议,要求合作组重写申请报告,并全额拨付了“蓝皮书”计划所需的资金。在这个振奋人心的建议鼓舞下,新任主管加州理工学院前教务长克罗斯·沃格特(Rochus Vogt)和韦斯马上行动起来,他们组织两校精英,花了6个多月时间完成了这份报告。1989年,沃格特作为项目负责人,向美国国家科学基金会提交了加州理工学院和麻省理工学院联合小组辛勤劳动的成果:一份长达229页的《引力波探测器的建造、操作与支持研发报告》,提议建造两台臂长4千米的激光干涉引力波探测器,一台位于华盛顿州的汉福德,另一台位于路易斯安那州的利文斯顿,当年这一提案获得了美国国家科学基金会的支持,基础建设正式启动。

由于经费数额巨大,其他领域的著名科学家和一些国会议员出来反对,国会十分谨慎地冻结了这笔资金,导致场地建设停了下来。为了让美国国会解冻国家科学基金会的资金支持,沃格特、韦斯和索恩等,开始了新一轮的调研和说服工作,这是一场旷日持久的拉锯战。LIGO项目被迫推迟2年,1992年,国会最终同意拨款。有了充足的资金支持,工程设计和部件的预制研究迅速开展起来,研究进度明显加快,队伍也由当初的几十个人扩大到150余人,包括科学家、工程师、技术人员和管理人员。1994年,两台臂长4千米的LIGO正式开工建造。

但是由于在具体实施方案上存在巨大分歧,两派互不相让,LIGO建造长期处于停顿状态,并有中途夭折的危险。受命于美国能源部,加州理工学院巴里·巴里什(Barry Barish)教授成为LIGO项目的新负责人,对LIGO的建成做出了关键性的贡献。巴里什教授1936年出生于美国内布拉斯加州奥马哈市，是著名的高能物理学家，具有惊人的组织才能。他加入LIGO并管理该项目长达22年之久，是矛盾双方都能接受的不二人选。他以快刀斩乱麻的方式重组了LIGO管理层，扩大团队和管理层授权，迅速建立起新的LIGO实验室，由他担任主任，他的得力助手加里·桑德斯(Gary Sandes)为副主任，马克·库尔斯(Mark Kuls)去LIGO利文斯顿当台长，工作很快走上正轨。经过努力，他从国会得到两倍于原计划的拨款，从相关领域招募科学家、工程师和精密测量专家。有了这位优秀的大型项目管理人，两台臂长4千米的激光干涉仪引力波探测器LIGO在2002年顺利建成并投入运转。可以说是巴里什临危受命，在关键时刻挽救了LIGO。

1981年，韦斯以麻省理工学院的名义向NSF提交了一份申请报告，计划用三年建造出一台臂长10千米的探测器。韦斯在这份提案中谈道："我们希望这项研究将成为由国家自然科学基金会赞助的引力天文学科学指导小组成立的基础，该小组由所有感兴趣的各方组成，因为如果这样一个大型项目成为现实，它将需要整个社会的支持和智慧"。此时，韦斯已经意识到了在探测引力波实验中合作的必要性。被韦斯不幸言中，NSF希望麻省理工学院和加州理工学院能够进行合作，并要两方面提出合作计划。因此，1983年10月，由韦斯执笔，以麻省理工学院和加州理工学院联合的名义，再次向NSF提交了一份建造大规模激光干涉仪的报告，申请金额是7 000万美元。其中，三位成员有两位来自麻省理工学院——韦斯和索尔森，一位是加州理工学院的斯坦·惠特科姆(Stan Whitcomb)。因为从20世纪80年代起，德雷弗由于在加州理工和格拉斯哥大学两处兼职，因此在他回格拉斯哥大学工作期间，加州理工学院实验室的涉及和建造工作主要由惠特科姆负责。(他安排加州理工学院的惠特科姆和格拉斯哥大学的吉姆·霍夫(Jim Hough)具体实施。这两台机器的安装进度几乎是齐头并进，其中格拉斯哥大学比加州理工学院略快一点)这份报告后来被称为"蓝皮书"，因为它的封面是蓝色的。之后，该项目被正式命名为LIGO。关于这个名字的由来，最初基普想把它命名为"束流检测仪"，但是韦斯认为这个名字的科幻色彩太浓了，后来，他用"激光干涉引力波天文台"的英文首字母来命名这个项目——LIGO由此诞生。

第二节　韦伯与 LIGO 的争论

关于韦伯与 LIGO 之间的争论，可以从两方面来看：

一方面，就 LIGO 而言，最初，在 LIGO 与韦伯之间没有直接冲突：

首先，韦斯从来没有和韦伯发生过任何冲突。甚至于，他说："从某些方面来看韦伯是正确的，那就是，去寻找一些快速事件。但我从没这样想过。我总是在观察一些变化很慢的东西——因为一切都很慢……刚好它可以用来研究黑洞，可以用 X 射线来探测黑洞。"[①]然而，尽管韦斯承认韦伯对这个领域的贡献，但他对韦伯的看法其实看起来并不是特别的恭维："总之，我想，他也没有完全错——我知道他乱来。我明白他为什么频繁地说他测到了——他这么说也许真的是有可能。要建构一个长期的机制是很困难的。"[②]

其次，在最初的阶段，索恩也没有和韦伯有过正面冲突。索恩很早就认识韦伯，时间可以回溯到 20 世纪 60 年代，因为韦伯曾经与索恩的导师惠勒在普林斯顿大学共事（韦伯曾经是普林斯顿大学的兼职教授），惠勒一直很欣赏韦伯的研究。尽管索恩并不相信韦伯的实验结果，但是索恩从来没有在任何杂志上公开批评过韦伯："我不想对他做[其他科学家]做过的事[公开的直接攻击][③]……这已经成为我和乔所参加会议上的小步舞曲。乔会按照他的想法这样说，而我则会用另外的方式回应——简短的回应。我觉得可信度就取决于人们是否听到了，这就足够了。"[④]甚至 1982 年，索恩与韦伯在他的办公室里交谈时还对韦伯说："我无比尊重你做出的贡献，你开创了一个新领域，你找到了一个新的研究方向，至今人们还在朝着这个方向努力，你的这些贡献本身就能说明问题。"[⑤]

---

① Harry Collins, *Gravity's Shadow*, Chicago & London: The University of Chicago Press, 2004, pp. 281 - 282.

② Ibid., p. 282.

③ 这里的"其他科学家"指的是嘉文（Richard Garwin）。

④ Harry Collins, *Gravity's Shadow*, Chicago & London: The University of Chicago Press, 2004, p. 383.

⑤ [美] 珍娜·莱文：《引力波》，胡小锐、万慧译，中信出版社 2017 年版，第 141 页。

再次，索恩不直接批评韦伯的另一原因在于索恩担心他和韦伯之间的直接冲突会给 LIGO 的建设造成破坏性的影响："我们正处于开发和批准 LIGO 的早期阶段，因此我们在华盛顿的融资官理查德·艾萨克森(Richard Isaacson)非常关注这一点以及对 LIGO 的影响。"[①]——艾萨克森认为，因为 LIGO 是 NSF 所资助的花费最高的科学项目，因此 LIGO 有责任让探测引力波实验共同体中的其他成员了解到韦伯的观点是错误的。但索恩却认为"如果这是一个重要问题的话，那么我认为可以有不同的想法；但是我认为在共同体达成共识前，没有必要在公众场合打这些口水仗"。[②] 后来，索恩还是发表了一篇批评韦伯观点的论文，但这篇论文是发表在一本会议的论文集中，并未公开出版。[③] 因为 LIGO 的名称里有"天文台"，这曾让 LIGO 实验饱受争议：由于 LIGO 项目没有表现出令人信服的"大科学"特征(具有这种特征的往往是志存高远的物理学的加速项目，而不是天文学的探测器项目)，所以反对者发起了反 LIGO 运动。2 亿美元是美国国家科学基金会的天文学研究年度预算的两倍，金额之大可见一斑。普利斯顿大学的两位有影响力的天文物理学家——约翰·巴考(John Bahcall)和杰瑞·奥斯特里克(Jerry Ostriker)均反对 LIGO 项目，因为他们担心 LIGO 项目会占用天文学的研究项目。另外，澳大利亚光学天文台的台长曾指责引力波的研究者们是"一群试图抢劫天文学金钱的物理学家"。

但是，当 LIGO 的资金来源得到保障后，索恩对韦伯的攻击开始变得直接起来，原因在于索恩认为是韦伯率先发起了攻击，他说："显然这很麻烦。麻烦在于虽然我一直怀疑他是错的，但在他真正开始游说美国国会议员之前，并没有造成太大的伤害——细节我不清楚，但是从文献和其他人的反应来看，这不仅仅是个科学问题，这场争论——意味着在已经有棒式天线声称探测到了结果的前提下，我们为什么要建造一个更大的系统，并且它确实能像棒式天线一

① Harry Collins, *Gravity's Shadow*, Chicago & London: The University of Chicago Press, 2004, p. 383.

② Ibid.

③ K. Thorne, "On Joseph Weber's New Cross-Section for Resonant-Bar Gravitational-Wave Detectors", in A. Janis J. Porter (eds), *Recent Advances in General Relativity: Proceedings of a Conference in Honour of E. T. Newman*, Boston: Birkhauser, 1992, pp. 241 - 250.

样工作。因此，我知道从科学上它不是真实的，而是基于政治的显著性，因此我决定要写点东西……政治动机确实起了作用。它起作用的原因在于我注意到越来越多的人开始对这个问题感兴趣，同时他们也越来越困惑，如果我不来澄清这一点，他们可能错误地认为这是正确的公式，可能会决定不建造 LIGO，例如——你知道的——等等。"①

另一方面，对韦伯而言，在 LIGO 早期，他与 LIGO 之间并不存在不可弥合的分歧。那时，他在许多问题上都能够接受大多数人的观点，例如探测器的广泛理论(the broad theory)，用电磁脉冲校准可能性，以及被普遍接受的有利于棒端的传感器理论。因此，最初韦伯对 LIGO 的态度是"乐见其成"。因为韦伯很自信，他相信他测到的信号就是引力波。换句话说，他始终相信自己的探测器的灵敏度要远远领先于 LIGO。但韦伯实验的问题在于共同体中的其他科学家都不相信他的实验结果，这就给他的资金支持造成了很大困扰，大大压缩了棒式探测器特别是韦伯实验的生存空间。在资金链即将断裂的情况下，韦伯开始了"反击"。主要经过了从隐性攻击到显性攻击两个阶段：

第一，韦伯的隐性攻击主要体现在技术层面，即韦伯强调了其实验的理论优先性。1982 年在上海举办的第三次马塞尔·格罗斯曼会议(Third Marcel Grossmann Meeting)上，韦伯提出了引力辐射天线的量子理论(quantum theory of gravitational radiation antenna)，也被称为是"横截面理论"。此前，韦伯的实验一直被物理学界看作是"造假"，原因就在于韦伯探测到的信号太多。在他的新理论中韦伯称引力波和共振棒之间的相互作用比人们想象的要强，也就是说一个共振棒的横截面所测到的引力波数量要比现有理论所揭示的多得多，这就意味着韦伯所建造的"High VGR"(High Visibility Gravitational Radiation)探测器的精确度要高于引力波值，韦伯的 High VGR 探测器能够测到那些在天体物理学和宇宙学中所提到的小通量(small fluxes)。韦伯认为，他所提出的这一理论能够解决之前所有针对其实验的以批评，即"解决过去的争论"。这一切都随着新理论而改变。这一新理论开启了对固体材料中原子与引力波相互作用的量子级分析。之所以说韦伯的"棒

---

① Harry Collins, *Gravity's Shadow*, Chicago & London: The University of Chicago Press, 2004, p. 384.

式探测器的截面理论”是对 LIGO 的一种隐性攻击是因为 LIGO 的探测原理是依靠光的反射，而非物体振动，这样一来，LIGO 实验就不涉及有关量子理论的问题。面对韦伯的技术攻击，LIGO 特别是索恩没有公开发表论文来直接回击，他的反击策略就是在会议上一次又一次地站起来向大家解释韦伯的横截面的计算是错误的。在旁观者看来，这场争论的双方——一位是学界“不被信任”的科学家，另一位是“学界权威”，结果立见。于是韦伯的言论逐渐被人遗忘了。不仅韦伯的工作被一笔带过，甚至连整个低温棒实验组的工作也随之被一笔带过。韦伯实验成了探测引力波实验的一个脚注，甚至于到了 20 世纪 90 年代，LIGO 团队中的某些科学家直接对外宣称：“现在没人知道韦伯是谁。”①

第二，韦伯的显性攻击主要体现在资金的争夺上。1975 年之前，韦伯的引力波研究资金大部分来自 NSF。1975 年之后，NSF 对韦伯的资助削减到每年 5 万美元左右，但还在继续资助。从 1988 年开始，NSF 就在考虑停止对韦伯的资助了，最后的资助结束于 1989 年 6 月 30 日。韦伯曾多次写信给美国国会和 NSF，强调 LIGO 的建设就是在浪费金钱：“1984—1986 年的分析已经发表，并验证了我们能够探测到来自超新星 1987A 的脉冲的预言……当时，我们的天线和罗马大学(University of Rome)的天线都在运转，观测到了来自超新星 1987A 的 12 次大的脉冲……这些数据验证了一个证据，即与干涉仪相比，设置良好的棒式探测器比科学家们所想象的要敏感得多。一个小的(100 千克)用硅晶体制造的探测器，其灵敏度比 LIGO 高 1 010 倍，总成本却不到 50 万美元。”②“当然，如果在 1984 年的论文中论证的横截面理论是正确的，它将阻止美国国会拨付给加州理工学院的 2.1 亿美元。”③这在一定程度上的确给 LIGO 的建设造成了威胁，之后有很多国会议员认为资助 LIGO 这个项目就是徒劳的烧钱行为，导致 NSF 对 LIGO 的 2 亿美元资助直接叫停。后来，是在索恩和时任 LIGO 项目负责人的沃格特的不断斡旋下，NSF 才恢复了对 LIGO 的资助。

---

① Harry Collins, *Gravity's Shadow*, Chicago & London: The University of Chicago Press, 2004, p. 383.

② Ibid., p. 361.

③ Ibid., p. 436.

第三节　低温棒实验组与LIGO之间的争论

在韦伯实验失去信任后，探测引力波实验的棒式技术并没有"死"，它继续发展出低温棒技术。这项技术最初是由美国物理学家比尔·费尔班克(Bill Fairbank)发明的，其实验装置基本与韦伯相同，但不同之处在于实验中需将振动棒迅速冷却——金属棒在冷却后会进入一种超导状态，达到降低噪声的目的，以此提高仪器的灵敏度。相较于韦伯与LIGO的争论，低温棒实验组与LIGO的争论和分歧则要温和得多。

当时处于发展"较为"成熟的低温棒实验组并不认为LIGO是个威胁，相反，他们认为LIGO的发展能够加深外行特别是科学管理层对这个领域的了解，增加资金的支持力度。在谈到是否要阻止LIGO的实验时，费尔班克说："我知道我可以阻止它"，但同时他也说："我不认为这样做是个好主意"，因为"它会给这个领域带来更多的钱。……如果他们能拿到更多的钱，那我们也能从另外一方面获得更多的资助。……吉多(Guido)说他和阿马尔迪(Amaldi)也有过类似的对话，但他们也说'不'——因为他们觉得LIGO的发展有助于这个领域的发展，所以没有必要去杀死它"。①

在两种技术的并行发展中，低温棒共同体逐渐感受到了LIGO的威胁。一方面，在技术层面，低温棒实验组意识到从长远的发展趋势来看，激光干涉探测仪的灵敏度将会更高。虽然低温棒的造价更低，它的成本仅是LIGO的1/10，但成本的优势并不能被看作是真正的优势。另一方面，低温棒实验是由单个实验室分别进行实验的，与LIGO实验相比的话，整个低温棒实验共同体的组织结构是比较松散的：低温棒实验的科学共同体主要由三个实验室组成，分别是意大利的"EXPLORER"棒、美国路易斯安那的"ALLEGRO"棒和澳大利亚的"NOIBE"棒。对于这三个实验室而言，其一，三个实验室的研究是相互独立的，彼此间很少交换数据或做技术沟通。换句话说，他们很少合作。

① Harry Collins, *Gravity's Shadow*, Chicago & London: The University of Chicago Press, 2004, p. 359.

其二,三个实验室的基本认识立场是有差异的,主要体现在它们对待证据的态度上:意大利“EXPLORER”棒团队倾向于一种证据的个人主义立场,主张应当在实验过程中及时公布实验数据;而美国 ALLEGRO 棒团队则持有一种证据的集体主义立场,强调只有当所获得的数据被科学共同体认可,即当所获得的数据真正被确证为是证据时,才公布实验结果。其三,从学术交流的角度来说,意大利 EXPLORER 棒团队是韦伯的坚定拥护者,他们在韦伯已经在学术共同体中“很难发声”的情况下,依然支持韦伯的观点,把自己的实验数据作为韦伯言论的例证;而美国 ALLEGRO 棒与 LIGO 的往来更加密切。相对而言,澳大利亚的“NOIBE”的实验资金不如前两者充足。从整个实验的技术上来说,它较之前两者也是稍有逊色的。正是这样的实验组织结构,导致科学决策层认为低温棒团队不够专业:“委员会认为干涉仪在这方面比低温棒的优势更明显。……因为他们之间的团队成员不同。有人告诉我,这些低温棒实验室是由小团队以不太专业的方式组成的;而干涉仪项目是由大型的、专业的、高能物理学团队组成的。”①

这使低温棒技术在独立发展的同时,也不得不改变他们的发展策略——加强与 LIGO 的合作。以与 LIGO 同处于美国路易斯安那的 ALLEGRO 棒实验室为例,其领导者汉密尔顿在谈到他与 LIGO 的关系时说:“如果你不把球计划②看作竞争方案——而是 LIGO 的补充方案的话,那么你就会发现 LIGO 的理念会变得更加可行。不仅如此,如果你能以 50 万美元的成本制造出一个[球式探测器],你就能够获得每次 500 万美元的资助,来验证你所希望看到的东西。那意味着……可能在每个频率上都能测到两三个信号。然后你可以用这些重合去找你的信号。LIGO 恰在此时出现了,你就可以用你的发现来触动 LIGO,让 LIGO 的人去寻找类似的波。”③

但同时,低温棒团队还是对 LIGO 表现出了某种程度的“嫉妒”:例如,当柯林斯向一位低温棒团队成员提问:“如果能阻止资金流向 LIGO,转而将资金

① Harry Collins, *Gravity's Shadow*, Chicago & London: The University of Chicago Press, 2004, p. 443.

② 球式探测器是棒式探测器的升级版。

③ Harry Collins, *Gravity's Shadow*, Chicago & London: The University of Chicago Press, 2004, pp. 437 - 438.

投向共振棒共同体,你愿意这样做吗(阻止 LIGO)?”他的回答是:“是的。”当柯林斯再问另一位低温棒团队成员:“我从 LIGO 那里听说,在不同的团队之间是不存在紧张关系的。你认为是真的吗?”那位成员回答道:“他们说的是真的,我们只是认为他们的计划不切实际。……属于棒式探测器领域的很多人,比如说[来自其他团队的科学家],嫉妒干涉仪所获得的资金。他们觉得,如果是他们得到了资金资助的话,他们能做得相当好;他们担心,特别是在美国,他们的努力会在干涉仪时代被彻底葬送,尽管他们觉他们才是有可能成为发现引力波和进行引力波科学研究的第一人。”①并且,“当新一波的干涉仪科学家们第一次进入这个领域时,属于振动棒共同体的人们就体验到了这种傲慢。许多振动棒共同体的成员都感受到了干涉仪小组的威胁。据说,这些新来者们把自己当作精英,对多年来辛苦建立起来的关系网或专长毫无敬意。高能物理学家们把研究共振棒的科学家们看成是一群失败的、过时的、早该被真正的物理学家取代的技工……”②甚至于一位 GEO 科学家曾抱怨当他访问 VIRGO 时,他们非常不友好。在一次会议上,法方项目负责人阿兰・布利莱(Alain Brillet)要求 VIRGO 道歉,因为 VIRGO 某些成员的态度很不友好。总之,整个探测引力波的共振棒共同体和 LIGO 之间的关系是很复杂的:韦伯试图与 LIGO 对抗,但失败了;低温棒实验组虽然接受了 LIGO,并希望与之开展合作,但又嫉妒它的成就。

第四节　LIGO 的“三驾马车”之间的冲突

在 LIGO 的建设过程中,1979—1984 年,NSF 对 LIGO 下属的两个实验室的资助在稳步增长——从最初每年大约 30 万美元增加到 100 万美元;1985 年,LIGO 的科研经费是 165 万美元;1986—1987 年,LIGO 的经费已经达到约 260 万美元,可以说此时 LIGO 的科研经费已经完全得到保障了。但与此同

---

① Harry Collins, *Gravity's Shadow*, Chicago & London: The University of Chicago Press, 2004, pp. 436 - 437.

② Ibid., p. 418.

时,LIGO 内部的组织结构却出现了分裂。从整个 LIGO 的建设过程来看,LIGO 与棒式探测技术在技术层面的争论并不是 LIGO 所经历的最激烈的争论,最激烈的争论反而来自 LIGO 内部,即 LIGO 领导权之争——这也被外界称为是由韦斯、索恩和德雷弗组成的 LIGO 的“三架马车”之间的争论。

在 20 世纪 80 年代末 90 年代初,LIGO 的研究仍然属于一种“小科学”的研究范式——由在美国加州理工学院的德雷弗和在麻省理工学院的韦斯分别独立进行实验。在早期的设计中,有多达六个完全独立的干涉仪,它们有自己的信号反射镜、分束器等;光束会在真空管中并排运行。因此,最初的设计理念允许小型科学家团队最终能够在 LIGO 项目提供的设施内运行他们自己的干涉仪。因此,一些人希望,一旦设施建设项目完成,一种小型科学将会回归。根据这种想法,我们可以对三位一体有更多的理解——可以说,在被视为大科学的间歇期,它一直试图抓住小科学。该设施一旦建成,将由管理人员管理,而老式的自主团队将重新出现,组装并运行自己的干涉仪。尽管两个实验团队之间保持着密切的沟通和交流,但是这两台原型机的设计思路大不相同,技术构造也不同。这种情况使得这两个实验室表面上看起来是合作关系,但其实是一种竞争关系——“罗纳德对雷纳的原形机嗤之以鼻(他的评价是‘毫无价值’),认为它技术落后,经济支持不足,还有一些罗纳德不屑一顾的缺陷。”①从技术上讲,无论是韦斯最早建造的 1.5 米的原型机,还是后来在其基础上改造的原型机的灵敏度都不及德雷弗建造的 40 米原型机。但是,德雷弗的设计在很大程度上参考了韦斯的版本——德雷弗通过放大微缩胶卷副本的方式得到了韦斯在麻省理工学院内部发表的设计报告(RLE 报告)。

一开始,LIGO 的“三驾马车”在管理上采取的是一种协商一致的管理模式。在分工上,“基普富有魅力,是一名高明的说客。此外他在科研方面考虑问题缜密周到,对技术发展现状的分析与评估清楚明了,为人诚实、正直,受人尊重,因此基普说的话往往令人信服”。② 所以索恩主要是负责 LIGO 项目的公关工作。如 1991 年 3 月 13 日,美国众议院召开了针对 LIGO 的科学空间与技术委员会听证会。在听证会上,天文物理学家泰森发表了对 LIGO 的不

---

① [美] 珍娜·莱文:《引力波》,胡小锐、万慧译,中信出版社 2017 年版,第 69—70 页。
② 同上书,第 201 页。

利意见。索恩在 1991 年 3 月 16 日给泰森发了一封电子邮件，在邮件里索恩写道："开诚布公地说，你的证词中的'严重高估'的说法令我深受伤害，几天来我夜不能寐。我认为你的观点是不公正的。几年来，为了做出诚实、准确的估计，我做了大量工作。请明确指出我在哪些地方犯了错误，否则就要弥补你对 LIGO 项目以及我个人声誉造成的不利影响。"①迫于索恩的压力，"三天后，托尼·泰森给沃格特发了一封传真：'我修改了原来的书面证词。'传真全文使用的都是大写字母。他删掉了'严重'这个词，并添加了'在过去'三个字。于是修改后的证词变成：'大多数人都认为，引力波的强度与引力波发射源的出现概率在过去被高估了'"。②

至于技术实施层面的工作，则主要由德雷弗和韦斯负责，比较而言：首先，两人各有所长：韦斯擅长数据分析，曾对 LIGO 实验中的噪声源做过细致分析，并且曾帮助利文斯顿天文台解决了反射镜的问题，也帮助过汉福德天文台检测数字模拟转换器的某些非线性特征。而德雷弗的动手能力更强。两人在技术上最直接的冲突体现在对反射光源的处理上——德雷弗主张用法布里-珀罗腔(Fabry-Perot cavity)，韦斯坚持用"延迟线"(delay line)的方法。其次，两人的研究风格差异很大："罗(Ron)和雷(Rai)这两个人的风格迥然不同，他们根本不可能合作，他们无法沟通，甚至连技术方面的事情都无法沟通。如果你和他们接触过就会发现，罗非常有创造性，非常聪明，他是一个非常有创造力的人，但他的想法都是以图片的形式存在他的大脑中的——他的工作方式很不数学化……而雷所拥有的物理学知识则是百科全书式的，极其严谨，但不是很直观。所以他们俩永远无法交流。罗会有一张照片，雷会说，'好吧，告诉我这是怎么回事，告诉我你知道把方程写下来'，罗做不到。雷会在一夜之间用 Bessel 函数做三页的计算，整个事情。你从来没有估计过。你总是掌握全部数学知识。他会把这个交给罗，然后说，'看，我已经证明了我的主张(例如，这个想法行不通)'，罗不知道该怎么办。所以他们两个什么都不能交流，

① [美]珍娜·莱文：《引力波》，胡小锐、万慧译，中信出版社 2017 年版，第 179 页。
② 同上。

他们两个几乎什么都不同意。"①再次，最重要的是，两人对 LIGO 的科学属性的理解是根本不同的：韦斯主张建造一个巨型探测器；而德雷弗希望建造一个中型探测器，之后再对机器逐渐升级。特别是，因为 LIGO 是在德雷弗之前建造的 40 米原型机基础上建设的，所以德雷弗认为整个 LIGO 项目就是他的，韦斯不应插手："只要是我提出的想法，他几乎都会反对。他半路加入项目，却想换一个新的方式……此外在我们开会时，雷总是提出各种各样稀奇古怪的计划还制定了执行这些计划的时间表。这让我非常生气，我觉得他一心想掌控全局。但是，那些有效的技术都是我们研发的，因此我不喜欢他这种做法。……那些想法和创意都是我提出来的。"②基于上述理由，LIGO 的"三驾马车"间的冲突就主要集中在了韦斯与德雷弗之间。德雷弗被公认很难相处。德雷弗似乎拒绝接受批评，哪怕是善意的批评。"……因为他考虑问题的方式和其他人不同。他是通过一幅幅图片思考的，到了第二天，他就不记得前一天是怎么考虑的了，因此他无法做到坚决果断。……比如，我们讨论探测器的某个问题，他头头是道地跟你分析激光术应该多大，或者反射镜面应该有多少面。经过讨论之后我们同意了他的观点，但是第二天一早他却说他的观点都不对或者不完全对，然后我们不得不重新讨论这个问题。结果得出的结论与前一天的并无区别，这种情况不断重演，以至于我们永远无法下定决心。"③

比较而言，在早期关于两人的争论中，德雷弗是占据上风的："罗的方法在某些领域中是非常有效。我要说的是：在罗和雷之间的大多数技术分歧中，罗常常是对的。大多数情况下，罗的直觉能力都优于雷的数学推导，只有少数情况雷的判断是正确的。"④当韦斯处于弱势地位时，他几乎没有来自他所属的研究机构的支持——"三驾马车"中有 2 个人来自加州理工，来自麻省理工的只有他自己。这为韦斯赢得了一个"反对者"(naysayer)的名声："我从根本上

---

① Harry Collins, *Gravity's Shadow*, Chicago & London: The University of Chicago Press, 2004, p. 561.

② [美] 珍娜·莱文：《引力波》，胡小锐、万慧译，中信出版社 2017 年版，第 117 页。

③ 同上书，第 162—163 页。

④ Harry Collins, *Gravity's Shadow*, Chicago & London: The University of Chicago Press, 2004, p. 561.

成为了众矢之的；成为了扼杀创造力的人。我其实不是那样的，但在当时别人就是这样看我。”[①]

但是，科学发现不同于科学发明——科学发现指向事实，而科学发明则指向理论。随着研究计划的推进，德雷弗的那种“单打独斗”式的小科学研究模式并不适合像LIGO这样的大规模实验：“他（德雷弗）的精力都花在了保护他对项目的控制上，因为他强烈地感到，如果项目没有按照他认为必须的方式来完成，那么项目就会失败。”[②]面对两人的争论，索恩不断在其间进行调和：“我成为主席主要是因为他们俩的观点不可调和，所以他们俩都不可能成为主席。我当上了主席，原因只有一个，就是为了促进共识。”[③]但是这个过程就如索恩所承认的那样——是痛苦的、缓慢的。主要原因就在于德雷弗不愿意改变他的研究风格——他拒绝合作。这导致了表面上看，LIGO的组织形式是“三驾马车”，但是由于研究范式上的根本差异，LIGO的这架“马车”毫无效率，哪也“去不了”——三个人经常会就争议进行闭门会议，但是这种会议起不到任何效果，甚至于他们三人从来未就任何问题达成过一致。三个人之间的矛盾在1983年达到顶峰，到了1986年，在向NSF的报告会上，索恩也不得不承认LIGO面临的最大问题不是技术问题而是管理问题。这之后，NSF不得不向德雷弗发出警告：要么合作、要么停止研究。但是，LIGO的“三驾马车”之间的合作依然不顺利。1987年，NSF正式聘用加州理工学院的沃格特以职业经理人的身份担任LIGO项目的负责人。此后，“三驾马车”的组织形式彻底解体。1992年，德雷弗被LIGO解雇，而韦斯和索恩则一直留在LIGO实验室里主导该实验，直到2016年LIGO首次探测到引力波。

总之，早在库恩的《科学革命的结构》一书中，库恩就谈到了科学争论。库恩认为，争论存在于不同的科学共同体间——不同的科学共同体拥有不同的范式，这是导致科学争论产生的主要根源：“正因为这样，范式的选择并不是也不能凭借常规科学所特有的评估程序，因为这些评估程序都部分依据某一特

---

① Harry Collins, *Gravity's Shadow*, Chicago & London: The University of Chicago Press, 2004, p. 562.

② Ibid., p. 563.

③ Ibid., p. 562.

定范式，而正是这一特定范式出了毛病，面临争论，才有其他范式试图取而代之。”①但是，当我们回溯 LIGO 实验室的建设，真正走进这场论战中却发现：科学争论无处不在，它不仅存在于库恩所谓的科学共同体间(韦伯与 LIGO、低温棒实验小组与 LIGO)，甚至存在于科学共同体内部的核心层(core-set)(LIGO)以及核心层的核心小组(core-group)(LIGO 的“三驾马车”)中。并且，科学争论从科学实验的源头开始就贯穿了整个实验过程。这种情况就如知识论者弗莱克(Ludwik Fleck)所言：“科学的结构是特殊的和复杂的。对于那些没有认真地对其进行研究过的认识论者来说，它只不过是一幅充满幻想的图画。……从严格意义上讲，大众科学是属于那些非专家(nonexperts)的科学。……那些通俗的表达省略了细节，尤其是省略了有争议的观点；这就造成了一种人为的简化。”②

然而，当我们进一步追究这些科学争论产生的根源，从传统的“科学革命”的观点来看，不同的科学实验小组所采用的范式不同。就探测引力波实验而言，这种差异直接体现在不同实验室所采用的技术上：韦伯采用的是共振棒技术、低温实验小组采用的是低温共振棒技术、LIGO 采用的是激光干涉技术。但是，我们也应当注意到，从探测引力波实验的早期开始，不同的实验室之间的组织结构就已经表现出了很大差异：韦伯实验室只有韦伯一位科学家；虽然低温实验小组由三个位于不同国家、由不同的科学家领导的实验室组成，但三个实验室是独立进行实验的，彼此缺少合作；而 LIGO 早期的“三驾马车”间的协商制也基本形同虚设。在科学实验中，缺少合作的直接后果就是资金和领导权的争夺，这导致围绕探测引力波实验的争论范围逐步扩大。这进一步表明，如果如库恩所言科学的发展是由科学争论推动的，那么在科学争论的这条线索上，科学与社会的互动关系并不仅限于科学争论的终端，即科学的发展所带来的社会影响，而是贯穿在科学争论的整个过程中。在探测引力波 LIGO 实验室的建设中，社会组织形式的差异为科学争论的发生提供了土壤。

---

① [美] 托马斯·库恩：《科学革命的结构》，金吾伦、胡新和译，北京大学出版社 2012 年版，第 80 页。

② Ludwick Fleck, *Genesis and Development of a Scientific Fact*, Chicago: The University of Chicago Press, 1979, p. 112.

第五章　跨越探测引力波实验的 LIGO 之争

——论大科学实验的不确定性

科学，自其产生之日起就被看作是求真的活动，求真的本性使科学一直以追求确定性为主要目标。然而，当人类历史迈入 21 世纪，当美国探测引力波的 LIGO 实验室第一次在全人类面前声称直接探测到了引力波信号并因此获得了 2017 年的诺贝尔物理学奖的同时，不断地有来自德国、巴西、英国、丹麦，以及中国的物理学家质疑该实验的可靠性，他们甚至向诺贝尔委员会直接表达了他们的反对意见。导致这一现象产生的主要原因在于在以探测引力波实验为代表的当代科学实验研究中布满了不确定性——从实验原理到实验设计，以及对实验结果的判定都表现出了很强的不确定性，不确定性已经成为所谓“大科学”实验的主要特征，这在探测引力波实验中彰显得尤为突出。

第一节　探测引力波实验的实验原理不确定

物理学家理查德・费曼（Richard Feynman）曾经说过：“从人类历史的角度来看，19 世纪最伟大的事件是麦克斯韦电磁理论的发现，与之相比，发生在同一个时代的美国南北战争，作为一件地区性的小事，不值一提。”在人类历史迈入第二个 10 年的 21 世纪，人类第一次直接探测到了引力波的信号，其意义不亚于麦克斯韦提出电磁理论，它是人类文明发展的一个里程碑。

简单说,引力波就是时空弯曲的涟漪。通过引力波,人类可以准确地描绘出银河系的地图,破解黑洞的诞生和成长过程,以此回溯宇宙的起源,书写出一部关于宇宙的《山海经》。"引力波"这个概念对应的英文单词是 gravity wave,它是英文单词 gravitational wave 的缩写。这个英文单词最早出现在 19 世纪,最初是用来描述特殊类型的水的波,这种波的运动是由于水自身的重力或者引力产生的。随着爱因斯坦广义相对论的提出,"引力波"作为广义相对论的一个推论逐渐为人所熟知,在概念的使用上从早期的含义过渡到今天物理学中所指涉的含义。因为引力波的扩散伴随着能量的传输,因此引力波也被称为"引力辐射"(gravitational radiation)。

要探测引力波,我们需要在 1 千米的长度上找到那小于原子核半径 1 万倍的空间变化。关于引力波探测之难,有一个很有名的赌:1981 年,LIGO 团队的核心成员索恩和 LIGO 计划的反对者天文学家耶利米・奥斯特里克(Jeremiah Ostriker)打赌说,到 20 世纪末就会测到引力波。结果索恩输了,记录就贴在索恩在加州理工学院的西走廊,索恩办公室的外面。索恩在他的认输记录上写着:"我低估了 LIGO 完成观测所需的时间。"也正是因为引力波太微弱了,因此物理学界关于引力波是否存在一直存在争议,最著名的怀疑者是爱丁顿。在他 1922 年的一篇论文中,他说:"引力场扰动的传播问题,在爱因斯坦 1916 年的论文中已经进行了研究,并且在 1918 年的论文中再次进行了讨论→从他的讨论中可以推断出,质量分布的变化会产生引力效应,并以光速传播;但我认为,对于传播速度的问题,爱因斯坦是相当模糊的。从他的分析中可以看出,如果希望引力势以光速传播,坐标必须加以选择;但除了作为这个任意选择的结果,问题中根本找不到光速。"①

甚至,包括爱因斯坦本人,也至少有两次站到了怀疑者的行列中。众所周知,"引力波"概念的提出源自爱因斯坦的广义相对论,但实际上爱因斯坦并不是第一个提出这个概念的人:洛伦兹早在 1900 年就猜想,引力"可以归结为一

---

① [美]丹尼尔・肯尼菲克:《传播,以思想的速度》,黄艳华译,上海科技教育出版社 2010 年版,第 78 页。

种以不高于光速的速度传播的行为”。[①] 1905年，庞加莱用一种更普遍和更抽象的方式论证了所有的力都应该在洛伦兹变换下以相同方式变换，从而他断定牛顿定律需要修正，并且应该存在以光速传播的引力波。虽然，爱因斯坦不是第一个提出引力波思想的人，但是他却是第一个以理论化的形式来描述这一思想的人。众所周知，引力波理论是广义相对论的一个推论。1915年11月，爱因斯坦在普鲁士科学院的报告上首次提出了引力场方程(方程组13)，其形式如下：[②]

$$\begin{cases} G_{\mu\nu} = -\kappa\left(T_{\mu\nu} - \frac{1}{2}g_{\mu\nu}T\right), \\ G_{\mu\nu} = -\frac{\partial}{\partial x_\alpha}\begin{Bmatrix}\mu\nu \\ \alpha\end{Bmatrix} + \begin{Bmatrix}\mu\alpha \\ \beta\end{Bmatrix}\begin{Bmatrix}\nu\beta \\ \alpha\end{Bmatrix} \\ \qquad + \frac{\partial^2 \lg\sqrt{-g}}{\partial x_\mu \partial x_\nu} - \begin{Bmatrix}\mu\nu \\ \alpha\end{Bmatrix}\frac{\partial \lg\sqrt{-g}}{\partial x_\alpha}. \end{cases}$$

在对上述方程组做解释时，爱因斯坦说：“可是方程组允许一个轻而易举并且同相对性公设相容的扩充，它完全类似于……泊松方程的扩充。因为在引力场方程(13)的左边，我们可以加上一个乘以暂时还是未知的普适常数$-\lambda$的基本张量$g\mu\upsilon$，而不破坏广义协变性；代替引力场方程(13)……当λ足够小时，这个场方程无论如何也是相容于太阳系中所得到的经验事实的。它也满足动量和能量守恒定律……”[③]基于爱因斯坦对场方程的解释可见，此时关于引力波是否存在，爱因斯坦并没有十足把握。特别是1916年2月19日，在写给他同事卡尔·施瓦氏(Karl Schwarzschild)的信中，他说：“从那时[11月4日]起，根据最终理论，我对牛顿的情形进行了不同的处理。因此没有同光波类似的引力波，这也可能与标量T的正负号的单一性有关。”[④]

1918年，爱因斯坦发表论文《论引力波》。在这篇论文中，爱因斯坦对他之

① [美]亚伯拉罕·派斯：《上帝难以捉摸：爱因斯坦的科学与生平》，方在庆、李勇等译，商务印书馆2017年版，第400页。

② [美]爱因斯坦：《爱因斯坦文集》，许良英、范岱年编译，商务印书馆1976年版，第360页。

③ 同上书，第361页。

④ [美]丹尼尔·肯尼菲克：《传播，以思想的速度》，黄艳华译，上海科技教育出版社2010年版，第43页。

前的论文进行了修正,他说:“关于引力场的传播是怎样产生的这个重要问题,我已在一年半以前的科学论文中作了探讨。但是因为我当时关于这个问题的论述不够明晰,此外还由于一个令人遗憾的计算错误而遭到歪曲,所以我必须在这里再一次回头来讨论这个问题。”①在这篇论文中,爱因斯坦对引力波给予了一种明确的说明,他强调“引力场是以光速传播的”。② 并且,他认为“……那个不传递能量的引力波可以通过单纯的坐标变换从一个没有场的体系产生;它的存在(在这个意义上)只是一种表观的。从精确的意义来说,只有对应于$\frac{\gamma'_{22}-\gamma'_{33}}{2}$和$\gamma'_{22}$$\left(\text{或者}\frac{\gamma_{22}-\gamma_{33}}{2}\text{和}\gamma_{22}\right)$这两个量沿着X轴传播的这样一类波才是实在的”③。可见,在这一阶段上通过对场方程组的修正,爱因斯坦预设引力波是可能存在的。

但是,当时间划过1936年,爱因斯坦在给马克斯·玻恩(Max Born)的一封信中却公布了一条令人吃惊的结果:“下个学期,你的临时合作者英费尔德将来普林斯顿工作,我期盼着与他进行讨论。我与一位年轻的合作者一起得到了一个有趣的结果:引力波不存在,虽然在一级近似的情况下曾假设它们是肯定存在的。这说明非线性广义相对论场方程能够告诉我们比我们迄今为止所相信的东西更多的东西,或不如说,它更多地限制了我们。”④爱因斯坦在这封信中提到的合作者就是他的助手罗森,他们共同撰写了一篇论文《引力波存在吗?》(“Do Gravitational Wave Exist?”),并试图将该文投到物理学权威期刊《物理评论》(*Physical Review*)上。在这篇文章中,爱因斯坦试图推翻他之前的观点,即他相信引力波依然是不存在的。但这篇论文后来被认为其中涉及重要的计算错误而被《物理评论》杂志退稿了,这使爱因斯坦非常愤怒,也导致了他此后再也没有在《物理评论》杂志上发表过任何论文。后来,爱因斯坦与罗森合作的这篇论文发表在费城的《富兰克林研究所学报》(*Journal of the Franklin Institute*)上。相对于《物理评论》来说,这是一家名气小得多的刊

---

① [美]爱因斯坦:《爱因斯坦文集》,许良英、范岱年编译,商务印书馆1976年版,第367页。
② 同上书,第369页。
③ 同上书,第376页。
④ [美]丹尼尔·肯尼菲克:《传播,以思想的速度》,黄艳华译,上海科技教育出版社2010年版,第87页。

物。通过爱因斯坦与编辑的信件来往可以得知，这篇论文最初仍然是以原文的形式被杂志接收的，但之后是爱因斯坦主动和编辑联系要求对即将发表的论文进行修改，因为他“认识到他的证明是错误的，但仍未找到他一直在寻找的引力波解”。[①] 最终，这篇论文的题目被改为《论引力波》(“On Gravitational Waves”)发表了。就在爱因斯坦发现他的证明存在错误的第二天，他在普林斯顿大学有一场讲演，原计划是想阐释他的“新”结果，但后来爱因斯坦被迫在该演讲中演示了他证明的无效性。作为演讲的结束语，他说：“如果你们问我引力波是否存在，我必须回答：我不知道，但这是一个极为有趣的问题。”[②]综上可见，爱因斯坦作为引力波概念的创始者，其在关于引力波的实在性上是持一种不确定立场的。换句话说，爱因斯坦并不能确定引力波一定存在。

第二节　探测引力波实验的实验设计不确定

因为原理不确定，就导致了如何设计探测引力波的实验装置无法确定。如前所述，探测引力波实验原理无可依附，只能依照爱因斯坦的广义相对论。在科学史上，围绕探测引力波实验曾出现过两种技术——共振棒技术和激光干涉技术。显然，随着 2016 年 LIGO 声称在人类历史上“首次”探测到了引力波，如今人们已经很少提及共振棒技术了，但是当我们回溯科学史对两种技术的发展进行比较，不难发现：

第一，从实验原理来看，两种技术都是可行的。共振棒技术的原理是：因为引力与质量可以相互作用，因此可以通过测量物体的震动来测量引力波。这种技术最早的设计者是美国物理学家韦伯，他也是最早投身于这个领域的研究者：早在 1957 年，韦伯与著名的量子物理学家惠勒就共同发表了一篇论文，内容是关于引力波的真实性和可探测性。1960 年，在《物理评论》

① ［美］丹尼尔·肯尼菲克：《传播，以思想的速度》，黄艳华译，上海科技教育出版社 2010 年版，第 97 页。

② 同上书，第 98 页。

(*Physical Review*)上发表了另一篇论文，提出了探测引力波的基本设想和可能性。因为引力波很微弱，所以建造的引力波探测器必然要依靠一个质量很大的物体。当然，该物体可以是任意形状，比如圆柱体或球体。韦伯后来决定选用圆柱体是因为当有波束通过圆柱体时会激发共振棒的长轴，这样便于观察。并且，韦伯在棒上安装了压电晶体，这样当引力波通过棒时，就可以通过棒的形变而产生电压，记录引力波信号。在棒的材质上，韦伯选用的是铝棒，因为它有很高的"质量系数"——当有引力波通过时，其振动幅度会发生明显的变化，易于捕捉信号。为了避免环境震动的干扰，比如地震或者汽车经过产生的噪声，韦伯建造了两个探测器——一个被安放在马里兰大学高尔夫球场的洞穴中、一个在芝加哥的阿贡国家实验室，两个探测器都置于真空环境中由重达几吨的铝棒和连接在上面的压电传感器组成，两地间设有直线电话，只有当两台探测器同时探测到信号时才被看作是引力波信号。1969 年，韦伯在物理学权威杂志《物理评论快报》(*Physical Review Letters*)上公布了他获取的 1968 年 12 月 30 日至 1969 年 3 月 21 日之间发现的巧合的表格第一批数据。

激光干涉探测器的实验设计主要是参考了迈克尔逊和莫雷实验(在证明以太并不存在的实验设计)。因为引力波按照光速传播，于是可以根据引力波的四极变形设置两条垂直的干涉臂，然后用激光器发射出光束，光在传播到一定距离之后可以用反射镜把光反射回原点。光在其反射过程中由于受到引力波的影响，反射回来的光束的路径差正好等于一个引力波的波长。显然，干涉臂越长，则反射差越大，仪器的灵敏度也越高。臂越长，臂长的变化越大，越容易看到，所以，在其他条件相同的情况下，较大的干涉仪比较小的干涉仪更敏感。但即使是在最大的干涉仪中，在 4 千米的距离内，探测理论预测波所必须看到的臂长变化大约是原子核直径的千分之一(即 10^{-18} 米)。因此，它们的工作几乎是一个奇迹，"工作"并不一定意味着探测引力波，而是能够测量这些微小的变化。其应用激光光束来测量两条相互垂直的干涉臂的长度差变化。在通常情况下，不同长度的干涉臂会对同样的引力波产生不同的响应，因此干涉仪很适于探测引力波。在每一种干涉仪里，通过激光光束来量度引力波所导致的变化，可以用数学公式来描述；换句话说，假设从激光器发射出的光束，在传播距离 L 之后，被反射镜反射回原点，其来回过程中若受到引力波影响，则行程所用时间将发生改变，这种时间变化可以用数学公式来做定量描述。

最早提出可以用激光干涉技术来探测引力波的是两个俄罗斯人——M. 吉尔森斯坦(M. Gertsenshtein)和V. 普斯托瓦(V. Pustovoit)。1962年，他们在苏联的《实验与物理学杂志》上发表了一篇论文，提出了这种设想。事实上，韦伯也曾考虑过使用激光干涉技术来探测引力波，但是，在当时他认为激光干涉技术还不稳定，所以他最终还是决定使用棒式探测技术。1964年，韦伯和他的学生福沃德[①]在加利福尼亚州马利布市休斯研究所的实验室里建造了世界上第一台激光干涉引力波探测器。福沃德使用的是氦氖激光，干涉臂长为8米。在福沃德进行实验的同时，1969年，美国麻省理工学院的韦斯开始着手建造激光干涉引力波探测器——LIGO。“遗憾的是，他从未发表他的分析结果，只是将其交给了NSF，以换取该会对他所做的一项实验的资助。不过他的愿望没有达到。”[②]但是，如今人们却把韦斯奉为激光干涉探测引力波技术的先驱者。究其原因，科学知识社会学家柯林斯认为主要有三点：首先，韦斯是第一个分析出最佳操作模式、灵敏度和噪声源的人，这使他能够估算出适当的范围——臂长——可用于干涉仪的探测。其次，福沃德的许多想法是来自一个韦斯的熟人——阿科-埃弗雷特的菲尔·查普曼(Phil Chapman of Arco-Everett)。再次，韦斯仍然是探索引力波领域的领军人物，并且仍然在领导该团队项目。这意味着他在当前的国际干涉引力波探测项目中仍然占据举足轻重的地位，但这并不是说在这个大型干涉项目中韦斯不值得信任，而只是说外人对其中的情况不太了解。这种社会性因素也导致其他科学家的贡献在某种程度上被忽视了，比如德雷弗对干涉仪的贡献和韦伯作为探测引力波的先驱对这个领域的贡献。但这些并不是韦斯的错。可能有人会提出相反观点：因为韦斯不善于发表著作来表达自己的观点，这就使得他的工作需要经过更长的时间才能得到认可。

目前，世界上一共有5个激光干涉引力波探测器，按照干涉仪激光臂的长

---

① 韦斯在进行激光干涉引力波探测实验时，从未与福沃德进行过交流。后来，福沃德在离开韦伯团队后，也不再从事该领域的研究了。1997年，当福沃德在接受柯林斯的采访时，仍然对他和韦斯未能成功合作耿耿于怀。

② [澳]大卫·布莱尔、[澳]杰夫·迈克纳玛拉：《宇宙之海的涟漪》，王月瑞译，江西教育出版社1999年版，第187页。

度来排序的话，臂长最短的是德国、英国联合建造的GEO 600，臂长约为600米，位于德国汉诺威。意大利的VIRGO，臂长约为3 000米，位于意大利托斯卡纳(Tuscany)的比萨(Pisa)。臂长最长的探测器是美国的LIGO，它是由两个探测器组成，分别被称为L1和H1，臂长约为4 000米(2.5英里)，分别位于美国路易斯安那州的利文斯顿和华盛顿州的汉福德。此外，LIGO还有一个探测器叫H2，臂长约为2 000米，和H1共享一个外壳。

第二，从操作层面上来看，两种技术需要解决的主要问题是相似的，都是噪声问题。韦伯的反对者们批评韦伯棒的最大的问题是很难排除噪声。一方面，韦伯棒是直接测量棒的振动所带来的能量变化，对此，1971年，斯蒂芬·霍金和加里·吉本斯(Gary Ginnons)指出，不能把韦伯棒的振动直接等同于引力波的辐射。“因为棒总是振动的，引力波极有可能产生抵触振动的等同作用力，并因此而减少其振幅，也或者它有可能使棒的振动相位移动。”①另一方面，因为韦伯是用压电晶体来放大传输信号的。对此，1975年，斯坦福大学的罗宾·吉法德(Robin Giffard)和莫斯科州立大学的布拉金斯基说：“无论你的测量系统多么理想，也不管你使用什么样的振动传感器，你终将在引力波的测量中受到这种现象的限制。即使一个最完美的放大器也将对其所使用的测量系统产生不可避免的反馈，这是量子力学的直接结果。”②

共振棒引力波探测器很难区分噪声，主要有两个原因：首先，每次调节需要打开真空室，然后在关闭之后再次抽真空，将大容器抽空到低真空是耗时的。其次，很难找到噪声的来源，因为棒的振动本身就会带来噪声。为了最大限度地减少由于棒的振动所带来的噪声，共振棒技术经历了技术更迭——从室温棒(韦伯棒)过渡到低温棒。实验依据是当金属冷却后，它们会突然进入超导状态。这项技术的最初倡导者是美国物理学家比尔·费尔班克(Bill Fairbank)。他在1967年提出，如果将探测棒从室温(300开)冷却到液氦的沸点4开时，其热振动将减少至系数为4/300的值，这将显著地减少噪声，若将

① [澳]大卫·布莱尔、[澳]杰夫·迈克纳玛拉：《宇宙之海的涟漪》，王月瑞译，江西教育出版社1999年版，第159页。

② 同上书，第161页。

温度降至绝对温度以上40毫开，噪声的系数将被进一步降至100，这将会大大提升棒的灵敏度，同时减少棒的振动自身所带来的噪声。

按照费尔班克当初的设计目标，是要建造出能感觉到振幅为10^{20}分之一的引力波的探测器。这意味着引力波将改变物体之间的距离或棒的长度，改变量为10^{20}分之一。对于一个长达几米的棒来说，就意味着所探测的振动要达到10^{-20}米。这样的振动比韦伯所测量的振动还要小1万倍。在实际操作上，低温棒实验之难，远远超出预期。使用超温技术能够创造出灵敏度远高于韦伯的探测器，并且低温技术能够建造棒的噪声，磁悬浮又可以减少棒的振动。他们设想将约5吨重的棒放置于一个巨大的被称为低温恒温器的真空容器中，使之冷却到尽可能低的温度，而后使用超导线圈将棒浮悬，从而制造出超导振动传感器，以探测从中子星和黑洞形成传来的引力波。围绕这项技术，先后出现了三个探测引力波团队，包括意大利的弗拉斯卡蒂团队（ALTAIR棒）；由比尔·汉密尔顿（Bill Hamilton）领导的、位于美国路易斯安那团队（ALLEGRO棒）和由大卫·布莱尔（David Blare）领导的位于澳大利亚珀斯（NIOBE棒）的西澳大利亚大学团队。特别值得注意的是意大利的弗拉斯卡蒂团队，①意大利团队被看作是最专业的、资金最充足的。他们的领导者爱德华多·阿马尔迪（Edoardo Amaldi）掌握着相当多的资源。他与费尔班克有过接触。一位名叫科雷利（Correli）的意大利低温物理学家是第一个试图在意大利建造低温棒的人。科雷利实验棒的低温部分的外壳实际上就是一个大保温瓶或杜瓦瓶（Dewar），也被称为低温器，在实验首次运行时就倒塌了。阿马尔迪还招募了吉多·皮泽拉（Guido Pizzella），皮泽拉是意大利实验项目的主导人物。皮泽拉解释说，受韦伯和费尔班克的启发，他们开始建造一种叫作探索者（EXPLORER）的低温天线（后来将其安装在日内瓦）。然而，他们很快意识到“他们还有很多东西要学”，于是他们制造了两个原型：一个是小型低温装置ALTAIR，一个是室温天线GEOGRAV。② 其所面对的棘手的问题主要有：(1)温度的问题——对一个重达5吨的金属块如何实施制冷？在其最初运转

① 由于弗拉斯卡蒂的一些物理学家也在罗马的大学里工作，他们也被称为“罗马团”。

② Harry Collins, *Gravity's Shadow*, Chicago & London: The University of Chicago Press, 2004, pp. 226 - 227.

的10年间,低温引力波探测器的运转温度为4开。即使在这个非常容易达到的温度,要获得良好的工作效果也是异常艰难。(2)超导的问题。对于较小质量的物体来说,超导状态是较容易实现的。但对于巨大的金属棒而言,想让其达到超导状态是难以实现的。(3)低温棒因为无法解决上述两个主要问题,因此依然无法达到去除噪声的理想状态。任何运动感应器,即使其非常敏感,也会产生微弱的电阻,而有电阻就会产生噪声。可以说,低温棒技术不但没有很好地解决噪声的问题,反而因为其技术操作过于复杂、花费高昂而将自己拖入泥潭。低温棒技术操作之难,就如低温棒的另一主要设计者汉密尔顿所言:"低温实验有两条原则……按照费尔班克原则'在低温状态下,任何实验都会容易些'……然而,'在低温状态下,任何实验都更难些'。"[①]他们前后一共花费了20余年,不断改进低温棒的设计,最终才使低温棒正常工作。

同样,激光干涉技术所面对的主要问题也是噪声的问题——干涉仪由于其灵敏度很高,因此很容易受到外界干扰。早在1881年,迈克尔逊第一次在柏林尝试干涉实验时就因为受到干扰而失败了,之后他把这个实验搬到了波茨坦更安静的地方。但是,只要有人在距离实验室100米远的地方跺下脚,实验就会受到干扰。直到几年后迈克尔逊和莫雷才找到使实验免受干扰的方法。

对激光干涉仪来说,并不是说只要"开机",它就能测到引力波,它首先必须要一种绝对静止即"锁定"(Lock)状态——"'锁定'是一种状态,其中控制反射镜振荡的反馈电路网必须是平衡的,这样才能保证反射镜是静止的,使得激光可以在其间反射,最大限度地确保测量两臂的相对长度的准确性。"[②]但是,LIGO探测器对地震极其敏感,它本身就相当于是一个大型的地震仪。此外,比如飞机的低飞、火车的经过、卡车的行驶、建筑工地上打桩或使钻头以及爆破都有可能会使探测器"脱锁"(out of lock)。并且,太阳和月亮会导致反射

① Harry Collins, *Gravity's Shadow*, Chicago & London: The University of Chicago Press, 2004, p. 218.

② Harry Collins, *Gravity's Ghost*, Chicago & London: The University of Chicago Press, 2011, pp. 16 - 17.

镜发生晃动，需要借助磁场让它们回到基准位置。此外，还需要使用地震仪和液压随动系统来探测地球的局部运动，以补偿反射镜发生的位移，所有这些措施都会产生各种形式的噪声，这种情况如柯林斯在《引力波阴影》中所描述的：①

> 这些计算的一个特点是占空比。当干涉仪处于“开启”状态时，它并不总是处于进行观测的状态。首先，需要固定的一段时间进行必要的维护。有时由于环境太吵，探测器无法达到“科学模式”。噪声可能来自科学家们喜欢称之为人为造声源的东西，飞机在场地上空低飞，打桩或使用风钻，卡车运送物资，在路易斯安那州，火车经过，原木被砍伐，更可怕的是设备爆炸或天然气勘探都会导致 eLIGO 在开始运行前，需要关闭整个探测器一两个月。停机时间也可能由自然事件引起。大的噪声如足以使探测器脱离科学模式的地震干扰，小的噪声多半是由风暴引起的，风暴使巨浪或海风冲击海岸，或风引起的建筑物或地面的震动。

探测器里还经常会有虫子、蜘蛛和老鼠，这些都会给探测带来麻烦。即便是干涉仪处于“锁定”状态，反馈电路也经常会发生问题。在 1972 年美国麻省理工学院的林肯实验室(MIT’s Lincoln Research Laboratory of Electronics, RLE)的年度报告和 1974 年韦斯向美国国家自然科学基金会(NSF)提交的探测引力波实验的申请书中都详细列举了激光干涉引力波探测器要解决的各种噪声，主要包括：(1) 激光输出的振幅噪声，根据韦斯的说法，这与“激光发射噪声”(laser shot noise)有关，即在激光发射的过程中不可避免地会产生激光发射率的变化，以及光子最终到达探测器所引起的光子数量的变化——同样是一个统计问题。与所有这些噪声源一样，它们之所以引人注目，只是因为它们与我们试图看到的异常小的扰动相比。(2) 激光相位噪声或频率不稳定，这与激光频率的波动有关。(3) 天线内的机械热噪声。这种噪声源是由于反射镜和组成反射镜材料的“布朗运动”引起的反射镜的不必要的运动。解决办法是确保干涉仪各元件的固有频率处于比预期引力波的频率低得多和(或)高

① Harry Collins, *Gravity’s Ghost*, Chicago & London: The University of Chicago Press, 2011, p. 16.

得多的频率范围内，使这个噪声源不会被误认为是引力波。(4) 激光辐射压力噪声，这是由于当激光功率变化时，照射在镜子上的辐射压力波动引起的镜面运动。(5) 地震噪声，通过对高频悬浮物的合理设计和对低频大范围运动的补偿反馈机制，可以消除地面的噪声。(6) 热梯度噪声，这种噪声的最大来源是由于光束加热了镜面，从而加热了(不可避免地)不完全真空的光束管中的任何残余气体分子。撞击热镜表面的残余分子会比撞击冷镜背面的分子反弹得更猛烈，这可能会以一种不受欢迎的方式移动镜子。(7) 宇宙射线噪声，这是宇宙射线对天线的冲击所产生的噪声。韦斯设想有必要把镜子放在地下以避免这种噪声。(8) 引力梯度噪声，这种噪声是由引力场的变化引起的，它会影响镜子。例如，如果干涉仪周围的气压发生变化，空气袋就会改变它们的密度，从而改变它们对镜子的引力。同样的道理也适用于地面的密度波动或探测器附近任何巨大物体(包括人)的运动。同样，这些微小的力之所以引起人们的兴趣，只是因为探测器的预期灵敏度。(9) 电场和磁场噪声，尽管天线将被屏蔽，不受电磁源的影响，但没有一种屏蔽是完美的。即使是对世界上最精密的探测器 LIGO 而言，由于无法避免噪声，在最初的两年时间里它所作的工作仅是搜集数据而已。从第一次进入锁定状态开始，LIGO 花费了 4 年时间进行调试，才实现了灵敏度设计目标。可见，从引力波探测器上获取数据并不像读取电表那样简单。

第三，就两者的关系而言，两种技术并不是一种前后相继的关系，而是一种竞争关系。首先，从时间上看，两种技术的发展其实是一种此消彼长的关系。对韦伯棒而言，韦伯从 1958 年(或 1959 年)开始考虑建造共振棒，从 1960 年开始组织团队。韦伯棒的声誉在 1969 年达到顶峰，并持续了 5 年左右。自 1975 年之后，韦伯的言论开始遭到物理学界的抵制，韦伯棒技术也随之受到冷遇。对低温棒而言，费尔班克在 1967 年开始建造低温棒，之后围绕这项技术，先后出现了三个探测引力波团队，包括意大利弗拉斯卡蒂的 ALTAIR 棒团队、美国路易斯安那的 ALLEGRO 棒团队和澳大利亚珀斯的 NIOBE 棒团队。在 2000 年左右，低温棒实验逐渐停止。整体上，棒式探测技术在前期发展得都比较顺利，但之后就开始陷入困境。然而，造成两者陷入困境的原因并不尽相同。对低温棒技术而言比较简单，主要是技术难题无法攻克；而使韦伯棒陷入困境的主要原因则是“人为的”。

韦伯早年做过电气工程师，设计过雷达，这段经历使韦伯的实验技术非常过硬。但是韦伯最被人诟病之处在于他不断调整他的仪器参数和数据处理，直到一个信号清晰地显示出来。韦伯的想法是，他认为引力波就在那里，所以我们首先要做的是测到引力波，之后才是不断提高探测器的精度，就好像韦伯早年设计雷达去寻找敌方的潜水艇那样。但韦伯的这种做法就会给人一种“造假”的嫌疑。在科学史上，判定韦伯实验不可信的“官方”说法是：“在IBM实验室、贝尔电话实验室与巴黎、慕尼黑、罗马、格拉斯哥和莫斯科的探测器，都重复着韦伯的寻找工作，但他们什么也没有发现。”①标志性事件是1972年年末在麻省理工学院召开的引力波理论研讨会。然而，事实上，就上述实验室而言：

一方面，由德雷弗领导的格拉斯哥实验室的探测是获得了一些数据的，但他却不愿意把这些数据公开：“在你获得足够充分的证据之前，你必须保持机器的长时间运转，特别是在这个领域，韦伯的实验受到了很多争议，因此没人愿意出头，除非他有十足的把握……所以每个人都会很小心。在结果没有得到确定之前，没有人会多说话，但这需要很长时间。……现在我们的设备还在运转，它测到的可能是引力波，但我不能说那就是引力波。”②由贝尔实验室的泰森建造的两个探测仪也测到了一些重合的信号，“并且，韦伯声称，贝尔实验室的研究小组还发现当把他们在一段时间内的数据输出与韦伯的数据进行比较时，会出现四个标准差的结果”。③ 但是，泰森却认为这些信号在“恒星时间里是没有意义的”，“你确实得到了与恒星时间相关的一个小碰撞，但我不愿意将其解释为任何事。”④再者，德国的慕尼黑小组曾直接获得过一组与韦伯的实验结果一致的数据，韦伯认为这些数据可以支持他的结论，他一再督促慕尼黑小组公开这些数据，但最终得到了否定的答复。

---

① ［澳］大卫·布莱尔、［澳］杰夫·迈克纳玛拉：《宇宙之海的涟漪》，王月瑞译，江西教育出版社1999年版，第157页。

② Harry Collins, *Gravity's Shadow*, Chicago & London: The University of Chicago Press, 2004, pp. 119 – 120.

③ Ibid., p. 121.

④ Ibid., p. 120.

另一方面，对于所有重复韦伯实验的实验室而言，没有一个是严格意义上的“副本”。也就是说，他们没有采用和韦伯一模一样的实验设计，在相同的时间段里获得数据，然后完成名副其实的比较。韦伯遗孀特林布尔说：“韦伯认为，没有人毫厘不差地重复他的实验，因此宣布他的实验结果无法证实的那些人并不是百分之百的诚实可靠。重复程度最高的两个团队（一个是日本团队，另一个是爱德华多·阿马尔迪生前领导的罗马团队），的确得到了与马里兰大学实验相似的观察结果。SN1987A 爆发（1987 年的超新星爆发，由于距离非常近，肉眼可以观察到）时，甚至还有两篇论文报告了罗马团队与马里兰大学实验室同时有所发现的事实。刚开始时，弗拉基米尔·布拉金斯基，在 1971 年 7 月哥本哈根会议之前给韦伯寄了一张明信片，称他已经证实了韦伯的实验结果。结果，布拉金斯基没有拿到出国签证，未能前往哥本哈根。他那张明信片的意思可能是‘我完成了重复实验’。不过后来，布拉金斯基改口了。2012 年 12 月，我在巴西圣保罗参加一次研讨会时。在演讲过程中展示了那张明信片。但是投影设备展示的是明信片正面的图片，而且上下颠倒了。”①明信片的背面有好几个邮戳，还有布拉金斯基手写的几行字：②

亲爱的韦伯教授：

祝您新年快乐！希望能与您在丹麦会面，因为我想当面告诉你，我已经证实了您的实验结果。

而对激光干涉技术而言，其发展也并不尽如人意。韦斯是从 1969 年开始着手设计激光干涉仪的，但韦斯最初的实验进行得非常不顺利，他几乎拿不到任何针对该项目的资助。回顾当时的窘境，韦斯说：“当时我竭力向系里解释，我为什么要探测引力波。我告诉他们，我的动机之一是寻找黑洞。可是他们说黑洞根本不存在，让我不要再提这件事。”③这种情况就如韦斯所言：“关于韦伯的争论给这个领域留下了一个破坏性的遗产。”④

---

① [美] 珍娜·莱文：《引力波》，胡小锐、万慧译，中信出版社 2017 年版，第 143—144 页。

② 同上书，第 144 页。

③ 同上书，第 107 页。

④ Harry Collins, *Gravity's Shadow*, Chicago & London: The University of Chicago Press, 2004, p. 293.

之后，激光干涉技术的发展进入了各自为政的阶段，产生了两个主要的研究团队。

一个团队是韦斯团队，在韦斯的游说下，美国物理学家索恩于1980年左右加入该团队。索恩本来是做黑洞研究的，对于引力波不感兴趣。但是20世纪70年代末他在华盛顿召开的一次会议上遇到了韦斯，韦斯不断地向他解释自己的理念，这使索恩改变了初衷：1975年，韦斯和索恩一起出席了美国国家航空航天局在华盛顿哥伦比亚特区举行的一次会议。当时索恩正准备向加州理工学院提交成立引力实验研究项目组的申请，他出席这次会议的目的是为撰写申请报告，搜集相关资料。韦斯回忆说："我在华盛顿机场等着接基普，而在此之前我没见过他。第一眼看到他时，我不禁'啊'了一声。流留着稀疏的长发，打着领结，手腕上戴着腕带。我觉得他是一个稀奇古怪的家伙，也许在他眼中，我也非常古怪吧。后来我发现我们是普林斯顿大学的同级校友。我还发现他是一个讨人喜欢的家伙。虽然他看上去疯疯癫癫的，很快我就跟他熟络了。"①谈到他们随后参加的那次会议时，韦斯说："我们通宵畅谈，一夜未眠。当时基普一直在思考'如果想通过实验研究万有引力，加州理工学院需要完成哪些工作呢？'"②索恩在回忆起他与韦斯的通宵交谈时说："从20世纪70年代到20世纪80年代，再到20世纪90年代，我们经常秉烛夜谈。"③

1978年左右，韦斯也在麻省理工学院建造了他的长度1.5米的激光干涉仪，但是，该干涉仪的灵敏度非常差，捕捉不到任何从太空传来的声音，以至于韦斯的同事曾讽刺他说："我们直接看看窗外，效果也比这些机器好。"雷纳的第一批以引力波作为毕业论文题目的学生，遭到了论文答辩委员会的刁难。这些学生建造的1.5米原型机的灵敏度不高，绝不可能捕捉到真的从太空中传来的声音。即使外面有星体爆炸，这些机器也不会有反应。

另一个团队是英国格拉斯哥大学的物理学家德雷弗组建的团队。早在1970年左右，德雷弗在格拉斯哥大学采用的是棒式技术来探测引力波的。

---

① ［美］珍娜·莱文：《引力波》，胡小锐、万慧译，中信出版社2017年版，第46—47页。
② 同上书，第47页。
③ 同上。

1979 年他去了麻省理工学院，改用激光干涉技术，在那里他建造了第一台 40 米长的激光干涉仪，成为 80 年代世界上最灵敏的干涉仪。

1983 年 10 月，经过 3 年时间，雷纳与麻省理工学院的同事在 419 页的蓝皮书中，对建造激光干涉仪的技术细节和取得的结果做了详细的综述。并且，在这份报告中韦斯强调激光干涉引力波探测器的建造已经被视为一项行业性研究了。韦斯把他的计划告诉了德雷弗，要求合作，但最初德雷弗说："我来加州理工学院的目的不是与你合作，而是搞自己的研究，我为什么非得和你合作呢?"①是在索恩的调和下，以韦斯为代表的麻省理工学院和以德雷弗为代表的加州理工学院最终达成共识，双方共同牵头向美国国家科学基金会提交了一份关于"长基线激光干涉仪的研究报告"，申请到 1 亿美元资助。这成为激光干涉探测引力波技术发展的转折点和关键点，这份报告被称作《蓝皮书》。此后，正式确立了 LIGO 技术研发的"三驾马车"——韦斯、索恩和德雷弗。

然而，值得注意的是，在《蓝皮书》的摘要部分写道："人们也许期望这次研究可以得出肯定的结论，但是情况有可能出乎人们的意料，比如基本概念可能有瑕疵，技术准备可能不充分，成本可能高到不可思议的程度，研究表明人们担心的这些问题可能都不会发生。"②并且，《蓝皮书》对于项目是否可以得到资金支持，没有做出任何保证。这份行业研究报告本身也不具备申请报告的效用，但是《蓝皮书》有力地证明了实验目标是可以实现的。不久之后，这个项目被命名为 LIGO。原本索恩想将其命名为"束流检测仪"，但是雷纳认为这个名字的科幻色彩太浓，后来他决定用"激光反射引力波天文台"(Laser Interferometer Gravitational-Wave Observatory)的首字母"LIGO"来命名。

可见，"在一场科学争论中，技术上的争论很少能说服所有人，而有效的解决方法来自大多数科学家决定他们应该每天采取的行动"。③ 换句话说，从技

---

① [美] 珍娜·莱文：《引力波》，胡小锐、万慧译，中信出版社 2017 年版，第 113 页。

② 同上书，第 118 页。

③ Harry Collins, *Gravity's Shadow*, Chicago & London: The University of Chicago Press, 2004, p. 30.

术层面上，关于共振棒和激光干涉技术并不存在孰优孰劣，是"……那些因利用共振棒以检验韦伯的探测结果而失望的物理学家们，一下子陷入了进退维谷的地步：有人甚至放弃了这一领域；而对那些仍然不肯轻易放弃探测的人来说，他们只有两条路可走，要么按照费尔班克的目标，继续在低温棒上打主意，要么使用并改进激光干涉仪。"①

而两种技术团队在竞争的同时也有合作。如前所述，韦伯棒在很早以前便失去了可信度，甚至于"在大多数科学家认为韦伯不可信很久之后，一个总部位于罗马附近的组织发表了几篇论文，声称他们测到了引力波。声称测到了信号的有罗马的低温棒、日内瓦的低温棒、澳大利亚的低温棒，这些实验室的室温棒所测的数据和韦伯测到的数据之间有重合。对此，探测引力波的共同体中有些成员直接忽略了这个事实，而有些人则对此表示愤怒"②。围绕着探测引力波实验就只剩下低温棒和激光干涉技术，这两种技术就像二分法，占据了两个极端。LIGO 自 1996 年建成，在之后的 4 年时间里没有探测到任何引力波信号。加之激光干涉仪的运行非常昂贵(LIGO 只是初级计划，还要将众所周知的 LIGO 即 LIGO1 升级到 LIGO2)，这使激光干涉的资金支持面对很大风险。"因此，LIGO 的科学家认为 LIGO 的未来受到了威胁，因为他们认为棒共同体的成员可能会进一步不计后果地报告错误的结果。"③换句话说，激光干涉团队很担心低温棒团队在他们之前测到引力波。

然而，低温棒小组并非在真正意义上脱离了 LIGO。他们必须抓紧时间，因为他们正在逐渐失去资金支持的可信度，而一旦激光干涉仪真正投入使用，探测的灵敏度会远超过他们，因此，低温棒团队所要做的就是尽可能迅速地找到信号。对低温棒的设计者布莱尔而言，他在对待干涉仪的立场上有点模棱两可——在宣布与罗马团队低温棒的信号重合的同时，他也在澳大利亚着手建造一台大型激光干涉仪。特别是 ALLEGRO 棒团队，他们和 LIGO 之间有

---

① ［澳］大卫·布莱尔、［澳］杰夫·迈克纳玛拉：《宇宙之海的涟漪》，王月瑞译，江西教育出版社 1999 年版，第 187 页。

② Harry Collins, *Gravity's Ghost*, Chicago & London: The University of Chicago Press, 2011, pp. 11 - 12.

③ Ibid., p. 412.

着千丝万缕的联系：ALLEGRO 和 LIGO 建在了同一个地点——美国路易斯安那州。因为地域上的关系使他们之间的联系更加紧密，LIGO 不但给了 ALLEGRO 一定意义上的技术和人员支持，并且两者还受同一委员会资助。“……约翰逊和比尔·汉密尔顿在一定程度上确实在试图并在一定程度上与 LIGO 进行了合作的工作，同时继续自己的棒的研究工作。最后一个转折是 ALLEGRO 被重新设计，这样它可以被重新定向到与 LIGO 最敏感的方向平行或反平行，从而作为 LIGO 网络中的一个额外的探测器。”①双方合作的原因就在于，谁也不确定哪一种技术会最先探测到引力波。

物理学中有句名言叫“跟着钱走”。到了 1997 年中期，NFC 资金支持的天平已经毫无疑问地倾向 LIGO 项目，并且资金在逐年增长。这大大压缩了低温棒技术团队的生存空间，ALLEGRO 的约翰逊不得不把时间分成两半，一半时间参与 LIGO 项目，他参与了镜面悬挂的设计；一半时间留给 ALLEGRO 棒。就连汉密尔顿也在加州理工学院开始着手研究建造臂长 40 米的干涉仪。

第三节　对探测引力波实验的结果判定存在很大不确定性

2002 年，代表探测引力波实验的低温棒技术的最后阵地——EXPLORER 棒团队的观点被推翻：2002 年 11 月，探测引力波实验中共振棒技术的代表者“罗马军团”发表了一篇论文，声称在 2001 年他们看到了两个低温棒探测数据之间的重合——一个位于弗拉斯卡蒂，一个位于日内瓦。但这篇文章在出版后，“罗马军团”立刻遭到一系列冲击。此后，探测引力波实验的低温棒技术阵营一蹶不振，探测引力波实验彻底变成激光干涉技术的舞台。

2002—2007 年，探测引力波实验进入短暂的沉寂期。在这段时间里，对于大部分人来说剩下来的工作有些无聊：以 LIGO 为主的激光干涉引力波探测

① Harry *Collins*, *Gravity's* Shadow, Chicago & London: The University of Chicago Press, 2004, p. 414.

实验的主要工作就是例行公事——分析数据，论证引力波的上限值是多少。因为所谓的引力波信号是和噪声夹杂在一起的，这首先要对搜集到的数据进行甄别。LIGO的数据分析过程主要包含两个步骤：

首先，“突发事件组”(Burst Group)要搜索引力波信号。其中涉及的引力波信号源主要有四种类型：(1)任何非对称旋转的恒星都有可能发射引力波；(2)脉冲星的旋转会产生引力波；(3)所有的致密双星系统合并时会发出引力波；(4)某些来源不明或形式不明的突发信号，它可能是由超新星或是一些尚未被理解的星体发出的。困扰突发事件组的难题主要有两方面：其一，探测器的灵敏度问题。尽管第一代LIGO探测器完成了6次科研运行(S6)，但它们只能观测到大约4 500万光年距离范围内的成对中子星，最远可达附近的室女座星系团。但这远远不够，2002—2007年因灵敏度不达标，LIGO没有测到任何信号。之后，LIGO从“最初的LIGO”(LIGO1)升级到“增强型LIGO”(LIGO2)，这之后又升级到“高级LIGO”(AdLIGO)。“eLIGO”算是“半代升级”，因为它只采用了“AdLIGO”的部分组件，探测灵敏度较之前提升了2倍左右。“AdLIGO”虽然和“LIGO1”安装在同一真空外壳中，但其安装了新的组件，探测的灵敏度提高了8倍左右。其二，证据阈值的问题。如果证据阈值设置得太高，那么就很难得到数据；而证据阈值过低的话，测到的假信号也就越多，就会给数据分析造成麻烦。这就要给引力波探测制定一个标准。正如2002年12月在日本京都召开的引力波国际委员会(GWIC)会议上LIGO主任巴里什在会议上所说：“我们要想在这个共同体中获得结果，就必须要制定我们自己的标准。对于那些共同体之外的人来说，可以公平地说，我们这个共同体的声誉并不好——过去取得的那些结果并没有很好地服务于这个共同体，我认为获得信任和做正确的事是很重要的。”①LIGO在S5阶段上，L1和H1的探测范围约为14—15兆帕，H2的范围约为前者的一半，因为它的长度是另外两个探测器的一半。

其次，数据分析小组要区分哪些信号是噪声发出的、哪些是引力波。他们所使用的技术为“模板匹配”(template matching)。所谓“模板匹配”，简单

① Harry Collins, *Gravity's Ghost*, Chicago & London: The University of Chicago Press, 2011, p. 58.

说来，即数据分析小组在探测之前预先建造一个“模板数据库”，里面包含了不同的“旋近”(inspiral)场景，比如第一个模板中包含着的是两个太阳质量1.4倍的中子星旋近模式；第二个模板是一个太阳质量1.4倍的中子星和一个太阳质量10倍的黑洞旋近模式；第三个模板是两个太阳质量20倍的黑洞旋近模式……由于所涉星体不同、质量不同，模板也不尽相同。人们也习惯将这个小组称为“旋近小组”或“CBC小组”(Compact Binary Coalescence, CBC)。旋近小组的主要工作即是从包含着上千个模板的数据库里挑出和“突发事件组”提供的信号相匹配的模板，这个过程其实就是一个不断“试错”的过程，所以它总是出问题。正如2009年4月一位旋近小组的成员向上级汇报的那样：“回复：[CBC]12到18，因为V4的校准问题，我们需要再次—再次—再次—再次—再次—再次—再次—再次—再次—再次运行我们的上限。”①

综上可见，不论是对“突发事件组”还是对“旋近小组”而言，科学发现都不是像“先按红色按钮，然后按黄色按钮，然后按黑色按钮，然后就有东西出来了”那般简单，“数据分析就和实验一样，包含着大量的试验和错误”。② 这就导致了对探测引力波实验结果的判断存在很大的不确定性。在LIGO探测引力波的历史上，至少有三次之前被认为是引力波信号而后又推翻了之前说法的乌龙事件的——“飞机事件”“秋分事件”和“大犬事件”。

在传统的科学观中，我们对实验的判定主要依靠证据。然而，在探测引力波实验中，不但“把什么看作是证据”很难准确确定，甚至于像波普尔所说的那样想要对证据进行“证伪”都很难——物理学界分别花了4个月、18个月和6个月来讨论前述的飞机、秋分和大犬事件所探测到的信号究竟是不是引力波信号。当实验结果不能确定时，突发事件组和旋近小组之间对于是否要公布实验结果时常是有冲突的，比如以“秋分事件”为例，旋近小组认为：“我绝不会在报纸上发表这一声明，因为我们缺少足够的信息来支撑这一观点，所以不能这样说。因此事实的真相我们可能永远都不知道[除非是盲注]。我们可能永

---

① Harry Collins, *Gravity's Ghost*, Chicago & London: The University of Chicago Press, 2011, p. 26.

② Ibid.

远也达不到这种信噪比的水平，所以说事件被认为是引力波‘并非毫无疑问’——我认为这种说法本身[毫无意义]……不管这个事件是不是引力波，我们都不能这样说。”[①]而突发事件组对此则表示不满：“我们不知道它在哪里；我们不知道它是什么；我们甚至不确定我们看到了什么。不能公布。这就是这次搜索和其他搜索之间的区别。对吗？”[②]

从上述两者对实验结果的态度可以看出，探测引力波实验的科学文化是割裂的，存在两种观点：一种是比较激进的证据的个人主义（evidential individualist），这种观点认为“在一项科学成果离开实验室之前，对其有效性和意义承担全部责任的是作者或该团体”。[③] 持这种观点的科学家倾向于在实验的过程中应当及时地公开实验结果及相关数据，以便共同体中的其他成员能够尽快地证明或修正其主张，比如韦伯。但这种科学观是很危险的，因为数据虽然是客观的，但如何解释数据则是带有个人倾向的。即“当你公布了数据和结果时，它就有了血统，而你作为科学家的声誉就取决于你如何分析和解释它”。[④] 另一种是比较保守的证据的集体主义（evidential collectivist）科学观，它强调包括其他实验室在内的整个科学共同体都应当参与到对实验结果的评估中来。通常，持这种观点的科学家在结果确定之前，不会发表任何东西，比如韦斯。他从未发表过与探测引力波有关的论文，他的观点是：“[1975]我倾向于不发表任何观点。我喜欢公布已经完成的实验。然后——你知道——一旦你提出观点，就有人会跟上，可能这不是一个好的策略。但最终我认为做自己最重要。”[⑤]然而，从整体上看，由于实验过程存在很大的不确定性，因此，探测引力波实验的科学文化是以证据的集体主义为主导的。在这种科学文化的引领下，对实验室之间的合作提出了更高的要求，即要实现探测引力波实验科学共同体的数据共享化。为此，早在 2006 年年底，世界上三大引力波探测器——美国的 LIGO、意大利的 VIRGO 和德国的 GEO 就建立了科学合作组

① Harry Collins, *Gravity's Ghost*, Chicago & London: The University of Chicago Press, 2011, p. 87.

② Ibid.

③ Harry Collins. *Gravity's Shadow*, Chicago & London: The University of Chicago Press, 2004, p. 389.

④ Ibid., p. 409.

⑤ Ibid., p. 273.

织“LSC - VIRGO”(LIGO Scientific Colliboration - VIRGO),并定期召开联席会议。综上可见,在以探测引力波实验为代表的“大科学”实验中,由于实验中的各种不确定性因素的影响,导致实验的场域已经走出了实验室,变成了一种行业性实验。

第六章　真信号？假信号？

——围绕 GW150914 信号可信度的争论

2015 年 9 月 14 日，LIGO 在人类历史上第一次直接探测到了一个质量为 29 倍太阳质量的黑洞与另一个质量为 36 倍太阳质量的黑洞碰撞合并产生的引力波。2016 年 2 月 11 日，美国国家科学基金会召开新闻发布会向全世界宣布，LIGO 在人类历史上首次直接探测到了引力波信号。然而，消息一经公布，LIGO 探测到的信号的真实性即遭到了包括中国科学家在内的诸多科学家的质疑。甚至，在此之前，在 LIGO 内部针对 GW150914 信号的真实性也已经展开了关于信号的发现过程、仪器的灵敏度、是否要公开实验结果等一系列争论，这些争论可以从 LIGO 内部的往来邮件中一窥究竟。

第一节　LIGO 历史上第一次探测到引力波信号 GW150914

2016 年，美国当地时间 2 月 11 日上午 10 点 30 分（北京时间 2 月 11 日 23 点 30 分），NSF 召集了来自加州理工学院、麻省理工学院以及 LIGO 的科学家在华盛顿特区国家媒体中心召开新闻发布会，时任 LIGO 研究中心主任大卫·瑞兹（David Reitze）在发布会上说："女士们，先生们，我们测到了引力波。我们做到了。"标志着人类首次直接探测到了引力波实验宣告成功。

图 6.1　2016 年 2 月 11 日，LIGO 召开新闻发布会现场图①

在这场发布会上，LIGO 向全世界展示了他们在汉福德（H1，图 6.2 左图）和利文斯顿（L1，图 6.2 右图）两个观测站探测到的引力波信号，时间发生在 2015 年 9 月 14 日 9 点 50 分 45 秒，为了纪念这一不平凡的历史时刻，他们将这次探测到的引力波信号称作“GW150914”。两组信号如图 6.2 所示：

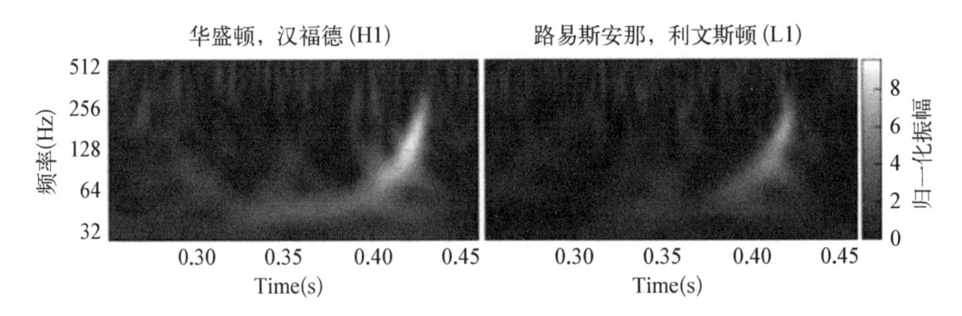

图 6.2　在汉福德（H1，左）和利文斯顿（L1，右）探测到的引力波信号

① 从左到右分别为基普·索恩（Kip Thorne，LIGO 创始人之一）、弗朗斯·科尔多瓦（France Cordova，美国国家科学基金会主任）、雷纳·韦斯（Rainer Weiss，LIGO 创始人之一）、大卫·瑞兹（David Reitze，LIGO 执行主任）、加百列拉·刚萨雷斯（Gabriela Gonzalez，LIGO 科学合作组织发言人）。

GW150914 信号先到达 L1，随后到达 H1，前后相差 7‰秒，该时间与广义相对论预言的两个相互旋绕的黑洞在旋进、合并及最后生成新的单个黑洞衰减振荡时引发的时间相匹配。信号的频率范围为 35—250 Hz，峰值应变幅度为 1.0×10^{-21}，波源的亮光度距离为 410^{+160}_{-180} Mpc①，相应红移 $z=0.09^{+0.03}_{-0.04}$，波源中初始黑洞的质量分别为 $36^{+5}_{-4}M\odot$ 和 $29^{+5}_{-4}M\odot$，②这表明有 $E=3.0^{+0.5}_{-0.5}M\odot c^2$ 的能量在合并过程中以引力波的形式辐射出去。用匹配过滤器(matched filering)观察到这个事例，组合信号噪声比为 SNR＝24，误报率小于每 20 300 年 1 次，相应于显著性 5.1σ，按照科学上的惯例，显著性在 5.1σ 以上即可定义为确定的新发现，例如举世闻名的希格斯粒子被发现时其显著性是 5.2σ 。

第二节　针对 GW150914 信号真实性的质疑

虽然 LIGO 在新闻发布会上公开了探测引力波信号 GW150914 的各种参数，但是自此次结果公布以来，对 LIGO 的质疑声便不绝于耳：2016 年 2 月 15 日，中国物理学家梅晓春就给瑞兹教授发电子邮件，告诉他 LIGO 项目设计的基本原理和实验上都存在很大的问题，他们并没有发现引力波。梅晓春明确指出："问题是，LIGO 真的观察到两个黑洞并合了吗？没有，根本没有！作者仔细阅读了 LIGO 发表在美国《物理评论快报》上的论文，没有找到一个字说他们实际观察到双黑洞并合的天文现象。LIGO 采用的是倒推的方法，根据激光干涉仪上出现的信号，与爱因斯坦引力理论做计算机拟合，得出在 13 亿年前离地球 13 亿光年的某个地方发生了两个黑洞合并事件的结论。"③梅晓春强调他们的实验只是计算机模拟，没有发现引力波爆发源；他们的计算错用了广

---

① pc 为秒差距，是天文学中的长度单位，另一个长度单位是光年 ly，即光在真空中传播一年走过的长度，有的报道中说这个波源的距离为 13 亿光年，就是根据 1 pc≈3.262 ly 换算得来的。

② $M\odot$是太阳质量，最后形成的克尔黑洞的质量为 $E=3.0^{+0.5}_{-0.5}M\odot$。

③ 梅晓春、俞平：《LIGO 真的探测到引力波了吗？——电磁相互作用的存在导致 LIGO 探测引力波实验无效》，《前沿科学》2016 年第 10 卷第 1 期，第 80 页。(英文版论文参见 X. Mei, P. Yu, Did LIGO reallydetect gravitational waves? Journal of Modern Physics, 2016, No. 7, pp. 1098 - 1104。)

义相对论的公式，计算结果无效；他们的论证方法是循环论证，在逻辑上无效；他们的实验无法克服电磁相互作用的强大影响，不可能发现引力波。2 月 25 日，梅晓春和俞平把他们的正式文章《LIGO 真的发现引力波了吗？》传给韦斯教授和近百名 LIGO 项目主要成员，要求他们停止错误的宣传，不要误导科学界和媒体大众，并认真考虑实验存在的问题。

德国普朗克物理研究所的物理学家沃尔夫冈·恩格尔哈特（Wolfang Engelhardt）2016 年 6 月在网上向诺贝尔物理学委员会主席奥尔·伊格纳斯（Olle Inganas）发表公开信，对 LIGO 的实验结果表示质疑，全文如下：①

> 亲爱的伊格纳斯教授：
>
> 2016 年 2 月 11 日，LIGO 团队在 PRL 上发表论文“Observation of gravitation waves from a binary hole merger”，提出了发现引力波的实验证明：用臂长 4 千米的迈克尔逊干涉仪在几分之一秒内进行测量，40 千克的镜发生 10^{-18} m 位移，即应变 10^{-21}。……必须指出，10^{-18} m 相当于质子半径的千分之一，(分析后的)结论是，所宣布的系统精度的实验证据并不存在，不能被科学共同体接受。……非常可能，GW150914 是某个测试信号注入系统造成的。所谓第二次发现(GW151226)的信号极弱，很难与噪声分开辨认。
>
> 过去有约瑟夫·韦伯宣布“发现了引力波”，为重复其测试的多个团队却得到零结果——Nobel 委员会不颁奖给 Weber 十分英明。现在，显然要做更多工作，人们需要等待。
>
> 沃尔夫冈·恩格尔哈特

同一期间，巴西科学家波利卡波·乌利亚诺夫（Policarpo Ulianov）也指出，LIGO 实验用迈克逊干涉仪测量引力波是不可能成功的，因为它与 100 多年前迈克逊测量地球绝对运动的实验结果相悖。② 他同时发现 LIGO 实验只监测美国电网电压，没有监测电力输出频率，证明 LIGO 的引力波信号可以由

---

① Engelhardt W.，“Open letter to the Nobel Coremittee for Physics”，DOL：10. 13140/RG 2. 1. 4872. 8567. Dataset June 2016，Retrieved 24 Sep 2016.

② Policarpo Yōshin Ulianov，Xiaochun Mei，Ping Yu，“Was LIGO's Gravitational Wave Detection a False Alarm?”，*Global Journal of Physics*，2016，Vol. 4，pp. 104 - 421.

电网 2.5 Hz 频率的波动引起。P. Y. Ulianov 在 2016 年 4 月将他的文章“Presenting Strong Evidence That LIGO Did Not Detect Gravitational Waves in the GW150914”传给 LIGO 项目组的几十个成员。

中国物理学家黄志洵也认为：“2015 年 9 月 14 日，美国激光干涉引力波天文台（LIGO）的 2 个检测器同时收到一个瞬态信号；据此 LIGO 团队宣布说：‘我们已从两个黑洞的合并观测到引力波，因为检测到的波形与广义相对论的预测一致。’这不像是真正令人完全相信、十分放心的科学发现方式，因为你无法确认它真的是由‘引力波’造成的。虽然信噪比较高，但是它也可能来自别的原因。所用数值相对论（numerical relativity）方法并不很好，因它有许多误差源和非线性影响。至少可以说，目前的‘发现’离 1887 年赫兹（Hertz）发现电磁波的实验还有很大差距，有待查明是事实还只是一种迹象。”[①]“任何人如认定引力波存在，那么他要先证明引力场是旋量场。我们认为牛顿万有引力定律与库仑静电力定律的相似已证明引力场是静态场，而引力和静电力都以超光速传播的事实进一步证明了这点。引力场既然是静态的无旋场，是不会有引力波的。我们强调指出，认为‘引力传播速度和引力波速度都是光速’的观点是完全错误的，不仅不符合事实，而且把引力相互作用和电磁相互作用混为一谈。‘引力速度’与‘引力波速度’是不同的概念。”[②]

尽管，在 GW150914 之后，LIGO 至少又有 4 次声称探测到了引力波，但是，对 LIGO 探测结果的质疑几乎从未停止过：“在我看来，美国的 LIGO 实验并没有探测到引力波，所谓的‘引力波’发现实际上只是一场计算机模拟和图像匹配的游戏。更简单直接地说，这是一个虚假的、与真实物理过程毫无关系的但却忽悠了全世界的实验。大肆宣传的 LIGO 实验只是在两台相距几千千米的迈克尔逊干涉仪上同时观察到两个类似波形的信号，他们将这个信号的波形与根据广义相对论用计算机建立起来的波形库比较，就得出发现引力波的结论。这种做法实际上是把计算机模拟当成真实物理存在，完全违背科学实证精神和物理学研究的基本原则。LIGO 最近宣布‘第三次观测到引力波’，

---

① 黄志洵、姜荣：《试评 LIGO 引力波实验》，《中国传媒大学学报（自然科学版）》2016 年第 23 卷第 3 期，第 1 页。

② 同上。

实属大言不惭。他们并非有新的物理学、天文学观测证据，而是与过去一样，只要收到一个信号，并与数值相对论(nume rical relativity)数据库中的海量波形能对上一个，并且可能是勉强'对得上'，即向全世界宣布'探测到引力波'。可怜那些媒体人，本身缺乏深厚的科学素养，随即广为宣传。公众相信媒体，不存在的事也就信了！有的科学工作者心存怀疑，但在主流物理界疯狂吹捧的情势下也不敢吭声，'既然大家都那么说，那就相信吧'。……所谓GW170104,[①]竟然说'距地球 30 亿光年处两个大黑洞发生了激烈碰撞'。他们有什么证据？说得明显一点，LIGO 急于拿下今年的诺贝尔物理学奖，'诚信'被丢在了一边。过去，我们常听说中国人的科学造假被揭露。但西方科学界如何？乱象频生、控制诺奖、以真理自居，欺骗全世界。"[②]

事实上，针对 LIGO 的探测结果 GW150914 信号的质疑不无道理。排除物理学理论上的质疑不谈，单就 LIGO 于 2016 年 2 月 11 日召开新闻发布会这件事的"操作"本身而言，就存在以下疑点：

第一，从时间上看，LIGO 官方宣布实验结果给出的时间是 2015 年 9 月 14 日 9 点 50 分 45 秒，而 LIGO 直到 2016 年的 2 月 11 日才召开新闻发布会公布这一实验结果。那么，在时间跨度达到半年的这段时间里，LIGO 在干什么？为何 LIGO 不在探测到实验结果的第一时间就站出来将实验结果公之于众？

第二，就公布实验结果这件事本身而言，其实对科学界并不是新闻了——早在 LIGO 公布 GW150914 实验结果之前，科学界特别是物理学界早就知道这个消息了。但是，LIGO 在对待是否公开这个实验结果态度上的前后反复，是令人值得玩味的：早在 2015 年 9 月，美国亚利桑那州立大学的宇宙学家劳伦斯·克劳斯(Lawrence Krauss)就在其推特上发文说 LIGO 已经观测到了引力波。他说："有传言称 LIGO 测到了引力波。要是真的就碉堡了。消息确认后会更新细节。"[③]之后，更具重量级的传言来自理论物理学家卢博什·莫特

① GW170104 系 LIGO 声称第三次探测到的引力波信号。

② 黄志洵：《对 LIGO 所谓"第三次观测到引力波"的看法》,《前沿科学》2017 年第 11 卷第 42 期，第 76—77 页。

③ https://tech.qq.com/a/20160212/014776.htm.

尔(Luboš Motl)的一篇博客，他称花费了2亿美元升级的新LIGO自去年9月开始搜集数据以后，其两个探测器都已发现了两个正在合并的黑洞产生的引力波。然而，对于上述传言，LIGO此前一直持否认的态度。路易斯安那州立大学的物理学家，同时也是LIGO发言人的冈萨雷斯说："我们还在搜集数据，对早期数据的分析也没有完成。"①据冈萨雷斯说第一期数据采集于2016年1月12日结束，但对这4个月探测数据的分析结果最早也要到2月才能公布。这期实验结束后，LIGO马上又会关闭，进入又一次为期9个月的升级，以进一步提高灵敏度。再次升级重启之后，它将与欧洲的同类探测器"先进VIRGO"(Advanced VIRGO)联合观测。不但LIGO集体保持沉默，甚至LIGO对于科学界的这些传闻还有些"恼火"。如冈萨雷斯在接受采访时就很恼火，她说："我担心这会给广大民众和媒体带来过高的期望。"甚至，之后连美国国家科学基金会都出面要求科学家特别是物理学家们对于他们对LIGO实验结果的看法持谨慎的态度，即要求科学家们"收声"。

那么，LIGO在2015年探测到的GW150914有没有可能是假信号？答案是有可能的。2016年1月，在《自然》(*Nature*)杂志的网站上，对于LIGO当时实验结果的风言风语，其网站上是这样写的：②

> 所谓"信号"，会不会只是来源于一个误差？
>
> 这也是可能的。LIGO探测器花了很大力气来减少无关的振动产生的误差，但他们的团队仍需谨慎分析，以防所谓的"信号"只是场空欢喜。哪怕是附近路过的一辆卡车，也可能会成为误差来源。
>
> 不仅如此，实验初期所观测到的"信号"，说不定还有可能是来自高层的"阴谋"。LIGO团队中的三名成员有秘密操纵反射镜的权限，他们可以人为制造出"天体现象"的特征，直到其余成员准备宣布"新发现"之前才会公布这到底是不是他们制造的假信号，这一过程称为"盲注入"(blind injection)，可以检验装置是否正常有效地运行。LIGO在此前2007—2010年的运行阶段就经历过两次这样的演习。

---

① https://huanqiukexue.com/a/qianyan/tianwen_wuli/2016/0113/25930.html.
② https://www.nature.com/news/gravitational-wave-rumours-in-overdrive-1.19161.

> 但去年9月份发推的物理学家克劳斯说，他听到的消息称，LIGO在正式运行前的试运行阶段就看到了信号，那时候正式的数据搜集尚未开始，所以也没有盲注入过程。(但*Nature*向克劳斯询问时，他表示自己也不知道更多的详情了)
>
> 但LIGO的研究者并不会马上开始分析这么早期的数据。LIGO数据分析组组长、佐治亚理工学院的物理学家劳拉·卡多纳蒂(Laura Cadonati)说，他们需要先对数据产生足够的了解，知道各种类型的虚假信号出现的频率之后，才能开始着手分析如此早期的信号。
>
> 是否有这样一段时期，在不会有盲注入的情况下，两个探测器同时处于工作状态？LIGO合作组拒绝回答。

第三，就发布者而言，按照通常惯例，实验结果的发布者应为实验者。即谁做实验，谁公布实验结果。但是，值得注意的一个细节是2016年2月11日探测引力波实验的新闻发布者其实是LIGO和VIRGO双方——在LIGO举行发布会的同时，VIRGO在意大利也同步举行了探测引力波实验的新闻发布会。既然2016年公布的激光干涉引力波实验从头到尾都是由LIGO独立完成的，那么，为何充其量仅为合作者的VIRGO也要作为主办方之一召开新闻发布会？并且，在LIGO举行的新闻发布会上，LIGO并未提及VIRGO对此次实验结果的实际贡献，新闻发布会的主持人科尔多瓦在新闻发布会上只是“感谢国家、感谢国会、感谢纳税人”……

第四，最值得注意的一点是探测到GW150914信号的时间——2015年9月14日。2015年9月18日，历经5年的升级改造，LIGO升级为拥有10倍于原型机LIGO灵敏度的“增强型LIGO”(Advanced LIGO)。这就意味着，升级版的“增强型LIGO”没有探测到引力波信号，GW150914信号是旧版本的LIGO探测到的。GW150914宣称探测到的引力波峰值是1.0×10^{-21}，而其实改造之前的LIGO即“Initial - LIGO”只能够勉强够达到这个灵敏度。但是，光够得着峰值是不够的，还要辨认出波形特征，这就要求LIGO要能观测到更暗的地方。这就是为什么改造前的LIGO用了10年时间一无所获的原因。那么为什么之前的LIGO探测了十几年都没能探测到引力波信号，却在2015

年的9月14日测到了？这也是2016年2月11日LIGO召开新闻发布会时，《自然》杂志向LIGO提出的本场发布会上的第一个也是最直接最尖锐的问题。对于此问题，LIGO的新闻发言人冈萨雷斯的回答颇有点“打太极”的意味，很值得玩味，她说：“不是投放信号”。但并没有做进一步的解释。对比她在发布会之前的态度——在谈到“探测到了引力波信号”的“谣言”时她坚决否认，强调LIGO为了测试即将上马的“增强型LIGO”的灵敏度刚投放了一批假信号。

第三节　对GW150914信号真实性的检验

一、GW15094信号的发现过程

关于GW150914的发现，我们可以从LIGO内部的邮件往来一窥究竟。2015年9月14日，有一封LIGO的爆破小组（Burst Group）发给专门分析一对旋进天体在最后时刻发出的信号的“CBC组”（compact binary coalescence）的标题为“ER8中值得注意的事件”（Very interesting event on ER8）的邮件：①

2015年9月14日，星期一，11:56

大家好：一个前向GraceDB报告了一个值得注意的事件。

https://gracedb.ligo.org/events/view/G184098

这是CED：

https://ldas-jobs.ligo.caltech.edu/～waveburst/online/ER8_LH_ONLINE/JOBS/112625/1126259540-1126259600/OUTPUT_CED/ced_1126259420_180_1126259540-1126259600_slag0_lag0_1_job1/L1H1_1126259461.750_1126259461.750/

① Harry Collins, *Gravity Kiss: The Detection of Gravitational Waves*, Cambridge, Massachusetts, London, England: The MIT Press, 2017, pp. 2-3.

安迪制作的Qscan：

https：//ldas jobs. ligo. caltech. edu/～lundgren/wdq/L1_ 3910/

https：//ldas jobs. ligo. caltech. edu/～lundgren/wdq/H1_ 3910/

我们在快速调查后了解到，这并不是硬件注入的标志。有人能确认那不是硬件注入吗？

“GraceDB”是“引力波候选数据库”(grabitational wave candidate event database)的缩写。在这个网站上会记录所有对探测引力波实验来说有意义的事件。因此，可以说在“GraceDB”中记录的与探测引力波实验有关的事件是不计其数的，但在过去的十几年中，从未发现真正的引力波信号。

20分钟后，LIGO小组的成员又收到了新的邮件：①

根据利文斯顿站(LLO)的注入日志，上一次成功注入的时间是1125400499(2015年9月14日11:14:42UTC②)。我查看了安迪的传感器频道扫描里列出的时间1126259462。下面是最近的计划(突发)注入：

1126240499 2 1.0 hwinj_1126240499 U 2_

1126270499 2 1.0 hwinj_1126270499_2_

两次注入距离此次事件的间隔都在3小时以上。

这一事件发生两天后，此前曾高度怀疑该信号可信度的科学共同体的态度开始有所转变，流露出接受这个信号的真实性的倾向：③

2015年9月16日下午8:00

我认为，为了确保我们可能考虑的DQ/vetoes的安全性，我们有必要回过头来去关注一下硬件注入(hardware injection)[尽管零阶数据(zeroth order data)非常干净，但它可能在进一步减少背景事件/远距估计方面发挥作用]，并使用HW系统对本次事件的波形进行注入测试，可以

① Harry Collins, *Gravity Kiss: The Detection of Gravitational Waves*, Cambridge, Massachusetts, London, England: The MIT Press, 2017, p. 4.

② UTC是“协调世界时”(Coordinated Universal Time)的简称。在使用时需将其换算为当地时间，根据时区进行加减。该邮件中的协调世界时对应的是北京时间19:14:42。

③ Harry Collins, *Gravity Kiss: The Detection of Gravitational Waves*, Cambridge, Massachusetts, London, England: The MIT Press, 2017, p. 7.

用某种比例因子和在时间上超过的实例作为我们的候选事件所提取的波形。除此之外，我认为我们应该花一两个小时来完成我刚才向小组提出的突发性 ER8 注射：

https：//wiki. ligo. org/viewauth/Bursts/ER701HWInjections＃A_42Alter

native_proposal_for_ER8_HW_injection_run_and_periodic_injections_

over_ER8_4701_42

这样的注射将允许我们对在线搜索进行一次相当完整的彩排(尽管，显然，大自然将我们推至幕前)，包括验证我们的方案，以便进行后续的 EM 跟踪。

在这封邮件中强调了 LIGO 要确定信号真实性的话需要做哪些事情。但是，最后一句话值得关注，即“尽管，显然，大自然将我们推至幕前”[特别是在英文原文中是将“自然”(Nature)大写的]，这在之前的 LIGO 的书信往来中是从来没有过的。

随后，接踵而来的是爆破组的态度变得更加坚定：①

2015 年 9 月 16 日晚上 9:30

爆破组的几位主席希望为编号为 G184098 的事件做第一次检测(M1500042)，正式启动步骤 1。

据估计这起事件的误警率小于 200 年 1 次，且该事件在 3 个引力波爆破管道中清晰可见。与探测器特性鉴定组的初步交叉检查发现，当这起事件发生时 L1 和 H1 都工作良好。我们已经着手开始启动突发检测清单和其他研究，以便更全面地对这个候选事件做更好的筛查。

我们期待着与大家通力合作，进一步研究这个有意义的事件！

祝好

王毅雄(IK Siong Heng)、艾瑞克·查桑德-莫廷

① Harry Collins, *Gravity Kiss: The Detection of Gravitational Waves*, Cambridge, Massachusetts, London, England: The MIT Press, 2017, p. 8.

(Eric Chassande-Mottin)和乔纳·坎纳(Jonah Kanner)谨代表爆破组

半小时后,LIGO - VIRGO 合作的发言人回复道:①

亲爱的乔纳、雄、埃瑞克:

谢谢你们带来的这个好消息。这确实是激动人心的时刻——欢迎来到增强型探测器时代!

加比

第二天,社区中的一位成员说:②

恭喜每位引力波爆破组成员!!!

看到这样的结果,大部分人都会有一个疑问——难道持续了半个世纪的探测引力波实验真的得到结果了? 甚至,包括第一个观测到 GW150914 引力波信号的马克斯·普朗克研究所(AEI)的意大利裔天体物理学家马尔科·德拉戈(Marco Drago)也不例外。在谈到这件事时,他回忆道:③

10 月 29 日,通过电话会议:所以我想你们中的很多人都和我有着相同的经历,那就是当你们 9 月 14 日一早醒来,听说我们在数据中发现了一些有趣的东西,你们可能马上就认为这是一次信号注入,是盲注、失误、软件漏洞,诸如此类的。从那以后,我想我们都在问自己,这个信号怎么会如此完美、如此响亮地出现在设备运行的早期阶段。这似乎是不可能的。

2015 年 9 月 14 日,当时的 LIGO 正处于第八次工程运行(ER8)阶段,距离首次正式观测(O1④)还有一周左右的时间(ER8 的运行周期时从 8 月 17 日开始的)。因此不管探测仪探测到了何种信号它都有可能是盲注、噪声,或者是被噪声污染而无法区分的信号。2015 年 9 月 15 日(德国时间 11 点 50 分),德拉戈正在位于德国汉诺威的马克斯·普朗克引力研究所修改论文。三分钟

① Harry Collins, *Gravity Kiss: The Detection of Gravitational Waves*, Cambridge, Massachusetts, London, England: The MIT Press, 2017, p. 9.

② Ibid.

③ Ibid., p. 10.

④ O1,即 Observe 1,是观察到信号的简写。

后，引力波触发事件被低延迟搜索方法作为引力波候选事件汇报了出来，通过邮件发到了他这里。半小时后，德拉戈才打开邮件。他作为 LIGO 的签约成员之一，同时也是系统管理员，边看原始数据边注意探测器的突发事件。当他看到这条引力波信号时，觉得“虽然探测器常有突发事件，我也习惯了，但这个信号清楚告诉我它不寻常”。[①] “当你看到它的频率和时间的比对时，很清楚它来自两个致密天体相互内旋而合并，声波学上就是唧唧声，除了 5 年前的人为假注，后来再也没见过这样的波形。”[②]所以，当时德拉戈的第一反应仍然认为这是个假注信号，即人为注入的假信号。

为了确证此事，德拉戈跑下楼向他的同事安德鲁·伦德格伦（Andrew Lundgern）确证。他问道：“你知不知道最近有没有假注？”伦德格伦当时的回答是：“没有。”熬过了 4 小时时差，伦德格伦立刻通过电话会议的方式，联系了美国激光干涉引力波天文台在利文斯顿的控制室，得到的答复是正在升级中的 LIGO 探测器 4 天后就正式开始运行了，没有必要在这个时候加入假信号。第二天早上，AEI 开始进入“备战”状态，所长布鲁斯·艾伦（Bruce Allen）把所有所内成员都叫到会议室对这个信号的可信性进行了再一轮的论证，但仍然看不出它有人工编造的痕迹。

二、对 GW150914 信号真实性的检验之一——GW150914 信号是盲注吗？

最初关于 GW150914 信号，LIGO 的大部分成员都怀疑它是一个盲注信号。所谓盲注信号通常是为了检测仪器的灵敏度，而人为地将一些假信号注入信号探测器中。因此从表面上来看，假信号和真信号是没有分别的。可以说，假信号存在的意义，就是为了帮助科学家探测真信号而进行的彩排。可以说科学家们对于假信号的态度是非常复杂的。并且，事件发生的时间处于 ER8 阶段，而非 O1 阶段，这更加增大了盲注的可能性。所以，当听到关于

① 王丹阳：《LSC：全世界最早看到引力波的那伙人》，《三联生活周刊》2016 年第 10 期，第 43 页。

② 同上。

GW150914 信号的消息时，LIGO 团队很多成员的态度是不以为意的，他们的第一反应是："拜托，又来了一个盲注！"所以，LIGO 团队当时对于 GW150914 信号的态度是比较混乱的，在关于 GW150914 信号是引力波还是盲注信号之间是不确定的：①

> 9 月 14 日，星期一，13:55 当然，如果这是为 ER8 设计的盲注试验，而我们又把为 O1 准备的时间浪费掉了，那么戴维对于盲注的担忧就不无道理了。
>
> 9 月 14 日，星期一，16:31 我们的感觉是，盲注"还没有"准备好，因此我们不相信这是一个盲注。
>
> 9 月 14 日，星期一，16:38 同意。在为此投入大量精力之前，我们必须先搞清楚这是不是一个盲注测试。我们的快速反应小组可以负责完成后续的跟踪工作，但是他们此刻正在为周五即将开始的 O1 阶段工作做准备。除了有优先任务，是不能打扰他们工作的。
>
> 9 月 14 日，星期一，18:10 G184098 候选事件发生期间没有瞬间注入(Transient Injections)。除了 L1 中正在进行的连续波注入外，在候选事件 G184098 发生期间没有硬件注入——盲注或其他情况。
>
> 9 月 15 日，星期二，11:10 是的：当时没有注入、盲注或其他。
>
> 9 月 16 日，星期三，17:54 [来自 LIGO 管理部门的一位非常资深的人士]：需要强调的是，这不是注入；当时不在盲注测试模式中，所有注射通道都是干净的。
>
> [但是，在 9 月 17 日，星期四，在我的一封私人电子邮件中]：我们中间的大多数人偏执地认为这是一个"秘密的盲注"事件，是由 LIGO 高层的人策划的，他们可能想测试 LSC 尚未准备就绪，等等。我整晚失眠，一直在思考这种可能性，并且[XXXX]也有这种感觉，他还提到有人(半开玩笑的?)曾联系，问他是不是他干的。问题是，如果真是这样，那么人与人之间的信任将变得荡然无存。所以我想所有人都想摆脱这种胡思乱想的情绪。

---

① Harry Collins, *Gravity Kiss: The Detection of Gravitational Waves*, Cambridge, Massachusetts, London, England: The MIT Press, 2017, pp. 21 - 22.

三、对 GW150914 信号真实性的检验之二——GW150914 信号是恶意注入吗？

如果排除盲注的话，还有一种可能就是，信号是某人的恶作剧。在上一个探测器运行周期中也发生过类似情况。对此，LIGO 的态度是很严肃的，甚至专门成立了委员会。为了以防万一，也不能完全排除这种可能性。因此，在 LIGO 内部又围绕 GW150914 信号是否为恶意信号展开了新一轮讨论：[①]

> 9 月 18 日，星期五，19:12　有几个人问过我关于 G184098[②] 是否是恶意注入的问题。
>
> 我的结论是，这几乎是不可能的。原因如下：
>
> (1) 所有的惯用注入路径都被检查过——唯一的进入通道就是校准线。
>
> (2) 事后注入这样的事件几乎是不可能的：在所有的额外的信道（PD A&B、控制信道等）中都找到了这个信号。我不认为任何一个知道如何修改数据渠道的人能同时搞清楚在哪个信道里添加什么样的信号和传输函数。
>
> (3) 那么就只剩下了实时注入，可以在软件或硬件中完成。要把恶意的 C 语言程序置于前端，必须要绕过[XXXX]和[YYYY]的版本追踪。我们有一个完整的修改时间列表，以及任何时候都在运行的程序运行记录，还可以查看代码。当然，像[XXXX]和[YYYY]这样的人是可能偷偷注入信号的，但他们的专业知识并不足以告诉他们该在哪里、注入何种形态和强度的信号。
>
> (4) 同样，在驱动链中设计恶意硬件也是一项大工程，很难掩人耳

---

① Harry Collins, *Gravity Kiss: The Detection of Gravitational Waves*, Cambridge, Massachusetts, London, England: The MIT Press, 2017, pp. 25 - 26.

② 最初在科学家的往来邮件中将这个异常信号称作“G184098”，最初怀疑是 9 月 8 日的信号是引力波信号，所以在他们的往来邮件里一直称这个信号为“G184098”。后来，经过往来邮件排查，确认在 9 月 8 日周围没有投入盲注信号和恶意信号，并且比对下来最终确认应该是 9 月 14 日的信号才是引力波信号，于是在后来的往来邮件中将这个信号的名字又改成 GW150914 信号。

目。我再次强调,任何一个人都不可能在没有人注意的情况下完成这一任务。

(5) ……也许最重要的是,我们在尝试了几次之后都很难公开地进行常规的硬件注入。来了个人,秘密地进行操作,然后第一次尝试就能做到完美无缺吗？我不相信……

(6) 总而言之,要想完美无瑕地完成这类工作,你需要组建一支在波形、干涉仪控制、CDS计算和数据获取方面有专长的团队。这样的话,这就不可能做到保密。

9月18日,星期五,20:25　我认为[这些数字表明]“高度相干”[对应于我们在图1.2中看到的]。这一点之所以重要是某人能偶尔不留下任何痕迹的情况下注入恶意信号这种情况几乎不可能发生。

第四节　针对LIGO探测器灵敏度的质疑

虽然信号的产生是在aLIGO的运行阶段,这一事实可以有效地证实GW150914信号并非盲注,但该事实本身即存在缺陷,因为当时aLIGO事实上尚处于调试阶段,还没有完成最后的校准,因此并不处于真正意义上的运行期。这就导致了LIGO内部围绕仪器的灵敏度所展开的第三轮争论。

第一,争论的第一波焦点是说如果9月14日的事件是真的话,这么强的信号应该在2009年或2010年就能看到。那么,为什么之前的LIGO没有测到这样的信号呢？①

9月15日,星期二,1:27　在实际观测期间,判定事件是否发生的标准难道不是[严肃地看待事情]吗？除非我们将昨天定为遗弃的。正式运行日,否则它是不符合标准的。

① Harry Collins, *Gravity Kiss: The Detection of Gravitational Waves*, Cambridge, Massachusetts, London, England: The MIT Press, 2017, p. 30.

当这一观点遭到拒绝时，这位科学家说：①

> 9月15日星期二，2:11　我可能会强调说，它可能与我们不在观测期间无关。事实上是，我们确实没有进行观测。或者反过来说，如果我们承认我们是在非观测期探测到引力波，那么"观测运行阶段"这个词是毫无意义的，我们就不应该用这个词。

当然，这种反对的声音并没有持续太久，但是它的确存在。由于探测器处在维修期，因此LIGO首先怀疑信号是由噪声引起的误警。因为当仪器处于停机检修阶段时，探测仪仍然运转，只是用灵敏度较低的仪器进行"天文观察"（astrowatch），以防止出现一些信号被漏掉。在"天文观察"阶段，可以忽略某些通常的观测标准。但是，在工程运行中，信号可能不那么清晰，这是由于仪器正处在调整和校准阶段。问题是，一个信号的可信程度取决于它的信噪比。比如，探测仪也会发生误警，但这是由于噪声引起的。而GW150914信号之强，相干度之高使得LIGO团队中的其他成员认为它不可能是误警。

第二，由于运行阶段处于ER8阶段，设备仍然处于调试阶段，所以信号的清晰度相对来说比较差。通常来说，信号的可靠性取决于其信噪比，即与噪声相比信号本身的强度是不是足够强。一般说来，对"背景"（background）进行计量主要是通过时间平移操作来完成。在具体操作上，首先就是要将探测器L1的连续追踪信号与H1的并排放置，然后将其中的一台探测器的输出结果平移两秒钟。如果这两台探测器的信号能够重合，则证明探测到的是引力波；反之，则认为这是一个伪信号，探测到的是噪声。要进行对比，就需要有一定的数据样本。在对GW150914信号采取何种数据分析方法上，LIGO团队又展开了一系列争论：

（1）对样本数据太少存在质疑。在获得GW150914信号时，探测仪正处于ER8的调试阶段，所以获得的数据样本比较少，这被LIGO团队中的某些科学家所质疑。对此，LIGO的高层认为只要能说明仪器在ER8期间的状态与O1期间的转台类似（此次事件刚好发生在O1开机前，因此认为ER8的仪器的状态

---

① Harry Collins, *Gravity Kiss: The Detection of Gravitational Waves*, Cambridge, Massachusetts, London, England: The MIT Press, 2017, p. 30.

与O1的相似)，这样就可以将O1的背景数据作为ER8的背景数据：①

> [来自索尔森，9月22日]我们肯定会使用O1的数据来获取足够的背景信息来估算GW150914的显著性(呃，名字还行)。只要我们有充分的理由相信仪器与之前的表现相似，就可以相信它的有效性了。到目前为止，并没有发现背景有很大的变化。(但这掩盖了一个事实，即从一个锁定状态到另一个锁定状态，仪器的测量是会发生一些变化的，但我们将这些忽略了，并希望一切都好)

(2) 对是否要开展对数据的全面“开箱”产生争论。由于引力波非常非常微弱，所以探测引力波实验最核心的部分是要甄别信号，即区分真的引力波信号和噪声。也正是因为引力波非常微弱，所以噪声干扰很大。这导致整个实验累积了大量的实验数据，但在通常情况下这些都是噪声。所以甄别引力波信号，对其数据进行分析对于LIGO来说是一项巨大工程。因此，通常的做法是，先对探测到的信号有一个“预估”，然后再决定是否对探测到的所有数据进行“开箱”处理。比如说在LIGO之前碰到的飞机事件就是在“开箱”后被确定为噪声的——在“开箱”操作之前测到的信号被看作是引力波信号，但是“开箱”之后却发现它只是由于飞机经过而产生的噪声。而本次事件的确存在误判的风险，因为毕竟事件发生在ER8阶段，且调试分析最终并未冻结。这又引发了两场小的争论：

其一，围绕对信号的分析，是要进行透明分析还是要进行全盲分析的争论。争论的焦点之一是有没有必要进行全盲分析：②

> 9月19日，星期六，21:46　这件事看起来似乎已经不是盲搜了，我们也没必要自欺欺人。然而是否有必要继续对PE进行盲搜？似乎人们已经在可能的参数范围(比如，质量或质量比)方面达成了共识(可能是错的?)。我们是否有必要为合作组织的大多数成员相信信号是来自某个特定类型的源，存在一个狭窄的参数范围内而感到担忧？那艘船是已经起航了，还是还在港口停泊？

---

① Harry Collins, *Gravity Kiss: The Detection of Gravitational Waves*, *Cambridge*, Massachusetts, London, England: The MIT Press, 2017, p. 32.

② Ibid., p. 35.

争论的结果就是团队中的科学家认为没有必要迂腐地坚持全盲分析。既然放弃了采用全盲分析的技术策略，那么应该如何对数据进行分析？

其二，团队中有人建议采用“低延迟”(low-latency)搜索技术。低延迟搜索的好处是抓取一个信号并尽快对其进行大致分析。这样就能够把信息尽快地传达给其他科学家，比如说天文学家或电磁天文学家。这样一来，天文学家就可以通过天文观测迅速地寻找到事件发生的电磁现象，反过来印证信号的存在。比如说 2009 年，VIRGO 的主管阿达尔贝托·贾佐托(Adalberto Giazotto)就曾经强调引力波事件必须得到电磁观测证据的支持才能对外公布。然而也不是说所有人都能接受这种数据分析技术。在得到 GW150914 信号的第三周，LIGO 团队围绕是否采用“低延迟”技术又陷入争论：①

> 10 月 2 日，15:43 ……有一种观点我们已经讨论一段时间了：当离线搜索没有达到最优的条件时，立即打开低延迟箱可能会损害我们的离线搜索。我们之所以在大犬事件中妥协，因为当低延迟 CWB 触发器报警时，离线搜索处于一种稳定状态。
>
> 当然，通过低延迟突发搜索找到的任何 CBC 信号的可能性非常大，甚至于次优调谐(sub-optimal tuning)也能找到 CBC 信号。如果 GW150914 真的是我们所相信的真实信号，那么即使调试冻结了，它也应该存在，并且有明显的显著性。无论我们进行何种调试，它都应该是牢不可破的。

第三，长久以来，物理学家相信宇宙中存在着相互旋绕的双黑洞。并且，他们认为这样的双星黑洞系统在相互旋进、合并的时候会发射出比其他系统更强的引力波。但是，在获得 GW150914 信号时，物理学界对于是否存在双星黑洞旋进的现象并不确定。这样就很难从理论上对 GW150914 信号的可信度给予认定。这场争论始于 10 月 16 日，是关于黑洞的说法应该在第一份“发现”报告中提出，还是应该单独发表一份报告。争论的焦点在于，要证明它是一个双星黑洞，需要大量精细的计算。

> 11 月 4 日 15:59 信源清晰地表明，二元黑洞是可以在自然界中形

① Harry Collins, *Gravity Kiss: The Detection of Gravitational Waves*, Cambridge, Massachusetts, London, England: The MIT Press, 2017, p. 36.

成的，也说明它们的物理属性是可以在哈勃时间内合并的。①

10月16日，20:20 我确实认为，数值相对论确定了我们所看到的是一对黑洞，然后合并形成了一个新的黑洞。我们观测到了这个双黑洞系统的最后阶段——旋近、合并与铃宕。当我们将一个纯NR（数值相关性）波形叠加到信号上时，它代表了独一无二的双黑洞的合并"指纹"。

据我所知，没有其他的GR[广义相对论]拥有这样特殊的波形。②

第五节 LIGO要求对GW150914信号保密

由于LIGO内部对GW150914信号的真实性存在争议，换句话说，LIGO并不能确定GW150914信号的真实性，此时，LIGO采取的策略是对这一事实进行保密。从以下的往来邮件中可见：③

亲爱的同事们：

O1已经启动，可能会询问您是否收到了LIGO的触发警报或有关它们的详细信息。我们在此提醒您，我们信任您的保密能力——您可以说，您已经接受了LIGO/VIRGO GW触发事件协议，我们正在执行这些协议，但请不要提供任何有关您所掌握的有关数量、事件或属性的具体信息。如果您的团队中有人直接或间接地参与了该项目，请务必确保他们也尊重此保密协议。如果您不确定哪些信息是否敏感，请在分享信息前咨询LVC的联络人马里卡（Marica）利奥（Leo）和彼得（Peter）。

9月21日，LIGO的发言人群发了一封电子邮件，向所有LIGO成员传达了如何针对外界的传闻做回应的问题：④

---

① Harry Collins, *Gravity Kiss: The Detection of Gravitational Waves*, Cambridge, Massachusetts, London, England: The MIT Press, 2017, p. 90.

② Ibid., pp. 91 - 92.

③ Ibid., p. 46.

④ Ibid., p. 57.

尊敬的LVC成员：

我们已经进入了O1阶段。欢迎来到升级版探测器时代！

我们也已经通知了我们的天文学家合作伙伴（见下面的信息），且计划一旦触发事件的FAR[误警率]的显著性超过每月约1次的话，就向他们发送有关触发事件的信息……

关于GW150914，突发事件组现在已经要求发言人、探测委员会等考虑作为引力波的候选信号，所以我们现在进入检测程序的第一步。在获取了有关此事件的更多技术细节后，我们将与LVC成员商议，以开始进行第二步。这可能需要2周，抑或是更长的时间（尚在搜集估算背景的数据）。

我们提醒所有成员对这一候选事件严格保密。如果你要将此事告诉某人，无论何种原因，即便是对你非常信任的人而言，都请事先咨询富尔维奥（Fulvio）和加比（Gaby）。我们提供了一些备选答案，以便有人提及此事时可作为解答；如有非LVC成员向您询问有关该候选事件的任何问题，或者您听到任何有关非LVC成员谈论此事，请立即通知富尔维奥和加比。

如有疑问，请联系我们！

加比，富尔维奥，戴夫，阿尔伯特
和费德里科

* * * * * * * * * * * * * * * * * * *

问：你们开始搜集数据了吗？

答：我们从9月初就开始搜集科学质量的数据了，一次为9月18日星期五开始的第一次观测做准备，并计划搜集大约3个月的数据。

问：你们从数据里看到什么了吗？

答：我们“在线”分析了数据，以期在第一时间内为天文学家提供信息，以便他们能够针对较低的统计显著性（每月一次的误警率）对触发事件进行跟踪。我们一直在对交流程序的细节进行调整，但尚未实现全程自动化，但我们将在确定触发事件后，尽快将这些高于阈值的警报信号发送给天文学家。分析与验证GW数据的候选项可能需要花费几个月的时

间。因此，我们将无法在短时间内对数据中的结果给出任何说明。当时机成熟后，我们会公布所有的结果，不过可能要在观测运行结束之后了。

问：我们听说你们已经给天文学家发出了一个GW触发事件的信号，是真的吗？

答：在O1运行期间，我们会将超过相对值较低的阈值信号发送给天文学家；在之前的ER8期间，我们就已经践行了与天文学家之间的沟通机制。我们与和他签署了有关协议并对触发事件有观察能力的合作伙伴共同遵循这一政策。因为我们无法在获得重塑的统计数据和分析结果之前验证GW事件，所以我们同所有与触发事件相关的人员和机构都签署了保密协议，我们也希望所有相关人员都能遵守这一规定。

这封邮件所涉及的保密协议持续了5个月之久，但是了解此事的人员有1 000人，这就意味着保密的时效必须是有限度的。LIGO的核心层经过商议，到10月20日，LIGO基本上开始进入解冻状态：①

检测委员会建议，尽量减少对GW150914配置探测器的更改，直到发生以下情况：

1. 根据CBC小组的要求，在该配置中搜集到了5天的可用符合数据。

2. 这些可用数据已经过校准。

3. 进行CBC离线分析。

4. 这些结果已提交给了DAC(数据分析理事会)和DC(探测委员会)。

如果CBC的结果引发了意想不到的问题的话，那么还要延长冻结时间。

综上所述，我们希望以上步骤能够在两周内完成。

这之后，LIGO决定将O1的运行时间延长一个月，直到1月12日。尽管保密工作如此详尽，但是LIGO仍然还是很难堵住悠悠众口。9月25日下午1点39分，著名理论物理学家劳伦斯·克劳斯(Lawrence Krauss)在推特上写道："有传言说，LIGO已经探测到了引力波。如果是真的，那就太棒了。稍后

① Harry Collins, *Gravity Kiss: The Detection of Gravitational Waves*, Cambridge, Massachusetts, London, England: The MIT Press, 2017, p. 59.

我会公布细节。”此番言论一出，随即引起《自然》(*Nature*)杂志的注意。但是关于引力波的留言，并没有扩大的趋势。针对克劳斯在微博上发布的内容，下面有三条推文的回复是值得关注的：

> 马可·皮亚尼(Marco Piani)@Marco_Piani，9月26日
>
> @LKrauss1 如果是真的，那就太棒了。但是，作为科学家，难道我们不应该避免散布谣言吗？尤其是在公共场所，然后等待答案揭晓。

> 哈里·贝特曼(Harry Bateman)@GeoSync2016，9月28日
>
> @Marco_Piani@LKrauss1 同上！几乎可以肯定的是，这只是他们用来自查的校准信号。

> 劳伦斯·M. 克劳斯(Lawrence M. Krauss)，@LKrauss1，9月28日
>
> @GeoSync2016@Marco_Piani 我说了这只是一个留言……

综上可见，公布探测引力波实验结果的过程是一个社会化过程——要先在不同的探测小组中讨论，然后再递交给委员会。之后，委员会还要组织联席会议，经过联席会议的讨论最后决定是否最终公布结果，正如 LIGO 内部邮件所示：①

> 随着我们的检测流程的推进，我们期待合并 GW150914 事件的结果得到确认，但是必须要提醒所有合作者，在我们将其认定为候选信号之前，仍需要召开联席会议对候选信号做进一步审查。

LIGO 一边试图想尽办法对外界保密，一边继续对数据进行分析。但两者都做不到，问题主要出在“电磁伙伴”(EM partners，即电磁天文学家)。探测到 GW150914 信号一事已经提前透露给电磁伙伴，这样做是因为由于引力波信号比较弱，如果能与电磁信号搭配起来，能够使探测结果的可信度大大提升。但不容忽视的是，“LIGO”名字中的“O”即是“天文台”(Observatory)的意

---

① Harry Collins, *Gravity Kiss: The Detection of Gravitational Waves*, Cambridge, Massachusetts, London, England: The MIT Press, 2017, p. 88.

思，因此，两者之间不仅是合作关系，也存在竞争关系。这导致 LIGO 在对待作为合作伙伴的“电磁伙伴”的态度上举棋不定。直到 9 月 28 日，LIGO 才在群内发消息说：①

> 9 月 28 日，15:12　对这一事件的分析仍在进行中。初步的波形重构(如果是一个真正的 GW 事件)看起来与一个距离为 100 Mpc 或更远处的双黑洞合并的预期一致。
>
> 10 月 4 日，13:55　有一个新的引力波候选事件 G184098，发生在 2015 年 9 月 14 日。对这一事件的分析仍在进行中。初步的波形重构(如果它是一个真正的引力波事件)似乎与二元黑洞的预期一致。

10 月 22 日，LIGO 组织了一次电话会议，内容是要对即将发表的论文内容进行讨论。在此之前，科学家们已经默认要交论文发表在《物理评论快报》上，即确定在此刊物上以书面文字的形式公布探测到了引力波，但还未就论文的具体内容达成共识。因为《物理评论快报》对文章的字数有严格的限制，每篇文章不能超过 4 页，这样就无法将实验涉及的具体参数细节完整地体现在论文中。对星体在太空中分布的计算也无法在论文中展开。因此在 10 月 22 日的会议当中，LIGO 所要讨论的是究竟要发多少篇论文，当时初步拟定的是发表 3 篇论文(最终发表了 12 篇论文)。

值得一提的是，在这次会议当中，LIGO 对他们的发现有可能被“抢走”表现出了很强的忧虑——他们担心，只要他们一公布消息，合作组织之外的天文学家或物理学家就会跳出来公布自己的探测数据和对此次事件的看法，这会造成对数据的片面性理解而导致误解。因此有人建议推迟召开新闻发布会的时间，等所有的材料汇总、对事件进行全面的分析之后，再召开新闻发布会。

> [1:33 左右]我有点担心我们激进的时间表。我们现在所讨论的是要在事件发生的 4 个月内完成表论文。对于一个如此巨大的发现而言，这是非比寻常的——非常的雄心勃勃——几乎史无前例——尤其是在我们要提防成果被抢先。因此我建议……我们再等几个月……给发表的论文

---

① Harry Collins, *Gravity Kiss: The Detection of Gravitational Waves*, Cambridge, Massachusetts, London, England: The MIT Press, 2017, p. 45.

留有充足的时间，以便于对仪器的工作情况进行全面的描述，对我们的工作进行全面的描述，以及为什么我们相信此次的事件是可靠的，我们是第一个探测到的……

我不明白为什么我们那么着急。现在没有任何外部压力要求我们马上公布数据，我们应该要多花几个月时间去打造一个令人信服的结果，然后再公布——这种合作在之前是有先例的……我相信我们会完成得更好。①

当然，这只是关于何时发表论文的意见之一。很快，在 LIGO 内部，反对的声音随之而来：②

17:34:10"[PPPP]"：[@QQQQ]：我不同意，我们要尽快公布结果。其他人应该在短时间内完成写作——我们不应该因为没有完成论文就推迟新闻发布会。

17:34:33"[RRRR]"：[@PPPP]：我们为什么要这么着急？

17:35:11"[PPPP]"：这是很重要的事情，结果也很确凿。让我们向全世界公布吧。

17:35:23"[SSSS]"：对。

17:35:26"[TTTT]"：对。

17:35:38"[UUUU]"：同意。

17:35:58"[ZZZZ]"：[PPPP]是对的。在 LIGO 之外存在一个庞大的天体物理学家社群，如果我们不能及时发表论文，就只能眼睁睁地看着他们发表论文了。

然后，LIGO 中的一位资深科学家强调：③

[大约是在会议进行到 1 小时 45 分时加入会议]我认为这篇关于探测结果的论文意义非凡，我们不应该忽视它。也就是说，如果我们成功了的话，这篇论文将成为物理学上的经典之作。因此，我们必须确保它写得

---

① Harry Collins, *Gravity Kiss: The Detection of Gravitational Waves*, Cambridge, Massachusetts, London, England: The MIT Press, 2017, p. 104.

② Ibid., pp. 104 - 105.

③ Ibid., p. 105.

非常好，并且包含我们希望在论文中所要表述的所有要点。我无意贬低任何关于黑洞二元发现的天体物理学——但大多数对引力波的观测是凌驾于其他观测之上的。所以我们必须写一篇经典的论文。我认为这可以在这个时间尺度上完成——我对此并不担心——我认为我们还要关注一下关于没有看到其他类似事件的评论。关于是不是要提及此事是一个问题[要注意]。但我觉得推迟发布毫无意义。

然而辩论并未结束，很快就有其他成员参与进来：①

17:39:21“[QQQQ]”：[@PPPP]：为什么要如此匆忙？为什么不在公布探测结果的同时发表关于仪器和科学的论文呢？我不明白再等几个月有什么问题。按照目前的时间表，我们不可能在这么短的时间内发表三篇论文。

17:40:36“[PPPP]”：[@QQQQ]：我不明白为什么要让论文的进度阻碍这10年间最重要的成果的发布。论文就不能快点写吗？

17:40:43“[VVVV]”：[@QQQQ等]：我们没有办法保守这个秘密长达6个月之久。这样探测结果的可信度就没那么高了——对数据而言也一样。

17:44:05“[QQQQ]”：“世界”需要的是一份完整的报告（如其所示），而不是早6个月知道结果。他们已经等了100年了，再多等6个月也无妨。但我们所要给出的是一个强有力的案例。而我们无法在一篇这么短的论文里做到这一点。

第六节　对GW150914信号真实性的争论提升了LIGO的信任度

虽然在LIGO内部，围绕GW150914信号可信度的争论从未停止。但是在争论的过程中，科学家们对GW150914信号的信心却不降反升。②

① Harry Collins, *Gravity Kiss: The Detection of Gravitational Waves*, Cambridge, Massachusetts, London, England: The MIT Press, 2017, pp. 105 - 106.

② Ibid., p. 38.

9月19日，星期六，4:40　……G184098可能是真的，这对于随机搜索来说具有重大意义。本周早些时候，我给纳尔逊(Nelson)和塔尼亚(Tania)发了电子邮件，建议我们"如果这一事件在本周内还存在的话"，我们就要开始计算了。然而，在过去的几天里，由于CBC、爆破组和表征组(Detchar)的努力，对候选信号的审查取得了巨大进展。我认为，现在已经到了可以假定G184098信号是真实存在的时候了。

关于全盲性的讨论：[①]

9月19日，星期六，6:38　现在，我们探测到了一个清晰的信号，而且信号很强。CWB组的初步估计已经表明，它的误警率/误警概率是如此之低，所以我们必须认真地把它当作一个候选事件……因此，我认为有必要摘掉墨镜，并保持警惕，确保我们现有的知识不会给我们未来的统计结果带来不合理的影响。事实上，我相信pyCBC组已经确定了他们用来做时间平移的参数。所以，如果你坚持这种观点，或者你所做的改变并不足以影响事件的结果，那么我认为就可以把墨镜扔进垃圾箱了。正如你所了解到的，令人兴奋的是此次得到的信号很强，很可能现在正在进行的或即将进行的深入搜索所涉及的其他较弱的信号只是接近探测阈值。综上所述，对这些小组成员来说，成熟的"全盲"技术对于判断信号的真伪是至关重要的。

星期六16:15，有一位物理学家建议为本次探测事件取一个新的代号，这样就不用每次都要叫"G184098"了。于是，在LIGO内部搞了一个"起名大赛"。[②]

质量很大。信号很强。当我们还没准备好，这件事就闯入我们的探测器中。这让我们很生气，所以就不喜欢它。我建议管它叫绿巨人(The Hulk)。

我们已经准备好了。

我刚才还想知道命名游戏什么时候开始。从免费词典(The Free Dictionary)上找到了"重要的人"(Enchilada)这个词，它指的是在某一实体或

---

① Harry Collins, *Gravity Kiss: The Detection of Gravitational Waves*, Cambridge, Massachusetts, London, England: The MIT Press, 2017, p. 38.

② https://wiki.ligo.org/DAC/G184098#Proposed_codenames.

领域中最重要的或最有权势的人;可以代表最有价值或最重要的东西。

引力波+黑洞:为什么不叫“阿尔伯特”(指爱因斯坦)事件?

2015年,广义相对论问世100年。可以称之为“百年庆典”(CENTENARY Event)。

“黎明”(Dawn)——因为这可能是我们第一次探测到引力波——真正的天文学时代的黎明。

虽然我不想破坏大家的兴致,但我认为GW150914容易记,因为它发生在2015年9月14日,看起来比其他诗意的备选项更专业。也许我们应该坚持用GW150914。

我同意马可的观点。“无聊”的名字看起来更专业。我不太认同取昵称的做法,但如果非要这样做的话,我觉得最好还是用杰出的物理学家的姓氏冠名,如爱因斯坦、玻尔、费米、居里等。我觉得可以称此次事件为阿尔伯特,它是唯一一个可以使用名字的称谓。

长蛇的头(Hydra's Head)。[XXXX]和我一起核查了CWB区域,发现信源最有可能出现在长蛇座的“头部”的位置。另外,这个代号还意味着还会有很多类似事件。可能有人认为这只是一个孤立事件。然而,砍掉一个蛇头,又会长出来一个蛇头。

9月20日,7:53　如果这是真的,那么这将是引力波天文学的开始。因此,我建议用“创世记”(Genesis)这个词。因为你知道这不是一个盲目注射信号,所以没什么危险。

但是,最终还是青睐“GW150914”这个名字的人占多数:①

9月20日,星期日,4:12　这很奇怪,也很尴尬。我们是没有资格来挑名字的,所以请别让我们选。事情可能还会变糟……可能还有G184098、GW150914、ER8候选者、发现候选者等。请根据事实或技术性描述称呼该事件。

① Harry Collins, *Gravity Kiss: The Detection of Gravitational Waves*, Cambridge, Massachusetts, London, England: The MIT Press, 2017, p. 40.

但兴奋没持续太久，质疑之声又起：

9月20日，星期日，22:55　……很多证据表明，这是一个高质量的CBC事件，但其中也有一些奇怪之处。

在可探测的距离范围内，我们希望高质量的CBC的体积大致上是均匀分布的[这意味着探测器可以看到高质量的事件，在这样的距离内，空间应被视为均匀的]，这意味着检测到的CBC的距离的先验分布随着距离的平方而增加[这意味着，距离两倍远的事物可能需要通过四倍的距离才能被观测到，以此类推，这意味着距离远的事物更有可能被探测到，就意味着探测到的信号应该很弱，而不是很强]。考虑到探测器的选择效应，我们可以根据天线响应函数算出子群。所以，这样一个"典型"双黑洞事件的距离应该很远，信噪比接近阈值，事件发生的位置接近LIGO探测器的正上方[它出现在探测器的正上方，因为干涉仪在这个方向上是最敏感的]。此事件的信噪比远高于阈值，并且在方位上也离天线模式的峰值很远[所以可能性不大]。

当然，发现这样的事件并非不可能，但我们期待看到更多的BBHs。如果没有看到的话，那么本次事件发生的可能性就不高，或者这些奇怪的迹象表明存在一种不同的源分布。[要么说明有一些不太可能发生的事情发生了，要么预示着这是一种不符合高质量CBC分布的事件]

9月21日，周一，1:44　我同意[XXXX，YYYY等人]的观点，我们检测CBC模型的有效性的最佳方式就是是否能尽快看到其他相似事件(所有这些都需要仔细量化，但初步估计观察时间应在2—3周内)。如果我们没有做到的话，那就出大问题了，我们就不得不对检测结果产生怀疑。我们得要破釜沉舟。

这些争论的焦点是，如果此类事件在天空中的分布是均匀的，那么就不可能首先看到这一事件，因为第一个看到的事件信号应该比较弱，且来自天空的不同位置。可见，此时人们对GW150914信号存在的真实性是心存疑虑的：[1]

---

① Harry Collins, *Gravity Kiss: The Detection of Gravitational Waves*, Cambridge, Massachusetts, London, England: The MIT Press, 2017, p. 43.

9月30日,15:51　当然,我们必须尽快采取行动——正如我们现在所做的——以便更好地理解关于显著性天体物理学和仪器的问题,但是我不明白为什么要在事件刚发生、程序还在运行的阶段上就急于公布GWs的数据。

约翰·普雷斯基尔(John Preskill)在1984年对磁单极子(magnetic monopole)的评论中写道:"……截至本文撰写之时(1984年年初),还不确定是否有人见过单极子。似乎可以肯定的是,没有人见到过两个。"(*Annual Review of Nuclear and Particle Science* 34: 461)

我们不希望在2025年对引力波的评论中也看到类似的话。

附　　录

在收到GW150914信号之后,LIGO又继续搜集到更多探测引力波信号,主要包括:

一、第二个引力波事例GW151226

北京时间,2016年6月16日凌晨,LIGO科学合作组织在圣地亚哥举行的美国天文学会第228次会议上正式宣布,位于美国华盛顿州汉福德和路易斯安那州利文斯顿的两台激光干涉仪引力波探测器。L1和H1同时探测到了一个引力波信号GW151226;这是继LIGO 2015年9月14日探测到首个引力波信号GW150914之后,人类探测到的第二个引力波信号。该事例发生在2015年12月26日,是由两个质量分别为14.2和7.5个太阳质量的黑洞合并所引起,其中至少有一个黑洞有自旋。合并后生成的新黑洞,质量为20.8个太阳质量,整个事件持续了约一秒(30个周期),比第一个事件长了约5倍,统计置信度高于5个标准方差。引力波源到地球的距离约为14亿光年(红移为1),两个黑洞合并过程中,约一个太阳质量的巨大能量,以引力波的形式释放出来，信号的频率范围为35—430 Hz。这是LIGO科学合作组织取得的又一个重要成果，更加雄辩地证明了引力波的真实性。

二、第三个引力波事件GW170104

2017年5月31日，LIGO和VIRGO科学合作组织举行了一次内部媒体发布会，正式宣布在高级LIGO探测器上探测到第三个引力波事件GW170104。与之前两个事例一样，它也是由两个相互旋绕的黑洞合并产生的。合并之前两个黑洞的质量分别为31.2和19.4个太阳质量，合并后形成了一个48.7太阳质量的黑洞。大约有两个太阳质量的能量以引力波的形式释放出来，该事例分别被位于汉福德和利文斯顿的两个高级LIGO探测器同时观测到。信号到达汉福德探测器的时间比到达利文斯顿探测器的时间早3毫秒。整个信号过程持续了短短的0.1秒，波源到探测器的距离为30亿光年。

三、第四个引力波事件GW170814

2017年9月27日，美国LIGO和欧洲VIRGO两个引力波项目组在意大利都灵召开新闻发布会宣布：2017年8月14日，从位于三个不同地点相距遥远的引力波探测器，即位于美国路易斯安那州利文斯顿和华盛顿州汉福德的两台激光干涉仪引力波天文台（LIGO）和位于意大利比萨附近的激光干涉仪引力波探测器VIRGO几乎同时测到一个新的引力波事例。这是人类发现的第四个引力波事例，被命名为GW170814。第四个引力波事例是由相互旋绕的两个黑洞合并产生的，两个黑洞的质量分别为太阳质量的31倍和25倍。合并后的黑洞质量约为太阳质量的53倍，剩余约3个太阳的质量转变成能量以引力波的形式释放出来，波源到地球距离约为18亿光年。

四、第五个引力波事件GW170817

北京时间2017年10月16日22点，美国国家科学基金会宣布激光干涉引力波天文台 LIGO 和 VIRGO 于 2017 年 8 月 17 日，美国东部时间 8 时 41 分(北京时间 20 时 41 分)发现一个引力波事例，命名为 GW170817。经分析确定第五个引力波事例是由相互旋绕的两个中子星合并产生的，两个相互旋绕的中子星的质量估计约为 1.1—1.6 倍太阳质量，比迄今为止观测到的黑洞的质量都要小得多，而恰好是中子星的质量范围。合并后形成一个新的中子星，有约 0.025 倍太阳质量转变成能量以引力波的形式释放出来。波源到地球的距离为 1.3 亿光年。这虽然是发现的第五个引力波势力，却是人类首次直接探测到有两个中子星合并产生的引力波事件。

第七章　串联科学之网

——科学信任的建构

科学的本性是不确定的，其结果导致在科学实验的决策过程中存在很大风险，这从上一章 LIGO 内部对于 GW150914 信号可信度的争论可见一斑。而科学又是整体性的，当代科学实验之复杂（如探测引力波实验）使得整个实验就像拉图尔所说的需要编织一张网，而科学家只不过是实验网络上的一个节点——他们只了解自己的研究领域，或者说只拥有自己研究领域的专长。要想把不同的专长串联起来，投入科学实验，就需要科学信任。换句话说，是科学信任将科学家们联结起来，在科学之网上共同发现真相。尽管"要简化以或多或少不确定的复杂性为特征的未来，人们必须信任"。[①] 但是，当把这一论断的论域从一般社会转向科学共同体中我们却发现，在科学共同体中其社会属性往往被科学理性所遮蔽，导致整个科学信任体系其实很少被公众所了解。因为科学家不可能站出来发表公开声明说"我不相信 X 教授的结果，因为他在过去犯了太多错误"（如韦伯实验），或者"我不相信 X 教授的结果，因为他不诚实"或者"因为 X 教授不称职"……他们必须要证明 X 教授对数据的分析是错误的，必须对 X 教授所得出的错误结果给出合理的解释。科学与公众之间所存在的这个认识上的鸿沟也导致了公众对于科学本身的不了解，甚至不信任，从而引发了诸多现代科学信任危机。

① ［德］尼克拉斯·卢曼：《信任》，翟铁鹏、李强译，上海人民出版社 2005 年版，第 21 页。

第一节　信任概念的内涵

不限于科学，对整个世界而言，信任都是社会构成的基础，这一观点已经为经济学家、社会学家、心理学家及管理理论学者所普遍认可。《牛津英语词典》对信任的定义为："对某人或某物质品质或属性或对某一陈述之真实性，持有信心或依赖的态度。"①根据这一定义不难看出，对信任的界定应当包含两个层面：首先，信任是一种信心；其次，信任的建立不单与人相关，还与物相关。但是，由于研究主题的不同与学科差异，导致不同学科对"信任"的定义是有所差别的，如表 7.1 所示：②

表 7.1　信任定义统计表

研究者	信任的定义和维度	核心词
Sabel(1993)	信任就是合作各方确信没有一方会利用另一方的弱点去获取利益	信赖、利益
InkPen. Currall (1998)	风险状态下对联盟伙伴的信赖	风险、信赖
Luhman(1979) Zucke(1986)	人际信任(inter-personaltrust)：以人与人交往中建立起来的情感联系为基础，一般被认为是委托—代理关系的前提； 制度信任(Institution-based trust)：建立在制度基础之上的信任，以人与人交往中制度所受到的规范准则、法纪制度的管束制约为基础	个人情感制度
MeAlliste (1995)	认知型信任(cognition-based trust)：依赖于对他人的充分了解和值得依赖证据的掌握，如他人的能力、责任感等产生的信任；	认知、情感

① ［英］安东尼·吉登斯：《现代性的后果》，田禾译，黄平校，凤凰出版传媒集团、译林出版社 2011 年版，第 26 页。

② 游泓：《情感与信任关系结构方程模型的建构与验证》，西南交通大学出版社 2018 年版，第 16—18 页。

续　表

研究者	信任的定义和维度	核心词
	情感型信任(affect-based trust)：建立在认知、情感人们之间的感情纽带之上，表现出对对方福利的关心，充分考虑对方的目的和企图，依赖于良好的沟通和对误差的排除	
Nooteboom (1996)	非自利型信任(non-self-interested trust)：一方愿意与另一方合作，并相信后者不会滥用前者的信任，建立在伦理道德、友谊、同情、亲情的基础上； 动机形信任(intentional trust)：一方处非自利、自利于某种自利的动机同另一方合作，后者的自利动机也不会导致其寻找机会做有损于前者的事情	非自利、自利
Kralner，Tyler (1996)	工具性模式的信任(instrumental models of trust)：根据对行为结果的精确计算来确定，是片面的和外在的； 关系性模式的信任(relational models of trust)：基于对对方人品、意愿和行为举止情感的评价决定的。这种信任包含认知成分，更包括情感内容，是内在的反应过程	计算、认知、情感
Yamagishi (1994)	如果信任是对授信对象善意友好行为的判断和期望，是对他人的品性、意图的分析推断和基础，是指具有普遍性的一般信任； 如果以对善意行为的激励强化机制和制度放心、一般的认识理解为基础而形成的期望，则是信任“信任”或“放心”(assurance)，是一种在有保障的制度环境下所产生的安全无忧的心态	放心、一般信任
Lewieki Bullke (1996)	计算性信任(calculation-based trust)：以个人对交往中得失结果的精确计算为基础，交易双方都是理性的，双方都会充分考虑被信任和不被信任的收益和成本，然后基于收益成本间的比较做出行为选择； 知识性信任(knowledge-based trust)：以个人对交往对方的认知了解为基础，对另一方的信任基于以前对其了解的基础之上； 认同性信任(identification-based trust)：以交往双方在情感及认知上的相互认同为基础，交易双方有共同的价值观和道德准则，双方均能理解对方的需要，这种理解能导致最终的信任	信任发展的三阶段模型：计算性、知识性、认同性

续 表

研究者	信任的定义和维度	核心词
Sako(1992)	契约性信任(contractual trust):依赖于契约的信任,契约越细,信任度越高; 能力信任(competence trust):一方具有照对方要求和预期完成某一行为的能由此形成对对方的评价; 善意型信任(goodwill trust):交易一方出于善意而对他人产生信任,这种善意包括共同的信仰、友谊、同情等	契约、能力、善意

尽管关于信任的定义有所差别,但对信任的讨论最初是源自社会学。社会学中最早对信任的讨论以社会心理学的研究为主,社会心理学把对信任的研究聚焦于个体之上,侧重于人际之间的互动关系研究。此类研究最早可以追溯到对儿童心理学的研究,研究在儿童成长过程中母子之间的互动关系对信任的形成所起的所用。比如美国心理学家埃里克森认为:"社会信任在婴儿身上的首次显现体现在他是否容易被喂养、是否容易入睡和肠道是否容易放松。他们关于与日俱增的接受能力和养育技巧相互调节的经历,帮助他们平衡体内不成熟造成的不适。在逐渐增加的清醒时刻,他们发现越来越多的冒险唤醒了一种熟悉感与内心的善良感一致。……接着婴儿的首次社会成就便是他自愿让母亲远离视线,不会带着过度的焦虑或者愤怒,因为母亲已经变成一种内心确证的存在,和外在可预见性的存在。"①并且,"这种具有连贯性、持续性以及一致性的经验,提供了一种基本的自我同一性,我认为这种观念基于某种认可,是记忆中以及期望的感觉和图像的内在总体同熟悉,以及可遇见的人与事物的外在总体稳固的联系"。②

事实上,可以把埃里克森这里所谈及的"信任"等同于"信心"(confidence),它暗含着一种天性和互动性——所谓天性是指,养育孩子是母亲的天性;而信任的建立又依赖于母子之间互动的社会关系,即"源自婴儿早期经验的信任,并不取决于食物的绝对数量或者爱的表露程度,而是取决于母

① [美]爱利克·埃里克森:《童年与社会》,高丹妮、李妮译,世界图书出版公司 2018 年版,第 227 页。
② 同上。

子关系的品质。母亲通过某种方式在孩子心中留下信任的观念。这种方式把对婴儿需要的敏锐关注和个人信任感与其所处文化的信任结构结合起来，构成了儿童身份感的基础，这种身份感在稍后会同做‘正确的’事情、做自己以及‘成为他人相信其会成为的人’的想法结合在一起”。[①]

但是，这并不是说信任的形成是必然的。恰恰相反，埃里克森强调在信任的产生中首先是存在普遍的焦虑的。一方面，他强调孩子在一开始面对周围的环境时是“不适”的，甚至于个体的内在面对外在时是“愤怒”的，比如孩子长牙时的疼痛；另一方面，他强调在面对这种外部环境的不安条件时，恰恰是母亲与孩子之间稳定的、持续的社会互动关系，让孩子首先对与母亲之间的社会互动关系有信心，不需要提防养育者会偷偷逃走。特别是，在后来对许多成年的精神病患的治疗中，埃里克森发现“重获信任感成为治疗这些病人的关键。许多病人的古怪或退行性行为之中都隐含了他们试图通过检验情感与物理现实、语言与其社会含义之间的界限，来修复社会关系”。[②] 整体上看，社会心理学把信任看作是由外界刺激所导致的心理变化继而所导致的一种行为，其根源是在个体的心理状态。

但是，“正如埃里克森所强调的，对个人的信任建立在回应和他所包含的相互关系之上：相信他人的诚实是自我诚实和可靠感的一种最初来源。对抽象体系的信任为日常的可信赖性提供了安全保障，但是它的性质本身决定了它不可能满足个人信任关系所提供的相互性和亲密性的需要”。[③] 换句话说，社会心理学把信任的产生，单纯地归咎于是个体间的互动关系，这其实是一种个体信任，并不能代表整个社会信任系统。“……在任何情况下，信任都是一种社会关系，社会关系本身从属于特殊的规则系统。信任在互动框架中产生，互动既受心理影响，也受社会系统影响，而且不可能排他地与任何单方面相联系……”[④]因此，德国社会学家卢曼主张基于社会的复杂性重新反思信任的内

① ［美］爱利克·埃里克森：《童年与社会》，高丹妮、李妮译，世界图书出版公司 2018 年版，第 229 页。

② 同上书，第 228 页。

③ ［英］安东尼·吉登斯：《现代性的后果》，田禾译、黄平校，凤凰出版传媒集团、译林出版社 2011 年版，第 100 页。

④ ［德］尼克拉斯·卢曼：《信任》，瞿铁鹏、李强译，上海人民出版社 2005 年版，第 6—7 页。

涵和其构成的基础。

卢曼认为“在其最广泛的含义上，信任指的是对某人期望的信心，它是社会生活的基本事实”。[①] 因为“每一天，我们都把信任作为人性和世界的自明事态的‘本性’。在这个最基本的层次上，信心是世界的自然特征，是我们借以过日常生活的视域的必要部分，但它不是意向中的（因而是易变的）经验的构成因素”。[②] 而信任的最根本作用在于“哪里有信任，哪里就有不断增加的经验和行为的可能性，哪里就有社会系统复杂性的增加，也就有能与结构相调和的许多可能性的增加，因为信任构成了复杂性简化的比较有效的形式”。[③] 换句话说，信任能够增加社会认知和社会行动的可能性，进而增加系统的复杂性，同时又能弱化或削弱复杂性所造成的问题。

卢曼之所以要基于“复杂性”来理解信任的内涵，主要基于两点考虑：首先，从现实世界来看，毋庸置疑的是我们所生活的世界正在变得愈加复杂，这使我们关于整体世界与个人在世间认同的关系发生了变化——世界的复杂性常常使人变得无所适从，从而阻碍了个人对世界的成功调试。其次，从研究方法来看，固然对信任的研究始于心理学对心理结构的分析，但信任的建立是不能脱离社会关系的。也就是说，社会关系对信任建立的心理结构机制产生影响。因此，卢曼主张从一种系统论的角度，基于复杂性来重新理解信任的建构机制，从而弥合关于信任分析的心理学路径和社会学路径之间的张力。

而之所以说信任能够成为简化社会复杂性的关键在于人作为认识世界的主体，本身因其存在于社会系统中而具有“类我性”（Ichhaftigkeit）：“由于其他人有他们自己对世界的第一手进入，进而他们以不同的方式经历事情，他们也许因而成为我的根本不安全的根源。除了大量的不同种类的实在对象和在时间历程内它们丰富的多样性之外，世界的复杂性通过这一社会维度进一步提高了，这一社会维度并非简单的作为某种客观的东西，而是作为另一个自我浮现在人的意识之中。这就是为什么复杂性的进一步增加需要简化复杂性的新

① ［德］尼克拉斯·卢曼：《信任》，翟铁鹏、李强译，上海人民出版社2005年版，第3页。
② 同上书，第3—4页。
③ 同上书，第10页。

机制……”①

世界复杂性的削减机制在于：“……通过发展一种世界‘图像’，系统弥补秩序程度的差异。这就是说系统有选择的解释世界，透支它所拥有的信息，将世界的极度复杂性简化到他能够有意义地定位自己的程度，因此获得他经验和行动可能的结构，如果这种简化通过主体间的同意而发生，就产生了社会方面得到保证的、从而被经验为‘真实的’知识。……在这种情况下，系统用内部信息代替了外部信息，或者用它已经为其自身经验处理而学会的前提或赋予结构的前提代替外部信息。”②

而之所以说可以借由信任而达到削减社会复杂性的原因在于：

第一，信任是一种状态。或者，更具体地说，信任的目标是要达到一种确定的状态。这首先意味着“信任”是一个时间性的概念。这使信任区别于“结构”和“过程”的概念。“信任只有在现在才能得到保证和维持。无论是不确定的未来，还是过去，都不能唤起信任，因为业已做的事决不排除将来发现另外的前事的可能性。倘若‘现在’，按照固定于一个时刻的事件，被设想成一个片刻、事件发生的一个瞬间的话，那么信任与现在的关联性及其含义并不能得到理解和阐释。相反，任何信任的基础都是现在，作为变化着的事件的一个不间断的连续统一体的现在，作为诸状态总体（就这些状态而言，诸事件才能发生）的现在。”③

因为信任的基础是现在，因此信任是一种状态：“状态的安全——而且这意味着安全本身——只是在现在才是可能的，因而只有在现在才能获得。这同样适用于作为一种安全形式的信任。”④由于状态的确定性只存在于当下，因此对信任来说也是如此，信任的状态就是为了获得一种确定性。

如果把信任是一种现在状态的话，从时间性上，信任要面对未来。面对未来的这样一种要求使信任不得不面对这样一种事实：“未来包含的可能性，远远多于现在可能实现的，因而可能转变为过去的可能性。必定存在不确定性，

① ［德］尼克拉斯·卢曼：《信任》，翟铁鹏、李强译，上海人民出版社 2005 年版，第 8 页。
② 同上书，第 41—42 页。
③ 同上书，第 16 页。
④ 同上书。

只是由于一个最基本的事实：并非所有的未来都能够成为现在并从而成为过去。未来给人类的想象力加上了过重的负担。人类不得不生活在与这种永远过度复杂的未来相伴的现在。因此，他必须消减未来以适应现在，也就是说，说减少复杂性。"①因此，在卢曼看来，信任能够成为简化未来复杂性的一种机制，能够增加我们对不确定性的承受力。

第二，信任是一种态度。更具体来说，这是一种普遍化的态度。信任依赖于对已有的证据进行判断，如西美尔所言，它是知与无知的融合。对先前判断所积累的经验成为信任形成的基础，之后再将它推广到其他案例中，这便构成了信任的机制。该"普遍化"（generalisierung）机制，主要涉及三个层面：

一是或然性从外到内的不完全移位。卢曼对信任机制的阐述中假定系统的存在是对其运作的支持，系统本身足够复杂，在其内部能够再生出世间的特定关系。这样，内在过程就能够维持在一个复杂程度较低的水平上，用卢曼的话来说就是："较少的可能性，或较多的秩序"——"它们有选择性地运作：世间的数据关系被吸收进来并被作为与系统相关的信息处理。因此，它们用数据加工的内在秩序代替最初无组织的环境复杂性，这种内在秩序的问题作为适应环境的正常运作基础输入到系统之中。"②信任对复杂性的简化过程其实是用内在的确定性取代外在的确定性，提高系统对外在不确定性的耐受性。内在确定性的建立来源于两个方面：一方面，"……信任的对象对内在结构发挥了一种必不可少的功能：对经验进行处理。信任的削弱相应地会对自我的信心产生极其深远的后果，因为它会导致内在性情的巨大改变，所以不会作为一种可能性得到鼓励，对它来说系统缺乏时间、能量以及环境的支持"。③ 另一方面，"……信任的确能确定性可能依赖于一个比较强分化了的内在系统，其后果是，信任的对象的失败只能导致部分的、孤立的损害，而且信任的对象可能被功能等价物取代"。④

---

① ［德］尼克拉斯·卢曼：《信任》，翟铁鹏、李强译，上海人民出版社 2005 年版，第 17 页。
② 同上书，第 34—35 页。
③ 同上书，第 35 页。
④ 同上。

在这两种情况下，信任的首要支持来自它在系统内部的信息处理过程中发挥的功能，而非直接来自环境。因此，信任与对象之间的关系不会因特定的个人利益与经验背景或是事态的差别而不同。“……无论在什么地方信任者遇见现实的个人，不管他们各自的角色背景如何，对这个特殊个人的信任都会被激活，但是，甚至对比较抽象的功效结构的信任，例如，对货币价值的信任，预先假定与对象同样具体的关联，如果它要成为信任，而不是以经验为基础的知识的话。只有通过对象的中介，信任才成为符号方面可控制的，……所以信任是一种态度，这种态度既不是客观的，也不是主观的，它不可能转换为其他对象或者其他信任者。”①

二是学习过程。信任不是天生的，它是要学习的。这一学习过程从婴儿时期就开始了，家庭作为一种社会制度结构，使孩子能够基于家庭成员之间的关系而学会信任。但是，学习的过程并没有在那里终止。在他进入社会之后，不断出现的新的社会环境、接触到的新的人，为信任的学习提出了新的问题——“为恋爱和朋友关系，或者更一般地讲，为所有种类的人际纽带以及深化熟人关系做准备的生活道路，可以理解为是对信任关系的检验与学习。分化了的、异变的社会系统，设定了一个特别高的标准，如果人们可能学会，不只是信任本身，而且还学会学习怎样去信任，才能符合这一标准。”②学习过程基于学习者的经验，为学习者自己所控制。“学习过程不会硬把我与你的分离变成完全的绝对的区别。相反，你是作为‘另一个我’存在的。学习者推己及人，因而有可能是他与其他人的经验普遍化。因为他感到，他从心理上准备尊重某些不相识的人的信任，他也能够把信任赋予别人。”③

三是外部效果的符号解析。卢曼认为信任比较棘手的地方在于它反射到周围世界的方式和途径上——赋予信任的人与社会格局变成符号复合体，这种复合体对骚乱特别敏感，即所有事件的发生都会对确定性产生影响。“一个谬误就可以使信任全然无效，根据它们的符号值，相当小的错误和表达不当，都可能揭开某人或某事的‘真面目’，经常带有冷酷无情的严格。泛化的强迫

① ［德］尼克拉斯·卢曼：《信任》，翟铁鹏、李强译，上海人民出版社 2005 年版，第 35 页。
② 同上书，第 37 页。
③ 同上书，第 37—38 页。

性质，从环境的简单化形象的不可避免性生成的紧张，表现在信任的脆弱性之中。”①无论是谁在做出信任的决定时，都不得不做好接受各种风险的心理准备。换句话说，信任不是无条件的信任，信任有动机也有心理预期。当某人将信任赋予某人或某物时，他需要约束与控制的正是他自己。基于动机，使对信任的符号调整成为可能。

当然，符号调整的信任方式并不是固定的，因为现实环境是复杂的，因此信任是很脆弱的。换句话说，它对事件的发生是很敏感的。但是，原则是不变的——借助各种符号暗示，形成关于是否信任的信息反馈圈。尽管如此，并非所有的信息都会对信任造成威胁或破坏。信任的对象，享有一定的信誉，对于不好的经验有一定的容忍度。“在区分信任与不信任时，控制是根据界限实施的，若不收回信任就不可能跨越这些界限，在风格技术弹性方面，这种控制与依据明确目标，规范或价值的控制有根本区别，它是一种可调试于更大复杂性的简单的方式，但是它的确预先假定各种界限或信任批判的行为方式，可能得到识别并能足够清晰地界定。”②

此外，卢曼认为符号控制起作用的方式是不受质询和不确定的。“它大多通过推论实行，这些推论仍然是不传播的，因而甚至不必做界定，或不必适当的证明为正当的。这就是理由和观点的非常精确的表达与信任的管理、信任的收回都不协调的原因。”③也就是说，对理由和观点的精确表达，反倒是一个瓦解信任的因素。“因为提供详尽的实际信息和专门的论证，就是否认信任的真正功能和方式，尽管这种说明的可能性应当提出来。”④信任关系的三个组成部分，进一步确认了卢曼之前的假设，即信任能够消解复杂性。

这样，一方面，通过将疑难问题从外部转移到内部；另一方面，通过学习和符号控制的内在方式，系统用内部信息代替了外部信息，从而达到消解世界的复杂化的目的。但这并不是说，这种效力可能发生与环境没有关系。卢曼强调，“实际上，环境的结构，特别是社会秩序的结构，最直接地影响信任是否确

---

① [德]尼克拉斯·卢曼：《信任》，翟铁鹏、李强译，上海人民出版社2005年版，第38页。
② 同上书，第39页。
③ 同上。
④ 同上书，第39—40页。

实可行的问题,以及如果可行又以什么形式可行的问题。”①在这一点上,卢曼认为“用来形成信任的诸线索并没有消灭风险,只是减少了风险。它们并不会提供有关将被信任者可能行为的完全信任。它们只是作为跃入受限制的和结构的不确定性的一块跳板起作用。”②

至于,如何建立信任,卢曼强调熟悉是信任的前提。受到现象学的影响,卢曼认为空洞的去谈“世界”与“意义”是没有意义的,意义要受经验引导。而所谓的经验,必然是建立在熟悉的基础上的。也就是说,“既然意义与世界的建构一向就是匿名和潜在的,经验可能性的全部潜能,世界的极端复杂性都将排除在意义之外。这意味着,熟悉的世界是相对简单的,而且这种简单性在相当狭窄的界限内得到保证”。③ “在这种意义上,熟悉使人们有可能抱有相当可靠的期望,所以也可能吸收遗留的风险因素。”④

可以说,是卢曼首先对“信任”这个概念做系统的理论分析的,他对信任概念的界定和机制的分析把我们对信任的研究从作为一种心理结构的分析引入概念分析的路径上。其中,关于信任建构所涉及的风险因素已经有所涉猎了,这对其后吉登斯对信任的研究产生了很大启发。但是,吉登斯仍然表示“我不能同意卢曼‘不行动也就无风险’(换言之,不冒险也就什么也不会失去)的观点”。⑤ “此外,即使按照卢曼的定义,信心和危险之间并没有内在联系。危险存在于风险环境之中,实际上它也与确定究竟什么是风险有关。”⑥换句话说,吉登斯认为卢曼对信任的定义不够严密,或者说,不够全面。他在卢曼的基础上,把信任的定义概括为十大原则:⑦

(1) 信任与在时间和空间中的缺场有关。对于一个行动持续可见而且思维过程具有透明度的人,或者对于一个完全知晓怎样运行的系统,不存在对他或它是否信任的问题。信任过去一直被说成是“对付他人自由

① [德] 尼克拉斯·卢曼:《信任》,翟铁鹏、李强译,上海人民出版社 2005 年版,第 42 页。
② 同上书,第 43 页。
③ 同上书,第 25 页。
④ 同上。
⑤ [英] 安东尼·吉登斯:《现代性的后果》,田禾译,黄平校,译林出版社 2011 年版,第 29 页。
⑥ 同上。
⑦ 同上书,第 29—32 页。

的手段”，但是寻求信任的首要条件不是缺乏权力而是缺乏完整的信息。

(2) 从根本上说，信任不是与风险，而是与突发性联系在一起的。面对突发性事件结果，信任总是具有信赖的涵义，而无论这些结果是由于个人的行动还是由于系统的运作造成的。至于说到对人的信任，信赖则包含有“诚实”(荣誉)或爱的含义。这就是为什么信任他人对信任者个人来说是心理上的骄傲自大：这是对自己命运的道德抵押。

(3) 在一个人或一个系统之可靠性方面，信任与信赖并不相同，这种可靠性是由信赖派生出来的。准确地说信任是连结信赖与信心之间的纽带，正是因为如此，信任不同于“欠充分的归纳性知识”。后者是建立在对环境某种程度了解基础之上的信心，而在这种环境中，具有信心被认为是合理的。从某种意义上说，所有的信任都是盲目的！

(4) 我们在象征标志或专家系统内所谈论的信任，是建立在信赖(那些个人并不知晓的)原则的正确性基础之上的，而不是建立在对他人的“道德品质”(良好动机)的信赖之上。当然，对某个人的信任在一定程度上总是与对系统的信赖有关，但是所信赖的只是这些系统的有效运转，而非系统本身。

(5) 至此我们到了给出关于信任定义的时候。信任可以被定义为：对一个人或一个系统之可依赖性所持有的信心，在一系列给定的后果或事件中，这种信心表达了对诚实或他人的爱的信念，或者，对抽象原则(技术性知识)之正确性的信念。

(6) 在现代性的条件下，信任存在于以下情境之中：(a) 对人类活动(包括在这一阶段技术对物质世界的影响)乃是社会性的创造的一般意识，而非由事物之自然本性或神明之影响所形成的；(b) 由现代社会制度之动力特征所导致的急剧扩大的人类活动的变革范围。风险的概念代替了运气，但这并不是因为前现代时期的行动主体就不能分辨风险和危险。相反，它体现了对决定性与突发性事件认识的变化，以至于人类的道德命令、自然原因以及机会取代了宗教的宇宙决定论的地位。现代意义上的机会观念，是与风险观念同时出现的。

(7) 危险与风险密切相关但又不尽相同。这种区别并不取决于个人在考虑或采取一种特殊的行为方式时是否会有意识地权衡各种选择。准确地说,风险意味着危险(但并不一定已经意识到了这种危险)。当某人冒风险做一件事时,在这里,危险被看成是对预期结果的一种威胁。任何一个"有计划地进行冒险"的人都能意识到由特殊的行动过程所引起的这种或这一系列威胁。但是,在采取行动或经历具有内在风险的境遇时,个人完全有可能并没有意识到会冒什么样的风险。换句话说,他们并没有意识到会招来什么样的危险。

(8) 风险和信任交织在一起,信任通常足以避免特殊的行动方式所可能遇到的危险,或把这些危险降到最低程度。在信任所涉及的环境框架中(如对股市的投资、参加对身体有危险的运动),在某些情况下,风险的类型是可以被制度化的。在这里,技术和机会是限制风险的因素,但是通常风险是经过周密估算的。在所有信任的环境框架中,可接受的风险处于"欠充分的归纳性知识"的标题之下,而且,从这种意义上说,信任和经过估算的风险之间实际上总存在着一种平衡。究竟什么风险才是"可接受的",或者说是最低限度的?这在不同条件下当然是不同的,但在维持信任方面是最主要的。这样一来,乘飞机旅行就会被看作是有内在危险的行动,因为飞机的飞行看起来是违背了重力原理。经营航空公司的商人们在反对这一点的时候,通过计算每英里死亡的乘客人数,从统计学上证明乘坐飞机旅行的风险是多么小。

(9) 风险不只是个人的行动。有一些共同影响许许多多个体的"风险环境"。举例来说,它们潜在地影响着生活在地球上的每一个人,生态灾变或核战争便是如此。我们可以把"安全"定义为一种情境,在这种情境下,一系列特定的危险或者被消除或者被降到最低限度。安全经验通常建立在信任与可接受的风险之间的平衡之上。从实际的和经验的意义上说,安全或者是指大多数聚居在一起的人类集体的安全(直至并且包括全球性安全),或者是指个人的安全。

(10) 以上的论述都没有谈到信任的对立面是什么,它并不简单的是不信任……

第二节　科学哲学上的信任观

在科学哲学上，对科学的信任是建立在科学的客观性基础上的。英国的科学哲学家迈克尔·波兰尼(Michael Polanyi)是这样谈论理解客观性的:“在科学上客观真理的发现来源于我们对某种合理性的领悟;这种合理性能使我们肃然起敬，能引起我们沉思和仰慕。这样的一个发现，在运用我们的感官经验作为线索的同时，又超越这一经验，对我们的感官所得到的印象以外的现实胸怀幻想;这种幻想又是不言而喻的，能引导我们不断对现实做出更深刻的理解……”①而理论的科学性的确立是以科学家的良心机制为保障的:“人们向来受到教导要尊敬科学家，因为科学家们绝对尊重观察到的事实，对自己所掌握的科学理论采取明智的超然与纯粹的临时性态度(在得到任何矛盾的证据时随时准备放弃一种理论)。”②

1938年8月，英国科学促进学会旗下成立了“科学的社会与国际关系分会”(Division for the Social and International Relations of Science)，这个学会旨在对科学的发展给予所谓“社会学意义”上的指导。在该学会的授意下，一场对科学进行规划的运动在学术界逐渐扩展开来，一批热衷于公众事务的科学家占据了学术界的主流，而以波兰尼为代表的“纯粹”的学者则被边缘化。对此种做法，波兰尼十分反感，一方面他对干扰科学的所谓“规划”行动予以谴责，另一方面他重申了科学应当保持研究的独立性。为了从学理上对干扰科学家工作的做法予以有力的反击，波兰尼给出了一种评价专家的机制——“良心”机制。

波兰尼认为，科学家就是一群从事科学研究的人，科学的本质是“发现”，是人的一种创造性的活动。在科学发现的过程中，有两种规则在起作用：第一种是明确的规则，比如科学家在进行科学实验的过程中不可避免地会运用

① [英]迈克尔·波兰尼:《个人知识——迈向后批判哲学》，许泽民译，陈维政校，贵州人民出版社2000年版，第5页。

② 同上书，第19页。

到类似于数学公式这样明确的知识。但波兰尼认为，明确的知识只是科学发现的工具而已，单纯依靠明确知识来进行操作，只是测量，并不是真正的发现。科学的实际操作主要依赖于第二种规则，即波兰尼所谓的“艺术的规则”，或者更准确地说，应当是“默会的规则”。这种规则不能用语言或公式直接表示，但它可以内化为科学家的直觉，“关于自然的每一种解释——无论是科学的、非科学的，还是反科学的——都是以对事物总体特征的某些直觉观念为依据的”。①

“默会的规则”的存在说明了科学工作在很大程度上是一种属于科学家个人的个性化的工作。因此，波兰尼认为科学的机制应当是一种基于科学家道德的“自治”机制，主要包含两个层面：

第一，科学的内在机制，即科学的发现机制。波兰尼认为，科学发现的过程是沿着两条线索展开的：一条线索是明线，即客观存在的科学发现过程：科学家首先要找到好的选题，然后根据所探寻的实在做出假设。以“盗贼理论”为例，假如在某个夜里，我们被隔壁空房间传来的翻箱倒柜的声音吵醒，这声音是来自风声？贼？还是老鼠？此时，我们的第一反应是猜测；之后，我们会根据我们的观察收集线索；然后，再用已经观察到的事实对隐藏在事实背后的实在进行判断。另外一条线索是人的一种主观认识活动，波兰尼认为该认识的前提乃是科学家的信仰。首先科学家是相信真理、相信实在是客观存在的；秉持着这种信念，科学家会在科学发现的过程中会遵照自己的良心行事；科学家的良心又会支配着科学家的直觉对科学假设和科学事实本身做判断。

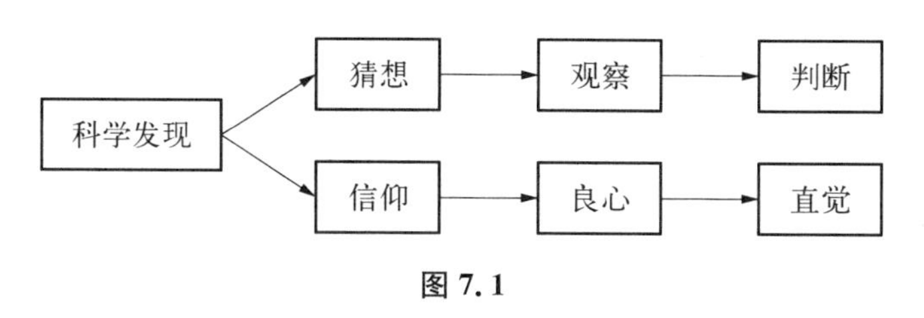

图 7.1

① ［英］迈克尔·波兰尼：《个人知识——迈向后批判哲学》，许泽民译，陈维政校，贵州人民出版社 2000 年，第 8 页。

无论是对客观的科学发现过程来说还是对主观的认识过程而言，波兰尼认为在两种过程当中，科学家的直觉或者说“默会的规则”所发挥的作用都远远大于明确规则。因此，波兰尼认为，在科学发现的内在机制中起作用的是科学家的良心。对此，他说：“从头至尾，科学探寻的每一步最终都是以科学家自己的判断来决定的，他始终得在自己热烈的直觉与他本身对这种直觉的批判性克制中做出抉择。……对这些经过相互对立的论战仍无法解决的问题，科学家们必须本着科学良心来做出自己的判断。”①

第二，科学的外在机制，即科学的社会机制。对波兰尼而言，他认为不单在客观性程度较高的科学内部，甚至在科学的外层，良心也是维系科学家群体的纽带。例如，对于师徒关系而言，“学生通过训练逐渐建立起与实在的直接接触，随之而来的就是科学权威之功能逐渐削弱。学生日益成熟，他们对权威的依赖越来越少，转而更经常地运用独立的个人判断来树立他们的科学信念。权威日渐失色，学生的直觉与科学良心却日渐承担起更多的责任。这并不表示他将不再借鉴其他科学家的工作报道，这借鉴还将一如从前，只不过从此以后这种借鉴将依据他本人的判断来进行。从此，服从权威将只是发现过程的某个组成部分而已，科学家将在自身科学良心的指引下，对这一部分，也对整个发现过程负起完全的责任”。②

对于同行关系而言，科学家难免会受到同行的批评和指责，但是波兰尼认为，虽然不同的科学家所持的观点可能不同，但是科学传统是一脉相承的。即便其他人不认可某人的观点，把他的观点看作是荒谬的，但是却不能否认该观点的前提条件——研究传统。正是因为科学家都有着相同的信仰和相同的科学传统，这就会导致不同的科学观点最后会被逐渐修正然后趋同，于是，科学共同体会再次达到一种平衡的状态。总之，波兰尼认为，归根结底，科学的运行遵循的是良心机制，他“把科学良心看作是调节直觉性冲动和批判性程序的规范法则和师徒间关系的最终仲裁者”。③

---

① [英]迈克尔·波兰尼：《个人知识——迈向后批判哲学》，许泽民译，陈维政校，贵州人民出版社 2000 年，第 14 页。

② 同上书，第 48 页。

③ 同上书，第 58 页。

与波兰尼类似，科学社会学家罗伯特·默顿(Robert Merton)也注意到了科学受到干扰的事实：1933年之后，德国纳粹出于政治和保持民族纯洁性的目的，在德国的大学和科研机构中强行规定科研人员必须出身于"雅利安"民族，并且要公开赞同纳粹。不能达到上述要求的科研人员，统统要被驱逐出科研机构。于是，像海森堡、爱因斯坦这样的科学家后来都被迫离开了德国。默顿认为纳粹的这种种族主义政策的直接后果就是限制了科学，至少在一定程度上限制了当时德国科学的发展。

默顿从科学与社会的冲突出发，把造成两者冲突的原因归为两类——一类是逻辑上的，一类是非逻辑上的。他说："对科学的敌意可能至少产生于两类条件……第一类条件属于逻辑性的，尽管不一定是经验证实的结论，即认为科学的结构或方法不利于满足重要价值的需要。第二类条件主要包括非逻辑性的因素。它基于这样一种感觉，即包含在科学的精神特质中的情感与存在于其他制度中的情感之不相容的。"[①]基于这两种原因，默顿把科学的机制划分成两个层次——科学的内层和外层。

在科学的内层上，默顿承认科学家对于科学发现具有优先权，并且默顿天然地认为"科学的主要目的是促进知识的发展，它并不关注于直接利益相关的结果"。[②] 但与波兰尼的观点有分歧的是，波兰尼认为科学无论从内层到外层，完全是自主的机制。但默顿是把科学作为一种文化现象加以考察的，因此他认为科学同其他社会活动在本质上并没有太大差别，科学同样不能脱离社会框架。只不过默顿认为，对于科学的内层而言，基于对科学的精神气质的尊重，应当继续保持科学的高度自主性。在那里，任何的社会干预都会破坏科学的运行机制，而对科学的发展起适得其反的作用。既然在逻辑上(或者说科学的内层)没有发现科学与社会的冲突，那么，默顿推测，两者之间矛盾的根源应当归咎于科学的外层机制。在默顿看来，一方面，这种不健全的外层社会机制会对"精神气质"本身有干扰；另一方面，"由于科学家没有或不能控制其发现的应用的方向，因而当这些应用不能被权威机构或控制群体所赞许时，他会成

---

① [美]罗伯特·默顿：《科学社会学》，鲁旭东、林聚任译，商务印书馆2003年版，第345页。
② 同上书，第355页。

为人们责备的对象和受到更激烈反对的对象”。①

基于对“精神气质”的考察，默顿首先确立了科学规范，这构成了科学信任的理论基础：“有经验证据的学术规范是适当的和可靠的，它是被证实为正确的预言的一个先决条件；逻辑上一致这一学术规范，也是作出系统和有效的预测的一个先决条件，科学的惯例具有某种方法论依据，但它们之所以是必需的，不只是因为它们在程序上是有效的，还因为它们被认为是正确的和有益的，它们是学术上的规定也是道德上的规定。”②这些规定包括：

(1) 普遍主义。“普遍主义直接表现在下述准则中，即关于真相的断言，无论其来源如何，都必须服从于限定的非个人性的标准：即要与观察和以前被证实的知识相一致。无论是把一些主张划归在科学之列，还是排斥在科学之外，并不依赖于提出这些主张的人的个人或社会属性；他的种族、国籍、宗教、阶级和个人品质也都与此无关。客观性拒斥特殊主义，在这种特殊意义上，被科学证实的表述涉及的是客观的结果和相互关系，这种情况是与任何把特殊的有效性标准强加于人的企图相冲突的。”③

(2) 公有性。“财产公有制的非专门的和扩展意义上的‘公有性’，是科学的精神特质的第二个构成要素。科学上的重大发现都是社会协作的产物，因此它们属于社会所有。它们构成了共同的遗产，发现者个人对这类遗产的权利是极其有限的。……科学家对‘他自己的’知识‘产权’的要求，仅限于要求对这种产权的承认和尊重，如果制度功能稍微有点效用，这大致意味着，共同的知识财富的增加具有重要意义。”④

(3) 无私利性。“无私利既不等同于利他主义，也不是对利己主义感兴趣的行动。这样等同就把分析的制度标准与动机标准混淆了。求知的热情、莫名其妙的好奇心、对人类利益的无私关怀和许多其他特殊的动机都为科学家所具有。但是，对不同动机的探讨似乎被误导了。其实，能够说明科学家的行为特征的，是对大量动机的制度性控制的不同模式。因为一旦制度要求无私

---

① ［美］罗伯特·默顿：《科学社会学》，鲁旭东、林聚任译，商务印书馆2003年版，第354页。
② 同上书，第365页。
③ 同上书，第365—366页。
④ 同上书，第369—370页。

利的行动，遵从这些规范是符合科学家的利益的，违者就要受惩罚，而当这个规范被内化之后，违者就要受到心理煎熬。”①

（4）有组织的怀疑。“……有组织的怀疑与科学的精神特质的其他要素都有不同的关联。它既是方法论的要求，也是制度性的要求。按照经验和逻辑的标准把判断暂时悬置和对信念进行公正的审视，业已周期性地使科学陷入与其他制度的冲突之中了。科学向包括潜在可能性在内的涉及自然和社会方方面面的事实问题进行发问，因此，当同样的事实被其他制度具体化并且常常是仪式化了时，他便会与其他有关这些事实的态度发生冲突。科学研究者既不会把事物划分为神圣的与世俗的，也不会把它们划分为需要不加批判地尊崇的和可以作客观分析的。”②

虽然波兰尼和默顿都把科学规范作为科学信任的基础，强调规范对于科学发现的重要性。上述两人的努力均在于打造科学规范体系，夯实信任的基础，但并没有深入科学信任中去。在默顿之后，默顿学派的伯纳德·巴伯（Bernard Barber）一方面遵循了默顿的科学社会学研究范式，另一方面深化了默顿创建的科学规范研究与社会结构的关联度。特别是，巴伯明确了“信任”概念的内涵。首先巴伯强调信任是社会关系中最重要的一个方面，但另一方面巴伯也发现“信任”是一个概念内容模糊不清的概念，例如，在道德哲学家约翰·罗尔斯（John Rawls）的那本非常有名的《正义论》一书中，虽然他在正文中多次使用了信任这个词（参见“权威的道德性”这部分的讨论），但他没有给信任下过定义，也没有把信任这个词当作一个重要概念编入索引之中；另一位道德哲学家希赛拉·鲍克（Sissela Bok）在她的《说谎：公共与私人生活中的道德选择》一书中，第二章的标题就是“真实、欺骗和信任”，虽然她意识到在说谎或欺骗与信任之间有某种联系，但她却没有给信任下一个准确的定义。或者说，她没有清楚地描述出不诚实是如何损害了信任的。

同卢曼一样，巴伯主张把信任作为一种社会结构和文化现象，而不是像社会心理学家多伊奇等把信任只看作是个人性格变化的一种参数，同时继续说明对于维持不同社会体制的稳定来说，信任所发挥的重要性。但与卢曼的研

① ［美］罗伯特·默顿：《科学社会学》，鲁旭东、林聚任译，商务印书馆2003年版，第373页。
② 同上书，第375—376页。

究相比，巴伯的研究更注重信任研究的经验层面——如果说卢曼的研究侧重于考虑信任建构的理论框架的话，那么巴伯的研究所要论证的就是信任体系的衡量标准和适用对象，以及需要根据哪些标准来确立信任建立的经验证据，从整体上使信任研究既有理论深度又坚固了经验基础。

卢曼强调在社会体制中，信任对减少"复杂性"是必需的。经济学家弗雷德·赫西把信任界定为一种"公益"，它对许多经济交易的成功是必需的。社会学家彼得·布劳在他的社会交换理论中，把信任描述为"稳定社会关系的基本因素"。应用各种交换理论的社会学家卡罗尔·海默把信任看作在社会关系中行动者克服"存在于所有社会关系中的不确定性和易变性"的一个方面。道德哲学家鲍克把信任说成是一种"社会公益"，如果它被破坏，那么社会就会混乱和崩溃。帕森斯在讨论社会系统之间交换的四种代表媒介即约定、影响、能力和货币时，把信任作为约定的一种结果，它涉及根据基本的规范和价值标准来诉诸责任。那么，用什么样的线索，把这些看法和观点串联起来？巴伯以在社会关系和社会体制中行动者彼此所寄予的不同期望为线索，正如他说："我之所以把行动者彼此寄予的期望作为探索信任的意义的起点，是因为期望可以被看作是社会中相互作用的基本要素和成分，正如物质是物质世界的基本要素一样。期望乃是当行动者选择在理性上有效，在情感上和道德上适宜的活动和反应时归属于他们自己和其他人的那些意义。"①

巴伯把信任定义为一种期望，并在此基础上区分了三种不同的期望："最一般的期望乃是对维持和实现自然秩序和合乎道德的社会秩序的期望。第二种期望乃是对同我们一道属于社会关系和社会体制之中的那些人的有技术能力的角色行为的期望。第三种希望则是期望相互作用的另一方履行其信用义务和责任，即在一定情况下把他人利益摆在自己利益之上的义务。"②通过对期望层次的划分，巴博扩展了信任概念的内涵。基于三种不同的期望，延伸出三种不同的信任的意义层次：首先，对照第一种期望，信任有作为对技术能力的角色行为的期望的意义。其次，对照第二种期望，信任有对信用义务和责任的

① [美]伯纳德·巴伯：《信任：信任的逻辑和局限》，牟斌、李红、范瑞平译，福建人民出版社1989年版，第11页。

② 同上。

期望。再次，对照第三种期望，在相互作用的道德方面，作为信用义务的信任，胜过有技术能力的行为。前提条件是有技术能力的行为是以一般知识或专门知识为基础的。

对照上述三种信任的意义，信任在调节社会结构方面也具有三种功能：首先，“它具有维护社会秩序的一般功能，并且为不断相互作用的行动者和体制提供认识的和道德期望图示”。[①] 这种功能对应于布劳所说的信任是“稳定社会关系必不可少的”，以及卢曼所说的信任能够帮助个体行动者和体制减少所面对的社会现实的复杂性的功能。其次，“信任的第二个一般的、更能动的功能，特别是就其对有技术能力的行为和信用责任的期望这种意义而言，乃是社会控制”。[②] 这里，巴伯所谈及的“社会控制”并不是一种消极的控制，而是积极的控制——它是社会体制为取得成就提供必要的手段和目标的机制。

其中，信任的社会控制功能又体现在两个方面：一方面是权力。“为了持续有效地发挥作用，所有的社会关系和社会体制都要求他们的一个或多个成员行使权力。……就社会控制而言权力是最充分的和最有效的——也就是说，为了达到个体的或体制的目标，必须信任权利，情愿承认和接受权力，以期望持有权力的人为了作为一个整体的体制将有技术能力地和有信贷责任地使用权利。因而，这种信任赋予使强有力的社会控制成为可能。另一方面，这种信任的接受和实现可以防止拥有权力的那些人滥用权力。虽然信任只是社会控制的一种手段或机制，但在所有社会体制中，它是一种无所不在的重要手段或机制。”[③]与此同时，信任所表现的社会控制功能是表达和维持信任所基于的共同的价值观念。“在社会关系和社会体制中，信任是创立和维护团结的一个综合性机制。夫妻之间或专业人员与信托人之间的信任表明共同的目标和价值观念把他们紧紧地联系在一起。在社会体制中，信任不是一个零—整体问题，而是在一种关系或一种社会体制中，为所有的成员增进利益的创造者。”[④]用经济学家的话来说，信任就是一种公益。

---

① ［美］伯纳德·巴伯：《信任：信任的逻辑和局限》，牟斌、李红、范瑞平译，福建人民出版社1989年版，第20—21页。

② 同上书，第21页。

③ 同上书，第21—22页。

④ 同上书，第22页。

总之，巴伯认为作为信任的机制，“其功能在于维持社会秩序和社会控制、表达和维护团结。社会关系和社会体制即为其各种结构和过程发展功能上的选择机制，又发展为与任何给定的结构和过程一起合作的功能上的补充机制，以便提高达到向往的结果的可能性”。①

综上所述，在科学哲学上对信任的研究是始于科学社会学进路。尽管科学社会学对于信任概念的内涵做了深入探讨，但这种分析是基于对信任的社会结构的研究，却没有深入科学的产生过程中。这一点就如同美国科学哲学家罗伯特·克里斯(Robert Crease)所言：“信任是科学哲学的中心概念。当哲学家将科学简化为假设、提出和证实的机械过程时，它的中心地位常常被忽视。但是，当哲学家从科学家的实际工作和他们工作的背景出发时，信任在科学界的中心地位是不可否认的。科学家必须信任他人研究的数据和产品、他们的同事的证词，以及围绕他们的学科和制度结构。没有信任，实验室和管理科学行为的机构的科学研究都是不可能的。”②

科学哲学家约翰·哈德维格(John Hardwig)曾与物理学家联合进行了一项实验。在这个实验当中，他们发现信任在科学研究中有重要的认知功能。与哈德维格不同，克里斯是从科学与社会的互动角度来理解信任的，他认为“信任意味着超出我们知识或能力范围之外，为了避免受到伤害而选择顺从或相信别人”。③ 比如我们在生病时，我们的健康被握在了医生的手上。这时，我们对于我们的处境是无能为力的，我们只能相信和听从医生的建议。对于科学来说，科学是为了生产不仅是供科学家也包括公众使用的可靠的知识。

从这一点上来说，科学活动不仅对科学家有重要意义，对公众也同样如此。换句话说，面向公众的科学必须是可信赖的。这里便引出了一个哲学问题，即普通公众是否以及如何相信专家(包括科学家在内)的专家意见问题。对这一问题的理解主要分为三个层面：

第一，关于是否要相信专家的问题。哈德维格认为，专家比外行有认知优

---

① [美]伯纳德·巴伯：《信任：信任的逻辑和局限》，牟斌、李红、范瑞平译，福建人民出版社1989年版，第22页。

② Robert Crease, “Trust, Expertise and Philosophy of Science”, *Synthese*, Vol. 177, 2010, pp. 411-412.

③ Ibid., p. 412.

势,或者说,专家比外行更有理性,因此应当相信专家。哈德维格这一论断的提出主要基于三点:"首先,我认为如果一个人有好的理由去相信他人有好的理由来相信一个命题的话,那么他就有好的理由相信这一命题,因此我认为相信一定有一个好的理由,但这个理由构不成是这一命题为真的证据。其次,我主张(在专家是行家的问题上)外行的认知不如专家的认知有优势。因此,合理性有时在于它拒绝进行独立思考。最后,我把这些考虑的结果应用于知识概念,并认为对于知识的科学追求和学术追求来说,专家—外行的关系是基本的。"①

第二,科学家是否得到了普通公民的信任与科学家是否应该得到信任,是不同层面的两个问题。通常情况下,从传统的认识论观点来看科学的目的在于追求真理,因此,科学家的观点应该得到信任。然而,基于科学知识社会学的田野调查可以发现,普通的社会公众未必会、或者说社会对科学家的工作是存有怀疑的。比如布莱恩·温(Brain Wynn)对坎普利亚牧羊的案例分析。因此,一些社会认识论学者,比如说克里斯蒂娜·罗兰(Kristina Rolin)认为可信度和可信赖性是有区别的。可信度与其他人实际使用什么指标作为信任科学家的基础有关;而信任度与什么指标实际上构成了一个人为什么应该被信任有关,比如他们的能力和诚意。并且,科学元勘的研究也表明可信度是由社会因素决定的,比如一个人的阶级地位。② 从这个意义上来说,权力和威望等社会安排可以影响谁被认为是可信的。③ 同样,在普通市民眼中,科学家是否可信,背后往往有社会因素。

第三,科学家的可信度往往与其科学价值无关。也就是说一些重要的科学发现,可能是不被公众所信任的。比如诺米·谢曼(Naomi Scheman)的研究表明,即使是身处特权阶层的科学家,公众也可能不相信他们。此外,如果人们在考虑"塔斯基吉效应"之前对科学有过不好的经历,那么他们就不太可能再信任科学家了。在这种情况下,受制于社会因素使科学家得不到公众信

① John Hardwig, "Epistemic dependence", *Journal of Philosophy*, Vol. 82, No. 7, 1985, p. 336.

② Steven Shapin, *A social history of truth: Civility and science in the seventeenth century*, Chicago: University of Chicago Press, 1994.

③ Addelson, K. P., "The man of professional wisdom" in S. Harding & M. Hintikka (Eds.), *Discovering reality: Feminist perspectives on epistemology, metaphysics, methodology, and philosophy of science*, London: D. Reidel, 1983.

任，从而无法提供公共利益。比如说，在许多领域，社会成员不信任科学家和科学机构。这种不信任的建构是基于一种政治目的，比如说政治家鼓吹由于科学的发展导致的全球变暖。这样做的目的在于蛊惑公众产生出对科学的敌意，从而使政治家渔翁得利，即如果公众普遍认为科学家不可信，那么从事科学研究的资金链将会出现断裂。所以说，谢曼认为公众是否信任科学家实际有两个层面：其一关乎科学家是否值得信赖，其二关乎是否应该信任科学家。因此他强调，一方面，科学成果应该是可信的，因为它们是可靠的；另一方面，它们也应该被包装成可信的。对此，谢曼认为："如果我们不能信任那些我们在认知上依赖的人，我们就不会相信我们应该相信的；如果我们不应该相信他们，我们就冒着不应该相信的风险。"①对于谢曼来说，我们应该探索信任和可信度的"心理可能性"（psychological possibility）和"理性正当性"（rational justifiability），即使这些理由是社会性的，并且不属于使科学规范本身可信的特征。②

总之，就如哈德维格（虽然主要谈到科学家之间的关系）所强调的，信任是认识论不可分割的一部分，不信任及怀疑态度将会阻碍知识的增长。因此，科学哲学家克里斯认为，"科学哲学家应该努力发展规范的信任概念，以促进科学专家和普通公民之间的信任"。③ 为此，基于信任研究的三个层面，克里斯提出了关于信任的科学哲学研究范式，主要包括三个计划："第一个计划是发展一个丰富的专业知识和经验的规范理论，解释为什么在特定的环境下，不同行动者的各种认知见解应该得到信任，以及如何通过重新思考专业知识来弥补可信性缺陷。第二个计划是发展一些概念，这些概念解释为什么在某些情况下，普通公民可能不信任科学，这应该告诉科学哲学家们，当不信任的情况普遍存在时，他们如何构想科学政策的制定。第三个计划是分析成功的科学家和非科学家之间的信任关系。更好地从信任的角度理解'后常规'（postnormal）科学中的相互作用，其中，'后常规科学'是有非科学共同体以外

---

① N. Scheman, "Epistemology resuscitated: Objectivity as trustworthiness", in N. Tuana & S. Morgen (Eds.), *Engendering rationalities*, Albany, NY: SUNY Press, 2001, pp. 42 - 43.

② Ibid., p. 43.

③ Kyle Powys Whyte, Robert Crease, "Trust, Expertise and the Philosophy of Science", Synthese, Vol. 177, 2010, p. 411.

的行动者参与的科学活动。”[①]然而，克里斯的信任研究计划并不是纯理论性的，而是有现实关照的，它是与科学决策中的实际情况相对照的。

第一，发展专长和经验的规范理论。在理论层面上，科学信任缺失的产生，最根本的原因在于：在认识层面上，科学家与公众之间存在着认识断裂的现象：从传统的认识论来看，科学决策应当由掌握着专长的专家和科学家做出。但事实上，作为科学决策的受众群体的普通公众在某些情况下并不乐于接受专家的指导，因为他们认为专家的意见常常只基于理论分析，并不适于实际操作。这样就造成一种信任矛盾——即科学家不相信普通公众的认识能力，不相信他们能为科学决策做出实质性的贡献，也就不把他们看作是认识上的“贡献者”。当然，同时，普通公众或事件的直接参与者也对专家意见抱有很大的不信任。回顾科学史，克里斯发现有很多这样的案例，他将其称为“未识别贡献者案例”(unrecognized contributor cases，简称 UC 案例)。比如，坎布里亚牧羊案就是一个典型的 UC 案例。

1986 年 4 月，在苏联切尔诺贝利核电站爆炸几天后，由于降雨使得英国部分地区的土壤中沉积了放射性物质，包括铯。显然，当地绵羊不可避免地吃了这些受核污染的草。经英国农业、渔业和食品部(British Ministry of Agriculture, Fisheries, and Food，简称 MAFF)调查发现，来自坎布里亚森林的羊肉样本中的放射性水平比规定的水平线高出了 50%。这一现象立刻引起他们的警惕，因此，在 6 月份，MAFF 发布了一项禁令，禁止在坎布里亚和北威尔士部分地区运输和屠宰绵羊。这项禁令原计划持续三周，因为按照一般规律，三周的时间可以保证污染物随着代谢排出羊的体外。然而，三周之后发现绵羊体内的辐射水平在继续上升，因此到了 7 月，MAFF 宣布禁令无限期延长。无疑，这一政策对以养羊为生的牧民的生活造成了巨大影响。随后，导致了牧民的一系列抗议活动的产生。

对该事件而言，克里斯认为 MAFF 派来的评估放射性水平的科学家单纯地用自己所掌握的专业理论对坎布里亚当地的牧羊情况做出预判，没有征求

---

① Kyle Powys Whyte, Robert Crease, “Trust, Expertise and the Philosophy of Science”, Synthese, Vol. 177, 2010, p. 411.

养羊户的意见，导致在科学决策上出现了几个重要的失误，包括：其一，科学家将放射物质的可能数量与降雨的水平相对应，这显然是错误的，因为雨水不会均匀流动或聚集；其二，科学家没有考虑到最初被污染的草被绵羊吃掉后，铯会二次被植物吸收的情况，特别是他们没有对当地的土壤情况做出调查；其三，科学家也没有在排除羊可能会摄入铯的情况下，考虑到放射性物质铯会对当地人本身造成的伤害。

这里，显然事实上养羊人有关当地的土壤、气候、水源等牧羊相关的“局域性知识”(local knowledge)是十分重要的。比如说，当科学家在尝试探索清除放射性铯的方法时，他们试图将不同浓度的用于吸收放射性物质的材料投放到一块有围栏的土地上。让绵羊在这块土地上吃草，然后进行污染测试。之后，将测试结果与绵羊在其他土地上吃草的结果进行比对。这种做法就遭到了牧羊人的批评。牧羊人指出，绵羊通常喜欢在空旷的草地上吃草，如果用栅栏将土地围起来，会对绵羊吃草产生干扰，或导致绵羊出现其他问题。可见，牧羊人拥有“与分析相关的当地条件和实践的关键知识”，[①]然而这种知识却被传统的认识论所忽视。导致专家并不将牧羊人所拥有的专业知识看作是一种知识，造成了对牧羊人的认识权威的不信任，从而将牧羊人的观点排除在科学决策之外。可见，对所谓“专业知识”的概念域、专家与非专家认识界限的模糊，是导致科学上的不信任产生的根本原因之一。因此，克里斯强调科学信任研究“首先，应该有一个科学专门知识的规范理论，可以澄清不同行为者对技术分析所能做出的不同类型的认知相关贡献……其次，这种规范性理论应该包括可能的战略，以弥合信誉缺陷的方式将这些行动者聚集在一起”。[②]

第二，对公众不信任科学的原因做理论化分析。如果第一个计划是集中在理论层面的话，那么该计划则面向的是社会层面。这样做的出发点在于，在某些情况下，做技术论证是很难说服公众的，比如“毒井案”(poisoned-well cases)——1976 年，围绕布鲁克海文国家实验室(Brookhaven National

---

① Heather Douglas, “Inserting the public into science”, in P. Weingart & S. Maasen (Eds.), *Democritizationof expertise? Exploring novel forms of scientific advice in political decision-making*, Dordrecht, The Netherlands: Springer, 2005, p. 158.

② Robert Crease, “Trust, Expertise and Philosophy of Science”, *Synthese*, Vol. 177, 2010, p. 417.

Laboratory,BNL)的高通量束流反应堆(High Flux Beam Reactor,简称HFBR)的剩余核燃料运输问题展开了一场争论。

布鲁克海文国家实验室的高通量束流反应堆于1965年投入使用,通常每4周轮班更换大约24个燃料元件。剩余核燃料在储存池中"冷却"了约9个月,然后放进木桶,装上卡车,运往处理厂。到1975年,共有330批来自HFBR的核燃料在运输中没有发生事故,全美国大约有1万批次来自其他核反应堆的核燃料在运输中也没有发生事故。但是,到了20世纪70年代,公众参与科学决策的态度发生了变化,人们越来越重视科学的社会层面的公众参与度。加之,公众对科学的态度也发生了变化——从对科学的盲目崇拜转变为视现代工业技术实践为潜在的破坏自然的行为。并且,1965年,在HFBR开始运行的那一年,长岛照明公司(Long Island Lighting Company,简称LILCO)宣布计划在肖勒姆镇建造一座核电站。到了20世纪70年代初,《美国国家环境政策法》(National Environmental Policy Act,简称NEPA)授权的听证会引起了全国性的抗议。尽管HFBR的施工许可证获得批准,其反应堆压力容器于1975年12月建造,但越来越多的有组织的反对声音被动员起来。于是,直接导致1976年3月,一辆装载燃料的平板卡车在经过纽约市时,遭到了抗议者的抗议。他们举着印有蘑菇云、骷髅和十字骨图像的标语牌,散发反核能传单,敦促停止运输和关闭反应堆。

对于科学家和政府来说,抗议者的抗议是非理性的。因为经过测量,平板卡车上所载有的核废料的放射性仅为1.5 mrem/h。对于科学家来说,这种辐射量完全是安全的,其辐射量仅相当于拍摄普通胸部X光所遭受到的辐射量的一半,相当于拍摄普通牙齿X光片所遭受到的辐射量的百分之一。但是,对抗议者来说,核辐射本身就是不安全的,因此他们强烈呼吁国会进行调查。同样的一次测量,对科学家来说,测量结果证明了核辐射的安全性;而对抗议者来说,测量结果则证明了核辐射的确存在。并非技术上的问题,而是由于两者立场的差异导致了公众对科学家的不信任——对科学家来说,他们认为这些抗议者的主张是不值一提的,其主张建立在一堆杂乱无章的不准确的信息基础上。而对抗议者来说,他们认为科学家声称核材料是安全的,这是傲慢的、危险的、带有政治动机的。因此,从社会层面上,在面临科学争议时,克里斯强调“科学和技术细节应该在解决争议中起重要作用”。①

此事件表明，在有些情况下，科学技术因素并不能有效地消除科学中的不信任。相反，基于社会层面的视角，能够解释为什么科学不被信任。这样，有必要加强对科学信任的社会理论分析，并以此作为一种标准，进一步考察科学与社会的互动情况。在核燃料运输的案例中，抗议结束后，布鲁克海文实验室当时的运营公司最终寻求一种法律解决方案，要求核燃料不得通过纽约市运输，这与《联邦危险品运输法》不符。

第三，从信任的角度重构后常规科学观。克里斯信任研究的最终目标是要重塑科学观，这主要是由于在传统的科学观中关于公众的认识是缺位的。然而，通过案例分析可见，在当代社会，公众的理智在解决科学研究及科学决策的过程中的确发挥作用。这同时也成为当代科学信任的基础。因此，克里斯强调所谓“后常规科学”是指：“科学研究活动中遇到的某些论难问题的解决必须超越共同体本身，要融入外行和其他利益相关者的意见，从而建构出的一种科学方法论。”②那么，建构后常规科学的关键问题便是：如何促进科学家与社会公众的互信关系？

位于加拿大魁北克省的努纳维克（Nunavik）是地球上受环境变化影响最大的区域之一。生活在这个区域的因纽特人因为全球变暖使得北极熊的活动时间发生改变，加之当地采矿业的发展，生活受到了很大影响。因此，当地的因纽特人急需要接受科学和技术咨询。比如，什么时候去捕猎，捕猎的数量要控制在什么样的范围内，等等。但是，鉴于历史上加拿大政府对包括因纽特人在内的原住民的压迫使得当地的因纽特人很难相信加拿大政府，更不要说向政府进行决策咨询了。然而，如果科学家要在北极进行科学考察的话。就不能离开因纽特人的帮助——科学家需要从因纽特人那里搜集关于北极环境的数据。为了实现自我管理，维护因纽特人的自身权利，因纽特人在努纳维克成立了研究中心（The Nunavik Research Center，简称 NRC）。该中心的主要工作是评估环境变化对努纳维克因纽特人的影响，并提出针对环境威胁应当采取的相应措

① Robert Crease, “Trust, Expertise and Philosophy of Science”, *Synthese*, Vol. 177, 2010, p. 420.

② Ibid. , p. 423.

施。在这里,因纽特人建立实验室雇用科学家对环境的变化进行研究。同时,该中心的健康委员会会向实验室的科学家传达当地居民的担忧。然后,该中心的科学家针对居民的忧虑提出相应的对策。这种研究机制之所以有效,是因为它将科学、原住民的主权、原住民的关注点和局域性知识联结在一起,形成了一种平衡机制。当然,"上述所描述的过程并不是要天真地消除不信任,这是不可能的——而是发展关键的制衡机制,为技术提供保障,这是最重要的"。①

值得一提的是,克里斯"信任研究计划"的第三步即建构超越传统科学观的"后常规科学"的观点得到了当代诸多人文社会学者的认可。后常规科学作为"……一种充满不确定性和争议的科学,比如环境科学,风险很高、知识的不确定性也很大。因此,在这样的科学中事实和价值是不可分割的,过程充满争论。这样的科学没有认识主动权,因此观点难以付诸实施。对风险和不确定性的管理完全成了政治而非科学问题,这个问题也因此变得重要。这意味着需要一个新的、更包容的决策过程"……"只有各方展开对话,才能出现科学专长,才能创造性地解决问题然后完成任务。无论是资金压力、迂腐的官僚体制和抗议,最终损害的都是各方利益。"②

与克里斯的观点相呼应,科学知识社会学家柯林斯将科学分成四种类型,分别是:"常规科学"(normal science)、"勾勒姆科学"(Golem science)、"历史科学"(historical science)和"反身性历史科学"(reflexive historical science)。"在常规科学中,没有什么大的纷争,任何科学问题都可以顺利解决。在这种情况下,科学家可以毫无争议地扮演顾问的角色,除非有争议,比如闹到法庭上或争议很大。在法庭上,即使诉讼对象操作规范、享有盛誉也必须受到严格审查。……勾勒姆科学有可能变成常规科学,但是永远到不了核心层。……例如,在对转基因生物(GMOs)的讨论中,关于老鼠的胃黏膜是否会受到转基因马铃薯的影响,就属于这类科学;在疯牛病(BSE)的争论中,在疯牛病与克-雅二氏病(Creutzfeld-Jacob disease)之间是否有必然关系的问题也属于这类

---

① Robert Crease, "Trust, Expertise and Philosophy of Science", *Synthese*, Vol. 177, 2010, p. 423.

② S. O. Funtowicz and J. R. Ravetz, "Science in the Post-Normal Age", *Futures*, Vol. 25, No. 7, 1993, p. 751.

科学。在这些案例中，一方面，核心层无法达成共识；另一方面，实验室或医学系以外的人也不会对核心层形成干扰。因此，不能说这些科学决策都是政治产物。事实上，公众不满的是，在科学家还没有达成共识之前，政客们却过早的插足科学，他们努力的终结争论只是为了打消公众对新技术的安全性的疑虑。当然，这并不是说，只有专家才对转基因生物和疯牛病有决定权。原因有两个：首先，他们也没有答案；其次，他们可能没法关注到公众所关注的问题。例如，他们基于伦理或风险所做的决定不一定符合公众的胃口。因此，可以看到，在勾勒姆科学中，可以用一条水平线将两个决策层分开，二者是相互平衡的——决策的技术层和公众——与常规科学相比，是有利于公众的。但是，随着时间的推移，当核心层逐渐达成共识之后，将会打破这种平衡。……历史科学，指的是不可能在预期的未来指望核心层能达成共识的科学。即便科学再怎样发展，搞懂这种科学也需要花上很长时间。历史科学要解决的是历史趋势的，而不是可重复的试验。全球变暖是一个历史问题；时间跨度较大的天气预报是一种历史科学；转基因生物群、而并非单个有机物的生态效应也是一个历史问题。因为所涉及的整个系统过于复杂很难精确，所以不能期望在可预期的未来能解决这些问题；甚至于因为程序过于复杂，所以结果根本不能预计。……受到人的行动的影响，在反身性历史科学中，科学的不确定性变得更大。例如，全球变暖问题是历史问题(刚才解释过)，也是反身性问题。这就意味着，其中包括了人与人之间的政治和伦理争论。”①

第三节　探测引力波实验中的信任类型

尽管在科学哲学上，信任问题如克里斯所言，是一个重要问题。但事实上，通过包括人类学家莎伦·特拉威克(Sharon Traweek)对高能物理学家的人类学调查在内的研究表明，科学家之间的信任是很脆弱的。首先，即使是归属于同一实验团队，不同的实验小组之间也是很少交流的。比如，特拉威克

---

① [美]伊万·塞林格、[美]罗伯特·克里斯：《专长哲学》，成素梅、张帆、计海庆、戴潘、邬桑、纪雪莉译，科学出版社2015年版，第67—68页。

说:"同一研究院的不同研究小组是不会混在一起的。每个研究小组都有自己的咖啡机,即使他们的咖啡机出故障了,他们都不会去向隔壁组'借'。"①其次,即使是在物理学这样的科学领域中,也存在明显的等级制度。比如,高能物理学家和核物理学家认为只有他们自己才属于真正意义上的物理学家,其他分支物理学都算不上是纯正的物理学。特拉威克在调查中发现,在美国斯坦福直线加速器中心(简称 SLAC)中,通常领导实验的主管教授并不会将其他操作实验的实验人员(比如博士后)称作"物理学家",他只把他看作是"实验人员"。并且,科学实验决策有很大的风险性,这些因素会对科学家的职业前途产生影响。如特拉威克在调查中得知,一位教授因过早地向共同体报告说他发现了"外来介子"(exotic meson),而共同体经过磋商后认为这一结果并不能得到充分的统计证实,因此该科学家的数据被看作是不充分的,是不能够得到信任的。后来,这位教授便因此而失去了晋升的机会。综上所述,这些情况都会导致科学家之间的信任异常脆弱:

> ……物理学家们经常用别人的观点来校准他们对某项工作的评价。在粒子物理实验中,"误差线"(error bars)是计算出来的;这些误差线是在实验中产生的数据但却不符合所研究的现象的比例。计算误差线的方法有很多种(如蒙特卡罗分析法);要正确地计算误差线,需要非常复杂的探测器知识;此外,程序还没有确定下来。所以人们常说,"哦,每当我看到他们的工作,我就把他们的误差线乘以 3 或 4,看看结果是否仍然有意义"。3,4,或 5,这就是人们争论的原因。我从未听过一个小组讨论过他们认为自己所认为的错误的标准是什么,正如外人所看到的那样。据说,即使一个人对一个实验主义者抱有"完全的、绝对的信任",那么他至少应该把他的误差线乘以三倍。②

这种情况在探测引力波实验中也同样如此,在该领域,信任的建立依然困难。造成这一结果的主要原因是由实验本身的性质决定的:从科学事实的角

---

① Sharon Traweek, *Beamtimes and Lifetimes: The World of High-Energy Physicists*, Cambridge, MA: Harvard Univ Press, 1988, p. 114.

② Ibid., p. 117.

度来说，科学信任建立的基础应当是对科学实验本身的信任，这主要体现在实验结果的可信任度上，即信任实验数据。

数据只有经过确证才构成作为信任依据的证据。然而，在哪些数据可以作为证据、哪些数据不能够作为实验证据的问题上，在探测引力波实验中实际上是缺少统一标准的。以韦伯实验为例，众所周知，在韦伯职业生涯的后期①，基本上除韦伯之外的所有探测引力波实验的物理学实验室都不相信韦伯的实验结果和数据了。他们指责韦伯的最主要问题就是认为韦伯为了迎合实验结果伪造数据。② 然而，这场争论过去了十余年之后，1987 年，超新星"1987A"发生爆炸时，韦伯探测器是唯一测到这场爆炸的引力波探测器。但韦伯的这一探测结果还是被学界完全忽略了——1988 年 2 月，在意大利拉图伊勒(La Thuile)会议上，当韦伯站起来为他的探测结果做辩护时，当即遭到了会场的一片嘘声。无疑，韦伯的这次探测结果在学界几乎被完全忽略。因此，如何看待和处理实验中所产生的数据，成为决定实验结果成败的关键，也直接决定了该实验是否被信任。大体上，数据信任中所涉及的问题包括：

第一，数据的所有权问题。在小科学时代，数据的所有权不是一个问题。因为实验是相对独立的，实验的领导者、所属单位是很清晰的。但是"在以探测引力波实验为代表的'大科学'实验中，由于实验中的各种不确定性因素的影响，导致实验的场域已经走出了实验室，变成了一种行业性实验"。③ 实验中涉及的研究机构和科研人员来自不同的国家，仅以 LIGO 为例，其实验团队就有 1 000 多人。那么，谁应该拥有这些数据的所有权？是任何国籍的科学家都可以任意访问和下载数据流，还是应当将这些实验产生的数据仅归属于 LIGO 实验装置的所在地——美国？或者说，数据不属于任何国家或个人，而只属于以 LIGO 为例的实验室？对于上述这些问题，在探测引力波实验内部普遍采取的是一种"搁置"的态度。这成为探测引力波实验中的一个悬而未决的问

---

① 其实也很难称其为"后期"，因为韦伯从 1969—1970 年开始探测引力波实验，始终没有脱离该领域，直至韦伯逝世。只不过，韦伯从 1975 年之后不被学界信任，一直遭到排挤。而使得这之后韦伯的职业生涯被迫成为"后期"。所以，韦伯的"后期"来得非常快。

② 对此，韦伯说他并没有伪造数据，所有的数据都是真实的。他只是挑选了其中"显著"的数据作为证据。

③ 张帆：《论大科学实验的不确定性——以探测引力波实验为例》，《自然辩证法研究》2020 年第 35 卷第 6 期，第 122 页。

题。但时至今日，LIGO探测引力波的数据也没有全然公开。

同时，数据的使用必将会带来数据风险的问题。然而，一旦数据的所有权不能确定的话，那么将由谁来承担数据风险？撇开数据滥用问题不谈，柯林斯认为仅就实验本身而言，也存在着“数据分析者的回归”（data analyst's regress），它是“实验者的回归”命题的变种——“判断某人分析数据正确的唯一方法是获取真正的事实，但是事实只能是用正确的方式来分析数据。”[①]同“实验者的回归”论题的解决途径一样，通常数据分析员对于“数据分析者的回归”问题的解决办法也是“校准”，即在数据流中注入假信号，数据分析员需要找到这些假信号。但这种通过“校准”解决“数据分析者的回归”问题同“实验者的回归”碰到的问题一样，在实际操作中很难判定真信号和假信号，就如同实验者很难对实验结果进行判定一样。

第二，数据共享的问题。“从科学信誉的角度考虑。分享数据就像加入一个投注集团：就会有更好的机会来分享奖金——获得一个可信的声明——一个人不可能自己赢得整个奖金。”[②]如果数据共享是一场博弈的话，那么，在加入这场博弈的过程中，技术发挥了多大作用？即如何来理解数据共享问题？柯林斯认为对这一问题的分析可以分两个层面：一方面需要考虑的是技术集成（technical integration）；另一方面要考虑的是社会一致性（social coherence）。

首先，关于技术集成，柯林斯认为从低到高可以将其解构为三个步骤，包括：进一步证实（corroboration）、符合性分析（coincidence analysis）和关联性（correlation）。其中：[③]

> 进一步证实：实验室通过对其数据进行处理和分析，使其能够作为一种独立发现，从而能够得到其他实验室的确认或提供给其他实验室。
>
> 符合性分析：将某个团队的数据简化为事件列表，通过与其他实验室的事件列表进行符合性分析，可以转化为“发现”。这就是共振棒共同

---

① Harry Collins, *Gravity's Shadow*, Chicago & London: The University of Chicago Press, 2004, p. 668.

② Ibid., p. 664.

③ Ibid., p. 665.

体国际引力波事件联盟(International Gravitational Event Collaboration，简称 IGEC)处理数据的方式。

相关性：在数据处理之前，将来自不同实验室的原始数据流汇聚在一起。

在进一步证实的阶段，数据和发现是与指定的实验室保持一致的，但来源是不同的。在符合性分析阶段，还无法与相关实验室确认结果，因为只有在合并数据后才能发现结果。但是，在将数据流交付其他实验室，进行数据组合之前，可以对本身所拥有的数据流进行独立处理。然而，到了相关性阶段，数据流的"源实验室"基本上就失去了对数据的处理权。

其次，社会一致性描述了实验室之间的社会关系，其中包含两个层面——系统整合(system integration)和道德整合(moral integration)。"系统整合包括在一些正式的协议或共同的机构保护伞下的官僚组织机构的整合。"[①]这种整合形式在很大程度上依赖于双方的相互信任和理解，特别是当一方或双方出现不可预测的情况时，双方也都按照相互能接受的原则对规则进行修补。"道德整合意味着接受共同的态度、习惯、规范、证据文化等，并且可能涉及比系统整合所必需的更高层次的信任和同事关系。"[②]社会一致性程度较高的实验室有韦伯在马里兰和阿贡设置的实验室；皮泽拉在弗拉斯卡蒂的实验室和欧洲核子研究中心(European Organization for Nuclear Research，简称 CERN)。在阿贡实验室与马里兰实验室之间并不存在竞争关系；同样，对弗拉斯卡蒂实验室和欧洲核了研究中心来说也同样如此。它们之间不仅不存在竞争关系，还拥有着紧密的学术联系。

综上所述，由于实验难度逐步增加，在数据信任中横亘着"数据分析者的回归"问题，使得数据信任中也不可避免地存在社会信任，即在探测引力波实验当中不存在百分之百的数据信任。信任的社会一致性在整个探测引力波实验中不断提高。社会信任主要包括两个层面——科学共同体内部的信任和位于科学共同体外层的科学决策机构对于科学共同体的信任。前者，主要包括

---

① Harry Collins, *Gravity's Shadow*, Chicago & London: The University of Chicago Press, 2004, p. 666.

② Ibid.

科学共同体对某一科学家的信任和科学共同体内部不同实验小组之间的信任。后者，主要包括资金资助单位对科学家和科学共同体的信任。

其一，科学共同体内部对科学家信任的建构。如前所述，信任的建构依赖于社会关系，这需要一个漫长的过程。其中涉及的因素主要有：①

基于过去的合作关系，相信实验能力和诚实。

实验者的个性和智慧。

管理一个大实验室的声誉。

科学家是从事产业工作，还是从事学术工作。

过去的失败史。

“内部消息”。

结果的类型和表述。

实验的心理学进路。

原创性实验的大学的规模与声望。

各种科学网络的综合利用。

国籍。

但破坏信任却特别容易，韦伯就是一个明显的例子。并且，一旦科学共同体对某位科学家的不信任感建立，这种情况就很难再扭转了。比如，在关于探测引力波的物理学会议上，每当韦伯站起来展示他的论文，解释说他很久以前就发现了引力波时，参会代表都会自然而安静地转向下一篇论文。后来，甚至韦伯连会议邀请都收不到了。

其二，不同实验小组之间相互信任的建构。“……真相是由信任构成的，而信任是由个人接触构成的。”②在科学共同体的信任建构过程中，面对面的交流非常重要。此时，学术会议就扮演着十分重要的角色。比如，LIGO的两大奠基人索恩和韦斯即在一次会议上碰面的，在此之前他们相互之间并不认识。会议除了是交换学术思想的地方，也是交换彼此信任的地方，是这种相互之间

---

① ［英］哈里·柯林斯：《改变秩序：科学实践中的复制与归纳》，成素梅、张帆译，上海科技教育出版社2007年版，第75页。

② Harry Collins, *Gravity's Shadow*, Chicago & London: The University of Chicago Press, 2004, p. 451.

的信任将整个科学共同体牢牢地联系在一起。从表面上看，与会者一个接一个地站在讲台上展示他们的最新研究成果。然而，会议的这种功能其实是很肤浅的。这些上台演讲的学者们的观点早已成文，在网络和媒体上广为传播。会议的这种形式只对新手或者是刚进入这个领域的研究者才有用。学术会议更重要的功能是为学术合作打基础，而这通常是在私下交流中完成的。例如，有一次，时任 LIGO 项目经理的加里·桑德斯(Gary Sanders)飞了 19 个小时去澳大利亚的珀斯参加一个会议。他在那里仅待了一天，甚至没有过夜，到了晚上又飞了 19 个小时回到美国，这一现象不得不令人深思。

其三，资金资助单位对实验室信任的建构。在此，我们不妨以 LIGO 的建设为例来讨论这个问题。LIGO 作为美国国家科学基金会有史以来资助的最大规模的、花费最高的科研项目，甚至于天体物理学家、引力波界的权威人士伯纳德·舒茨(Bernard Schutz)在一次报告中提道："我们花了纳税人几十亿美元来寻找引力波，有时候晚上我睡在自己的床上会想我为什么不是在监狱。"[①]特别是，在 20 世纪 80 年代中期，LIGO 的建设遭到了其他科学共同体科学家的抵制，嘉文是其中之一——他以在 20 世纪 70 年代对韦伯实验的批判而闻名。然而，当 LIGO 最初着手立项时，嘉文也是最早站出来反对项目的科学家之一。1986 年 11 月 10—14 日，NSF 讨论韦斯关于成立 LIGO 研究计划的可行性报告《引力波干涉天文台小组递交给美国国家科学基金会的报告》(*Report to the National Science Foundation by the Panel on Interferometric Observatories for Gravitational Waves*)。从整体上看，这份报告的论据是比较翔实的，计划也是比较周密的，是一份比较有说服力的论证报告。但是，作为评审之一的嘉文只出席了一天的论证会，并且他并不看好 LIGO 这个项目，认为其发展是缓慢且不必要的。

虽然这次论证会 LIGO 取得了胜利。但是，针对 LIGO 的反对之声并没有平息。1990 年 11 月 9 日，《科学》(*Science*)杂志发表了莱斯大学(Rice University)空间物理与天文系的柯蒂斯·米歇尔(Curtis Michel)的一封信。米歇尔认为 LIGO 项目人手不足，没有理由相信它能够实现所承诺的提高敏

---

① 王丹阳：《全世界最早看到引力波的那伙人》，《三联生活周刊》2016 年第 10 期。

感性的目标，因为没有令人信服的理由能够说明如何实现这一目标，并且对实现这一目标的过程缺乏细致论证。[1] 并且，之后，他在接受采访时说：[2]

> 1991 年 5 月 6 日：被称为引力波天文台的 LIGO 项目非常昂贵，且根本不可能成功……在这个阶段上，我不认为 LIGO 是一个有意义的有用实验，它就是一个很贵的实验……
>
> 1991 年 5 月 21 日：在我看来，这个项目体现了大科学中一些最严重的过度行为。与我们花费的高昂的代价相比，我们能够获取的知识是很有限的。
>
> 最有可能的结果是将会发展出一个越来越不利于小科学项目发展的环境，无论是从哪方面来看，这些花费都超出了我们所要获取的关于宇宙知识的范畴。

不仅是米歇尔，当时在 LIGO 反对者的阵营中已经集结了许多有声望的科学家。1991 年 3 月 13 日，在美国众议院"科学、空间和技术委员会科学小组委员会"(Subcommittee on Science of the Committee on Science, Space, and Technology of the House of Representatives)的听证会上，天文学家们开始有组织地反对 LIGO。1991 年 5 月 3 日，在《科学空间》(*Science Space*)杂志上发表了一篇论文，标题就是《废止 LIGO》("Ligo in Limbo")，文中提道：[3]

> 激光干涉引力波天文台的前途看起来很渺茫……LIGO 的发展并没有得到美国国家科学院(National Academy of Sciences Committee)的资助，在该委员会上个月对 90 年代所要资助的天文项目的清单上没有 LIGO。也就意味着在众议院科学小组委员会(House Science Subcommittee)主席里克·鲍彻(Rick Boucher)看来这一遗漏削弱了 NSF 先前提出的一个论点即 LIGO——除了对物理学家有明显的价值外，还有天文效益，这有助于证明这笔巨额开支的合理性。当鲍彻要求 NAS 委员会做出澄清时，他的回答很没有说服力："LIGO 在 20 世纪 90

---

① *Science*, Vol. 250, 1990, p. 739.

② Harry Collins, *Gravity's Shadow*, Chicago & London: The University of Chicago Press, 2004, p. 499.

③ *Science Scope*, May 3, 1991, p. 635.

年代的科学目标不包含天文学。”

反LIGO运动最著名的代表是普林斯顿高等研究院的约翰·巴考(John Bahcall)和普林斯顿大学的杰里·奥萨斯特(Jerry Ostriker),他们都是著名的理论天体物理学家。特别是,LIGO中的“O”代表了“观测台”的意思,加剧了物理学家的这种敌意。他们认为建造观测台对宇宙物体进行观测,是天文学家而不是物理学家的工作,因此LIGO把建造一个观测台作为项目的主要工作,这不符合物理学的研究范式,这样的物理学工作有点“不伦不类”。甚至,当时以贝尔实验室的泰森①为代表的探测引力波实验的物理学家也站出来反对LIGO,1991年的《纽约时报》上,泰森在接受采访时谈到LIGO项目,他说:②

> “我从一份列有2 000名天文学家名字的清单上挑选了70名对LIGO有过思考的天文学家”,泰森博士在接受采访时说,“我收到了60条回复,他们以4比1击败了LIGO,天体物理学界中的大部分人似乎认为即使探测到了引力波,从中能够获取的重要信息也是非常有限的”。
>
> “……[A]就目前的发展情况和敏感度而言,我认为LIGO在未来几年都不大有可能实现他们的目标……”

甚至,1991年,《科学家》(*The Scientist*)杂志刊登了一篇文章,标题就是《资助两个实验室的争论:分肥桶和同行评议》(“Funding of Two Science Labs Revives Pork Barrel vs. Peer-Review Debate”)。这篇文章揭露了LIGO和其反对者争论的核心:如果LIGO得到资助,那么将会碰了谁的蛋糕?这篇文章提到,由于LIGO的花费太过高昂,那么,如果LIGO得到资助的话,势必会导致某些正在孵化的科学项目由于得不到进一步的资金支持而受到扼杀。如果事实如此的话,NSF势必将要对美国科学项目发展不平衡的状况负责。因此,很快就有国会议员站出来对LIGO项目进行攻击,他们认为LIGO就是一种徒劳的烧钱行为。因此,美国国会很快就冻结了原本打算拨付给LIGO的2亿美元启动资金。

---

① 泰森也是最早站出来反对韦伯的物理学家之一。
② *New York Times*, April 30, 1991.

在这样一种状况下，无论是对 LIGO 还是对 NSF 来说，其所承受的压力，可见一斑。由此，我们也可以看出，资金支持者对于科学实验室的信任，作为实验成功的关键因素，其重要性可见一斑。那么，如何让资金资助单位建立起对实验室的信任？

首先，被资助的实验室要和资助单位保持一种长期的联系。当反对声过强导致 LIGO 的工作被搁置下来之后，沃克特首先寻求国会议员的支持——他首先找到了多数党主席乔治·米切尔（George Mitchell）。之后，他继续在华盛顿寻找新的政治盟友。在费尽周折之后，沃格特争取到与美国参议员贝内特·约翰斯顿（Bennett Johnston）20 分钟的见面机会。在这 20 分钟里，沃格特使出浑身解数，让这位参议员对宇宙学产生了兴趣，约翰斯顿在听取了沃格特的报告后，取消了后面的安排，而与沃克谈了两个小时。据沃格特后来回忆，谈到最后，两人都席地而坐，沃格特在地板上绘制了宇宙起源的时空图。从那以后，"你每年都会和国会的委员会和工作人员交流，你不仅告诉他们好的事情，还告诉他们一些严重的问题，很早以前，就像在 LIGO 时，当我们知道我们有管理问题时，我们知道我们必须更换主任，而且这个项目很难尽快投入资金，等等。在与国家科学基金会沾上边后，无论发生任何事，我们都会在第一时间向国会解释汇报。我们会告诉他们我们要做什么来解决这个问题，需要多长时间，步骤是什么，我们汇报整个过程。然后，我们再继续。所以，他们知道发生了什么，补救措施是如何进行的，这让他们有信心。只要我们保持在正轨上，他们就会对我们的所作所为有信心。因此，只要他们知道一切正在按照计划进行，他们就会继续支持这个项目"。①

其次，要知道资助单位对实验项目有什么样的担心。这就如一位 LIGO 成员在谈到他们与政府的关系时说："我们知道自己在说什么，那将是他们想要了解的，这很合理。由于多年来建立起来的信任关系，他们会相信这些答复。……他们总会遇到对事物有着过高要求和反对意见的人，当事情发展到边缘状态时，他们知道要如何在批评声中将事物拉回一个正常状态。他们可能无法说出文章的技术细节，但我认为他们对人非常了解。这是给他们的另

① Harry Collins, *Gravity's Shadow*, Chicago & London: The University of Chicago Press, 2004, p. 362.

一条线索，告诉他们该注意谁。”[1]就这样，前前后后经过了两年的艰苦卓绝的努力，美国国会才最终同意将2亿美元的资金拨付给加州理工学院用于LIGO项目的建设。

正如我们所看到的，像LIGO这样的大型科学项目必须向资助单位充分展示他们的实验能够获得成功的可能性。这被柯林斯称作“政策倒退”（policy regress）——“因为政策制定者判断科学家主张的有效性的能力仍然不如科学家自己。因此，政策制定者将寻求其他依据来做出判断。但要让他们做出任何判断，首先要有一些科学让他们相信或不相信！”[2]

---

① Harry Collins, *Gravity's Shadow*, Chicago & London: The University of Chicago Press, 2004, p. 362.

② Ibid., p. 415.

第八章　科学实验技能与专长的社会规范性

从传统的哲学观点来看，科学实验在知识的产生中是位于从属地位的。比如海德格尔在《存在与时间》中虽然承认我们确实寻视性的从事实验研究，但是他否认寻视在理论认知中所起的作用。然而从整个探测引力波实验的过程来看，科学，就如当代科学哲学家劳斯所言："……科学研究是一种寻视性活动，它发生在技能、实践和工具（包括理论模型）的实践性背景下，而不是发生在系统化的理论背景下。"①或者，我们换一种说法，从更宽泛的"文化"意义上来说，科学就如科学知识社会学家皮克林（Andrew Pickering）所言，科学就是一种"被制造的事物"（made things）。"这种'被制造的事物'的过程包括技能、社会关系、仪器和设备，以及科学事实和理论。"②既然科学是被制造出来的，那么科学实验技能在制造科学的过程中必将发挥关键作用。然而，当我们回溯哲学史却发现，对技能的研究就如现象学家德雷福斯（Hubert Dreyfus）所描述的那般是不充分的、是被忽视的。因此，对技能的内涵、专家技能即专长（expertise）的内涵及获得过程的研究构成了本章的要义。

---

① ［美］劳斯：《知识与权力》，盛晓明、邱慧、孟强译，北京大学出版社2004年版，第101页。

② ［美］安德鲁·皮克林：《实践的冲撞——实践、力量与科学》，邢冬梅译，南京大学出版社2004年版，第3页。

第一节 科学实验技能的社会规范性

技能是一个常用概念，因为且不论科学实验，即使是日常生活，我们也需要掌握各种技能。但与此同时，技能也是一个经常被忽视的概念。因为，即使技能与各种哲学上所关注的核心话题都有密切联系，“然而，分析传统却并不关注技能”。[①] 这导致在哲学中，对于技能的讨论都是否定性的——讨论和说明技能不是什么，而非说明技能是什么。

一、“技能”概念的内涵

（一）技能与认识相关

在《形而上学》中，亚里士多德说：[②]

> 因为物理之学和其它学术一样，专研一个门类的事物，这类本体，其动静皆出于己，故物理之学既非实用之学，亦非制造之学。凡物之被制造，其原理皆出于制造者——这是理知或技术，或某些机能；凡事物之被作成者，其原理皆出于作者，——这是意旨。意旨之所表达，亦即事物之完成。如谓一切思想必为实用、制造与理论三者之一，则物学应是一门理论学术，但它所理论的事物，都是那些容受动变的事物，其本体已被界说为不能脱离物质而独立。（1025b19—28）

这里，亚里士多德把认识分成了三种：第一种是科学知识（episteme），如他所说的“物理之学”，即明确的知识；第二种是实践智慧（phronesis），是用来“作成”的；第三种是技艺（techne），对应于技能。第二种知识和第三种知识的

---

① ［美］杰逊·斯坦利、［英］蒂莫西·威廉姆逊：《分析哲学视域中的技能》，《哲学分析》2020 年第 11 卷第 6 期，第 93 页。

② ［古希腊］亚里士多德：《形而上学》，吴寿彭译，商务印书馆 1995 年版，第 147—148 页。

区别如下：[①]

> "techne"按照亚里士多德的用法，类似于英语单词"技巧"(technique)，就是做事情的方法。另一方面，运用技术过程中对情境的感知和经验的使用的差别，使这一术语的含义与"phronesis"类似。亚里士多德的术语也提到了知道如何做某事(knowing how to do something)的概念的关键特征，即它的意向性。因此，当把techne作为一种行动来看时，它是有目的、有意向的，即使在这种情况下，在做的行动之前，它的目的并没有明显的呈现出来。它就是实现特定目标的方法。
>
> "phronesis"是实践智慧。"phronesis"就是在"正确的"道德意义上在正确的时间用正确的方法做正确的事，用亚里士多德的话来说它就是幸福(*eudaemonia*)或者一种道德意义上的幸福状态(包括被认为是正确的)。因此，个人应该以一种理想的方式来锻炼道德品质，如正义、勇气和诚实。实践智慧不能规定；最好把它看作是一种行动方式，而不是一套处方。因此，它需要不同情况下的经验，需要美德。每一种情况都需要做出兼顾个人道德的适当的反应。比如，诚实是一种美德，但诚实的行事往往会人带来不必要的痛苦和冒犯，这并不一定是一种实践智慧。实践智慧的发展是一项复杂的成就，需要经验，还要考虑到条件、训练(在赖尔的意义上)、解释、替代性经验和各种不同情况的第一手经验。

(二) 技能不同于"知识"

这一点早在古希腊时期苏格拉底就已经注意到了：苏格拉底在《泰阿泰德》中，首先驳斥了泰阿泰德关于技艺是关于某事的知识的观点——泰阿泰德认为制鞋术就是关于制作鞋子方面的知识。而苏格拉底认为要清楚地区分知识和技艺，首先要先搞清楚知识是什么，"一个不认识'知识'[是什么]的人不理解制鞋术，也不理解其他任何技艺"。[②] 虽然在《泰阿泰德》中苏格拉底逐一

---

① Christopher Winch, *Dimensions of Expertise: A Conceptual Exploration of Vocational Knowledge*, Continuum International Publishing Group, 2010, pp. 60 - 61.

② [古希腊]柏拉图：《泰阿泰德》，詹文杰译，商务印书馆2015年版，第14页。

否认了泰阿泰德提出的关于知识的三种理解——“知识就是感觉”“知识是真实的判断”“知识就是正确的信念加上解释”，但同时苏格拉底相信沿着这些线索讨论下去就可以得到关于知识的正确答案。也就是说，在苏格拉底看来知识需要被说明，而技能是不能用语言来说明的。

(三) 技能不同于“默会知识”

如果知识有明言知识和默会知识(tacit knowledge)之分的话，技能和默会知识都带有“默会”的特征，无法用语言来说明，但这两个概念在用法上是有区别的——默会知识显然是“默会”的，但不是所有有“默会”特征的都是默会知识：

首先，“默会知识”这个概念最早是由波兰尼提出的，他主要是用默会知识这个概念描述了一种认识的状态——这种认识既不是传统认识论的可明言的感性经验也不是新人本主义所推崇的非理性冲动，而是一种存在于人的实践活动中无法用语言表达，但却起着决定性作用的功能性认知系统。“在相当大的程度上，一切讯息的沟通都得依靠唤醒我们无法明言的知识，而我们所拥有的一切关于心理过程的知识——比如关于感觉或者有意识的知性活动的知识——也是以某种我们无法明言的知识为基础的。”①但技能是一种实践，需要通过行动来完成。

其次，波兰尼在论证“默会知识”这个概念时认为获得默会知识是有规则的，为此他举了一个骑自行车的范例：“骑车人遵循的规则是这样的：当他要向右倒的时候，他把车把转向右方，使自行车行进的路线沿着一条曲线偏向右方。这样产生的离心力把骑车的人推向左边，并抵消了把他拉向右方的重力。”②波兰尼认为默会知识的规则之所以不明确，原因在于它没有囊括获得默会知识过程中所涉及的诸多要素。比如，我们知道钢琴弹得好不好主要取决于“触键”的方式，通常触键的原理是按下琴键，音锤敲击琴弦，然后钢琴就会发声。但是，上述弹琴的原理没有解释在弹琴的过程中关于敲击琴键的速度、

---

① [英]迈克尔·波兰尼：《科学、信仰与社会》，王靖华译，南京大学出版社2004年版，第196页。

② 同上书，第59页。

力度以及敲击的时间问题，但这些因素却是决定弹出的乐曲是否美妙的关键因素。然而，对于技能而言，通常技能的实践过程是连续的，对规则的要求并不强：一种情况是实践并不完全依赖于规则。对波兰尼所列举的骑自行车的范例而言，一方面，如波兰尼的论述，在告知了行动者行动规则的情况下并不能保证行动者能够顺利地完成行动；另一方面，缺少行动准则也不意味着行动者就不能行动，事实上，当行动者在没有获得关于骑自行车行动准则的情况下，他依然能够完成骑自行车的实践。另一种情况是为了保证实践的连贯性，在行动的过程中行动者不一定会有意识地去思考如何运用规则。比如，以开车为例，“难道你曾经熟练地开着手动挡的车在城市的街道上行驶，然后突然开始思考你现在所处的档位是否合适？你很少会认真反思你的行为，如果你这样做了那是因为有很严重的事情发生了”。①

再次，就是否可明确而言，“默会知识能够转化为明言知识，但不会捕捉到技能。你能够发现默会知识的大致规则，并使它成为明言知识，但将失去技能和直觉”。② 波兰尼的默会知识概念是相对于明言知识的概念提出的，这本身就预设着默会知识与明言知识之间存在某种关联——它们同属于人类认知体系，尽管默会知识来源于个体，但这并不妨碍默会知识客观性的存在，“由于认知活动与隐藏着的实在建立了联系，在这种意义上认知活动实际上是客观的”。③ 并且，波兰尼强调默会知识比明言知识更基本，它是构成知识的基本要素，只不过受制于语言不能将其明确地表达。在经验研究方面，通过科学知识社会学对默会知识构成的社会学分析，已经证明了默会知识是可以、至少在某种程度上是可以转化成明言知识的。但对技能来说，尽管在技能的实践过程中能够体现某种程度的默会知识，但技能本质上依赖于通过行动获得经验。有些经验可以用语言来描述、有些经验则不能，但只要有行动的发生必然有经验的积累。

“技能”(skill)这个词最早来源于古挪威语“skil”，指的是分辨的能力。之

---

① Hubert Dreyfus and Stuart Dreyfus, *Mind Over Machine*, New York: The Free Press, 1986, p. 7.

② 成素梅、姚艳勤：《哲学与人工智能的交汇——访休伯特·德雷福斯和斯图亚特·德雷福斯》，《哲学动态》2013 年第 11 卷，第 105 页。

③ ［英］迈克尔·波兰尼：《个人知识》，徐陶译，上海人民出版社 2017 年版，第 2 页。

后，随着这个概念在英语世界中的流行，其本身所蕴含的“分辨”的含义逐渐弱化，词义被固定下来，“在英语中，‘技能’这个词是用来描述能力的”。① 然而，有“能力”并不意味着“全能”，技能是有目的性的，技能的目的性在于完成某项任务。技能的这种目的性特征决定了技能的实践行动是有意向性、有语境依赖性的，因此不能把技能的概念简单地还原到“做”(doing)的概念上。因为“它不是由一系列离散的、机械性分割的物理对象的运动所组成的，而是按照一种特殊的处理人和物的 knowing-how 方式来决定的，我们称其为使用目的语境。……使用目的语境既包括人也包括工具的语境”。② 基于技能所反映的人与工具的关系，可以将技能的规范性分成两个层面——技能的操作规范性和技能的社会规范性。前者是对工具而言的，后者是对工具的使用者而言的。对于后者而言无疑要遵守社会规范，然而即使是对前者而言，依靠工具本身并不能建构出一套规范体系来，工具的规范性是建立在对工具的使用的基础上的，这使得技能的概念区别于“技术”(technology)：“技术是一种特殊的执行程序的方法，本身要接受规范的评价。”③因为技术是一种方法，它就可以通过标准化的方式进行普及，因此技术概念所适用的对象并不一定局限在任务上，技术可以指向更广泛的行业，比如汽车制造行业、渔业等。就两者的关系而言，“技能的发展不仅包括获得技术，还需要成功地运用技术”。④ 因此，从整体上看，技能是具有社会规范性特征的。具体而言，在技能的实践过程中至少涉及三种能力——学习的能力、转移的能力和判定的能力，这三种能力的形成是依赖于社会规范性的。

二、技能的学习依赖于社会规范

哲学上，对技能的讨论最著名的莫过于现象学家休伯特·德雷福斯

---

① Christopher Winch, *Dimensions of Expertis*, London, New York: Continuum International Publishing Group, 2010, p. 40.

② John Stopford, *The Skilful Self*, Lanham, Boulder, New York, Toronto, Plymouth: Lexington Books, 2009, p. 116.

③ Christopher Winch, *Dimensions of Expertis*, London, New York: Continuum International Publishing Group, 2010, pp. 41 - 42.

④ Ibid., p. 44.

(Hubert Dreyfus)的“技能模型”。他认为：“……拥有熟练技能的个体不是天生的，像鸟会筑巢那样。我们是需要学习的。”①鉴于现象学的研究路径，德雷福斯对技能的学习过程的讨论完全是描述性的，他描述了获得技能的五个步骤：首先是新手阶段，其次是高级初学者阶段，再次是胜任阶段和熟练阶段，最后达到专家阶段。德雷福斯强调整个技能学习过程是一种通过实践获得经验的“knowing-how”，而不是掌握事实和规则的“knowing-that”的过程，因为在德雷福斯看来，学习技能不同于获得信息，技能的学习是要达到一种“熟练操作”(fluid performance)状态：“初学者想要做好，但他缺乏对任务整体把握，只能通过学习规则的熟练程度来判断自己的表现。”②到了有进步的初学者阶段，学习者因为掌握了针对具体情况的实践经验，开始认识到在实践中碰到的有些情况是没有体现在规则中的。在胜任阶段上，学习者已经“融入”(involved)操作中，“……不是通过选择目标然后结合规则元素的方式来行动的，就是说并不是有意识地来解决问题的”。③ 到了熟练阶段，“深思熟虑的行为者当然有时也包括新技能的学习者和熟练的学习者，毫无例外，都不是按照规则的”。④ 到了专家阶段，甚至于“专家的技能成为他身体的一部分而不需要刻意去想”。⑤ 对开车而言，开车的熟练操作状态就是“开车的专家司机和他的车融为一体，对他来说他的经验就是开，而不是开车”。⑥ 也就是说，所谓熟练操作状态就是一种不需要思考，而是依靠直觉反应进行操作的状态。

同时，德雷福斯强调直觉反应的形成是依赖于语境的，“一种技能，不是在不同的方法中形成的一种或几组固定反应”。⑦ 对于开车来说，在新手阶段，“驾驶学习者要学会辨认速度(速度表上的显示)这类与情景无关的要素，同时被告知当速度指针指向10时换二挡的规则”。⑧ “作为高级初学者的驾驶者，

---

① Hubert Dreyfus and Stuart Dreyfus, *Mind Over Machine*, New York: The Free Press, 1986, p. 19.

② Ibid., p. 22.

③ Ibid., p. 27.

④ Ibid., p. 28.

⑤ Ibid., p. 30.

⑥ Ibid.

⑦ Hubert Dreyfus, *What Computers Can't Do*, Massachusetts: MIT Press, 1992, p. 249.

⑧ [美]伊万·塞林格、[美]罗伯特·克里斯主编：《专长哲学》，成素梅、张帆、计海庆、戴潘、邬桑、纪雪丽译，科学出版社2015年版，第170页。

运用了(情景中的)引擎声音以及(非情景)的速度来决定何时该换挡。他学到了：当发动机听起来像在空转时加挡，或听起来负荷过度时减挡这样的准则。”①“胜任阶段的驾驶者，当他驶离高速公路进入下行匝道时，会学着去注意车速，而不是要不要换挡。”②在熟练阶段，“当熟练的驾驶员在雨天驶进一段弯道时会本能地觉得速度已快到会产生危险。随着他必须决定是踩刹车，还是仅仅减少一定量的踩油门力度。宝贵的时间在决定中流失了，但熟练的驾驶员的处理方式更像是在与弯道进行着有把握协商，而不像胜任阶段的驾驶员，花费额外的时间在速度、角度和重力等因素中考量，以决定是否速度太快了”。③ 达到专家阶段时，“专家级的驾驶者不仅凭本能对过快的速度做出感知，他也知道如何执行一个恰当的操作无需计算和比较各种可能。在下匝道上，他的脚离开了油门并适度踩下刹车。所有应该完成的都完全做到了”。④

德雷福斯的“技能模型”为技能的研究开辟了一种范式，为此是具有规范意义的。然而，技能模型的建构完全是基于“第一人称”视角——德雷福斯是以行动者的口吻来描述技能的学习过程的，因此在技能模型中缺少“他者”的维度，使得德雷福斯在强调技能学习的语境性时所讨论的完全是一种操作的语境，并不涉及社会语境，比如，在开车的范例中，德雷福斯只描述了开车时该何时换挡、要保持怎样的车速等，但他却忽略了开车时除了要完成上述操作还要遵守交通规则，比如，要做到“红灯停、绿灯行”，行驶时不能任意调头、变道、超车，机动车要在机动车道上行驶、不能占用非机动车道等。也就是说，事实上德雷福斯所描述的只是一种“身体技能”(bodily skill)——他把“knowing-how”看作是一种“身体技能的熟练操作”，⑤而非技能本身。

“knowing how”概念是赖尔在《心的概念》一书中提出的。书中，为了反对笛卡尔的二元论，即被赖尔称为“机器中幽灵的神话”(the myth of the ghost in the machine)，他首先把理性分为智力(intelligence)和理智(intellect)——

① ［美］伊万·塞林格、［美］罗伯特·克里斯主编：《专长哲学》，成素梅、张帆、计海庆、戴潘、邬桑、纪雪丽译，科学出版社2015年版，第171页。

② 同上书，第172页。

③ 同上书，第174—175页。

④ 同上书，第175页。

⑤ Hubert Dreyfus and Stuart Dreyfus, *Mind Over Machine*, New York: The Free Press, 1986, p. 28.

前者对应于“knowing how”，后者对应于“knowing that”。赖尔之所以做这样的区分，目的在于表明“有许多活动直接表现了心灵的各种性质，然而，这些活动本身既非理智的活动，也非理智的活动的结果。显示了智力的实践并不是理论的继儿。相反，理论思维也是一种实践，它自身或者显示了智力或者表现了愚蠢”。[①] 特别是他认为“有许多种类的行为都显示了智力，但它们的规则并没有明确表述出来”。[②]

虽然，赖尔提出了“knowing how”这个概念，但事实上赖尔并没有给予“knowing-how”这个概念一个清楚的说明——“knowing how”究竟“knowing what”？并且，在区分“knowing how”与“knowing that”的同时，赖尔又说：“知道怎样做和知道那个事实两者之间存在着某些类似，也存在着某些歧义。”[③]赖尔的这种做法就相当于他先给认识做了一种区分，然后又给这种区分贴上了一个标签，但他却没有解释区分的依据在哪里。对此，史密斯(Peter Smith)和琼斯(O. R. Jones)批评说：“在赖尔的理论中，通过自引来解释，是一种很空洞的做法。”[④]至于德雷福斯，虽然他在描述技能时借用了“knowing how”这个概念，但他也没有对“knowing how”概念的内涵做进一步说明。

技能的学习，最重要的是要获得经验，而“经验”是一个“……所谓具有两套意义的字眼。好像它的同类语‘生活’和‘历史’一样，它不仅包括人们做些什么和遭遇些什么，他们追求些什么，爱些什么，相信和坚持些什么，而且也包括人们是怎样活动和怎样受到反响的，他们怎样操作和遭遇，他们怎样渴望和享受，以及他们观看、信仰和想象的方式”。[⑤] 也就是说，支配经验的是两套规范体系——操作的经验规范和社会经验规范，德雷福斯的技能模型所针对的主要是前者。经验的获得离不开社会规范，这一点心理学早有论述。如在皮亚杰的“发生认识论”中，皮亚杰以儿童学习“打弹子”游戏的过程为例强调经验的获得经历了一个从被动接受到主动发生的过程，但无论是在被动阶段还

① ［英］赖尔：《心的概念》，徐大建译，商务印书馆2010年版，第23页。
② 同上书，第27页。
③ 同上书，第5页。
④ Peter Smith and O. R. Jones, *The Philosophy of Mind: An Introduction*, Cambridge: Cambridge University Press, 1986, p. 146.
⑤ ［美］杜威：《经验与自然》，傅统先译，江苏教育出版社2005年版，第8页。

是主动阶段，都不能排斥社会规范在其间所发挥的作用：在规则的被动接受阶段上，“……在儿童服从命令的时候，也在不知不觉中就全部吸收了这些对规则的感情和思想”。[①] 而在规则主动发生阶段，“从婴儿的最小年龄起，一切事物都要在规则性方面影响这个婴儿。某些自然现象十分正确的重新出现，使他意识到有一种法则……此外父母要求婴儿执行若干道德义务，这是取得进一步规则性的根源”。[②] 因此，从整体上看，技能的学习是依赖于社会规范的。

三、技能的转移依赖于社会规范

关于技能的转移问题，在德雷福斯的“技能模型”中包含着一种认识上的预设，他认为身体是技能转移的前提条件，因为关于技能的直觉性的产生主要依赖于身体对外界刺激形成的反应。对于机器而言，德雷福斯认为机器不具备人类的身体条件，所以人类技能无法转移到机器身上。德雷福斯对于“身体”的强调是来源于梅洛-庞蒂的“活的身体”(lived body)的理念，但是，在阐述“身体”的概念时，德雷福斯的论证是一种很笼统的说法——要强调身体的经验性、体能，还是性别，抑或种族以及年龄的哪些方面德雷福斯并没有说清楚。此外，技能的转移是包含不同维度的，比如“(1) 技能可以由个人在不同的任务、应用或领域间传递。(2) 技能可以在人与人之间转移，就像在教育和培训的过程中一样。(3) 在社会或机构中，技能可以在群体之间转移，因此技能及其影响是存在于某一特定领域中的”。[③] 基于技能转移的对象不同，可以把技能的转移分为技能在人与人之间的转移和技能由人类向机器转移两个层面。

对于技能在人与人之间的转移来说，科学知识社会学家柯林斯基于对英国建造七个“横向激发气压 CO_2 激光器”(Transversely Excited Atmospheric pressure CO_2 laser，简称 TEA 激光器)中的六个实验室复制该实验过程的社

① [瑞士]让·皮亚杰：《儿童的道德判断》，傅统先、陆有铨译，山东教育出版社 1984 年版，第 50 页。

② 同上书，第 51 页。

③ Bo Goranzon and Ingela Josefsonl, *Knowledge, Skill and Artificial Intelligence*, London, Berlin, Heidelberg, New York, Paris, Tokyo: Springer-Verlag, 1988, pp. 69 - 70.

会调查,对技能在科学家之间的转移给予了生动的说明:尽管在该实验中所有与实验有关的书面材料如论文等都是公开发表的,但是其中有些实验室能够成功地复制该实验、有的实验室却失败了。基于这一事实,柯林斯认为:“第一,没有任何一位科学家仅凭在出版物或其他书面资料中找到的信息,就能成功地建造出一台激光器。……第二,没有任何一位科学家是从没有亲身体验的中间人那里获得信息来成功建造出 TEA 激光器的。第三,即使信息提供者已经成功地建造出一种装置,知识也像我们所看到的那样自由流动,但如果初学者与信息提供者之间没有长期的联系,也不可能获得成功,而且,在有些情况下根本不会成功。”①

基于柯林斯的案例分析可见,技能在人与人之间转移的特征在于:首先,技能在人与人之间转移的过程是无形的。对于建造 TEA 激光器实验来说,在复制实验获得成功之前,科学家并不知道自己是否已经从建造 TEA 激光器的“源实验室”那里成功获得了技能,或者说技能是否已经成功转移到自己身上。其次,技能在人与人之间转移的过程是反复无常的。在“情境学习理论”看来,技能是由“情境行动”(situated activity)构成的,也就是说在技能的转移过程中行动会受到情境的诸多影响。因为情境是多变的,就导致了情境行动因人而异。在建造 TEA 激光器实验中,有的科学家成功了,有的科学家失败了。有些失败的科学家经过努力最终能够成功复制该实验,而有些有过成功复制该实验经验的科学家在再次复制该实验时却失败了。再次,技能在人与人之间转移的条件是建立一种社会关系,特别是师徒关系。对此,波兰尼早就提出“技艺……只能通过师傅教徒弟这样的传授方式流传下去。由此,技艺的传播范围只限于个人接触”。② 情境学习理论也强调“学习者不可避免地要融入实践者共同体中,要掌握知识和技能就要新来者充分融入实践共同体的社会文化中”。③ 特别是在建造 TEA 激光器案例中,柯林斯发现所有成功复制该实验的实验室无一不是与源实验室建立了良好的人际互动关系,并且这种关系

---

① ［英］哈里·柯林斯:《改变秩序》,成素梅、张帆译,上海科技教育出版社 2007 年版,第 45 页。
② ［英］迈克尔·波兰尼:《个人知识》,徐陶译,上海人民出版社 2017 年版,第 62 页。
③ Jean Lave and Etienne Wenger, *Situated Learning*, Cambridge: Cambridge University Press, 1991, p. 29.

会一直保持到实验结束。因此，柯林斯强调“……实验技能的转移是一种社会化的过程——就好像掌握语言——而不同于信息的转移……”①

对于技能在由人类向机器的转移来说，在技能在人与人之间的转移和技能在由人类向机器转移之间存在着一种对称关系——也就是说机器获得类似人类技能的过程是以技能在人与人之间的转移为模本的。之前，德雷福斯曾经从生物学、心理学、认识论和本体论四个层面提出机器受制于身体条件，因此无法获得人类技能。但这仅限于传统的人工智能的功能主义进路。人工智能发展到今天，早已抛弃了传统的以信息输入模式为主的研究范式，而迈向“深度学习”模式——机器已经获得了很大程度的自主学习能力。甚至很多人担心有一天机器智能会超越人类智能，即人工智能的“奇点”何时会到来。

但是，无论人工智能怎样发展，存在于人与人之间和人向机器转移的技能转移的对称关系依旧存在。也就是说，机器的学习仍然是以人类的学习过程为参照系的。所不同的是，技能在由人向机器转移的路径发生了变化——从早期的指令输入模式变成了现在的所谓深度学习模式。深度学习模式的基础是以海量数据为支撑的，但事实上计算机是不可能摆脱人类独立获得数据的，所有的计算机所需要的数据依然是靠人来“喂”给机器的，人类会根据任务要求的不同有意识地选择不同的数据输入计算机。从这一点来看，计算机并不能脱离于人类社会独立的发展出所谓的自我学习能力。

四、技能的判定依赖于社会规范

除了技能的学习和转移要依赖于社会规范，技能的判定也依赖于社会规范，主要涉及两个层面——对人的技能的判定和对机器的技能的判定，前者关系到“哪些人有资格成为专家”，后者涉及“机器能否掌握类似人类技能”的问题。因为技能的学习规范包括操作规范和社会规范，因此，对专家的判定也应当从上述两方面入手。关于前者，德雷福斯的技能模型曾经给出过一套判定的规范：首先，可以基于技能操作中的语境敏感度对专家进行判定。专家与

---

① Trevor Pinvh and Harry Collins and Larry Carbonl, “Inside Knolwedge: Second Order Measures of Skill”, *Sociological Review*, Vol. 44, No. 2, p. 164.

新手的区别在于专家在实践过程中不需要有意识地去认识技能操作的语境，而是能够根据语境的不同给出直觉反应。其次，可以基于技能操作中对决策的规则依赖性对专家进行判定。专家在决策中是不需要去思考如何去运用规则的，“当事情发生了，专家不是要解决问题也不是要做决策，他就是正常工作而已”。① 再次，可以基于技能操作中行动者与世界的关系对专家进行判定。对于新手和初学者而言，他们与世界是分离的，在他们的技能操作过程中会感受到“挫败”和“不知所措”，因为他们还处在认识世界的阶段；对专家而言，他们的行动已经与世界融为一体了，使得他们的技能操作变得非常流畅和自然。

德雷福斯在给出技能判定的操作规范性的同时也谈到了技能判定的道德规范性问题，但他所谈及的道德规范性仅是就技能操作的合理性而言的，并且他强调不能用理性的标准来衡量技能的实施，“五步骤模型的道德规范不仅限于累积的合理性还包括智能”。② 因为在德雷福斯看来，理性标准包括三个层面——无理性（irrational）、合理性（rational）和非理性（arational）。有些专家的直觉性判断不是理性的，也不是无理性的，而是介于两者之间的非理性状态。然而，德雷福斯将技能判定的道德规范简单还原为理性的做法是有待商榷的，因为有些专家的技能操作可能是合理的，但并不能保证他的行动本身是符合道德的。

早在古希腊时期，亚里士多德就强调“每种技艺与研究，同样地，人的每种实践与选择，都以某种善为目的”。③ 美国当代道德哲学家麦金泰尔发展了亚里士多德的上述观点，他认为“技能和习惯是一种实践”。④ 而“每一种活动、每一种探究、每一种实践都旨在某种善”。⑤ 关于道德的来源，有两种观点：第一种观点认为道德属于个人愿望，以现代自由主义道德观为代表；第二种观点以麦金泰尔为代表。其中，可以把自由主义的道德观看作是一种个人主义的道德观，他们认为道德属于个人愿望。而麦金泰尔却认为这种伦理规范本身存

---

① Hubert Dreyfus and Stuart Dreyfus, *Mind Over Machine*, New York: The Free Press, 1986, p. 31.

② Ibid., p. 36.

③ ［古希腊］亚里士多德：《尼各马可伦理学》，廖申白译，商务印书馆 2003 年版，第 3 页。

④ Alasdair MacIntyre, Joseph Dunne, “Alasdair MacIntyre on Education: in Conversation with Joseph Dunne”, *Journal of Philosophy of Education*, 2002, Vol. 36, No. 1, p. 5.

⑤ ［美］麦金泰尔：《追寻美德》，宋继杰译，译林出版社 2016 年版，第 187 页。

在着无法克服的内在矛盾："一方面是某种特定的道德内容：一系列丧失了其目的论语境的命令；另一方面是某种有关未经教化的人性本身的观点。既然道德命令，都植根于一个旨在校正、提升与教化人性的构架之中，那么这些道德命令就显然无法从有关人的本性(nature)的真实陈述中被推演出来，也不可能以其他方式通过诉诸其特性(characteristics)来证明其合理性。以这种方式所理解的道德命令，很可能会遭到以这种方式所理解的人性的激烈违抗。"[①]简而言之，麦金泰尔认为个人主义的道德价值观的根基是"个人权利"，在此基础上很难建立起普遍的道德规范。麦金泰尔强调，美德的获得依赖于共同体。因为美德来源于实践，实践的确立是基于一种互动关系，这就要求道德必须基于社会共同体成员之间的协作获得。在社会共同体中，每一个成员都扮演不同的角色，每一个角色都有其自身的意义和目的，大家为了共同的目标各司其职才能最终获得美德。因此，道德并非来源于个人，而是源自社会共同体。

对机器所掌握的类似人类技能的判定主要是参考了对人的技能的判定标准。而如前所述，对人的技能的判定主要是依赖于社会规范的，因此，对机器所掌握的类似人类技能的判定主要是看机器的"社会化"程度有多高，为此科学知识社会学家柯林斯建构了一个人工智能的社会化模型，把人工智能的社会化过程分成六个层次：第一层为工程智能(Engineered intelligence)，它是最初级的智能，表现为一种控制能力，如机器能控制洗衣机、车子等。第二层叫作不对称的假体(asymmetrical prostheses)，"'假体'一词指代机器代替了人类的智能，就像假肢代替了真正的腿或人工心脏代替了真正的心脏一样。AI是'社会假体'(social prostheses)——它们取代了一部分的人类活动，不是通过身体的替换，而是替换了一部分的社会性"。[②] 称其为"不对称的假体"是因为"……我们能不断地修复机器的故障，但它们不能修复我们的"。[③] 处于前两个层次的人工智能只是在某些功能上能够实现替代人类的工作，但它并不涉及人类的社会文化。从第三层"对称的文化消费者"(symmetrical culture-consumers)阶段开始，机器真正开启了"社会化"进程："……完全对称的假体

---

① [美] 麦金泰尔：《追寻美德》，宋继杰译，译林出版社 2016 年版，第 70 页。
② 同上书，第 67 页。
③ 同上书，第 69 页。

(fully symmetrical prostheses)——社交假体能够很好地修复我们破碎的语言和其他违反规则的活动,很好地认识和吸收我们的示范活动,甚至它们能够掌握时机很快地做出反应。"[①]第三层和接下来的第四层之间的差别是很小的——如果说在第三层上机器能够理解社会,那么到了第四层"挑战人类文化的消费者"(humanity-challenging culture-consumers)阶段,机器则能够完全融入人类社会。人工智能社会化的前四个阶段所代表的其实是机器融入人类社会的过程,在这个过程当中人工智能的深度学习的方法实际上体现了一种机器与人的互动,基于这种互动关系使机器达到了一种理解人类社会的水平。但是,从第五层"类似人类的自主社会"(autonomous human-like societies)阶段起,机器要逐渐开始在人类社会中占有一席之地,这首先要求机器表现得和人类一样——机器要拥有和人类相似的生物学意义上的身体。到了第六层"独立的社会"(autonomous alien societies)阶段,机器已不但成为人类社会的一部分,并且机器群体能够建构出属于该群体的社会文化了。至此,完成了人工智能社会化的全过程。

但事实上,上述模型只代表了人工智能社会化的"理想"状态,实际上是很难实现的。这是因为所谓的"社会"并不是一个整体性的概念,社会是由不同的文化组成的,而不同文化间享有不同的语言范式。这并不是说能够说同一种语言比如说英语,就能享有同一文化。仅就科学共同体而言,早在库恩的科学革命理论中就已经表明科学共同体是分层的,不同的科学共同体间享有不同的范式。范式之间不可转化,这使得不同的科学共同体之间享有不同的科学文化,彼此很难跨越。可见,"我们无法通过程序把技能转移到计算机当中是因为我们还没有真正搞清楚社会化的过程是怎样的"。[②] 因此,"(1) 没有计算机能够流利地使用一门自然语言,通过严格的图灵测试,并拥有完全像人类一样的智能,除非它真正融入人类社会中。(2) 基于当前的技术,无法保证计算机完全融入人类社会"。[③]

---

① Harry Collins, *Artifictional Intelligence*, Cambridge: Polity, 2018, p. 69.

② Harry Collins, "Learning Though Enculture" in Gellatly A. Roger D. amd Sloboda J. A., *Cognition and Social Worlds*, Oxford: Clarendon Press, 1989, p. 209.

③ Harry Collins, *Artifictional Intelligence*, Cambridge: Polity, 2018, p. 1.

第二节 当代专长哲学的兴起和趋势

当我们谈及“技能”这个概念，就不得不提及在英语和哲学上与其有着密切关联的另外一个概念——专长(expertise)。两者均指向“能力”(ability)或者“胜任能力”(competence)，但是相较而言，如果说前者指涉普遍能力或基本能力，如生活技能、工作技能等；那么后者则指涉专业性更高的决策能力。因此，“专长”常与“专家”联系在一起。这使得对专长的讨论，不仅成为一个学术问题，更成为一个社会问题。然而，相较于对技能的讨论，在哲学上对专长的研究则更为冷僻和小众。它是随着近年来在认识论以及科学政治运动中的“专业知识民主化”政治思潮的兴起而逐渐引起关注的。并在近年来，汇聚成一股以讨论专家的知识结构(专长的层次)及对专家判定为核心论题的新兴的专长哲学(philosophy of expertise)。

一、专长哲学的兴起

在哲学史上，对“专长”的讨论算不上是一个新话题，早在柏拉图的《论节制》(*Charmides*)中就曾涉及这个问题。在这篇对话中，苏格拉底想通过提问的方式考察一个人是不是真正的医生。但是，柏拉图在谈论这个问题时使用的却并不是“expertise”一词而是“techne”一词。英文单词“techne”是由古希腊语“tekhnetos”一词演化而来，有“技艺、技能”(art、skill)的意思。通常，在《论节制》中，人们将“techne”翻译成“知识”，但更准确地说其反映的就是“专长”的意思。

准确说来，与中文“专长”一词相对应的英文单词是“expertise”，此词源于英文单词“expert”。“expert”这个单词最早来源于拉丁语单词“expertus”，有“尝试、试验”(to try，test)的意思。从词源上可以把“专长”看作是一种“实践知识”(practical knowledge)：①

① Chtistopher Winch, *Dimensions of Expertise: A Conceptual Exploration of Vocational Knowledge*, Continumm, 2010, pp. 1 - 2.

可以把“实践知识”理解成赖尔所说的“knowing how”而不是“knowing that”，它还包括知道如何行事的道德层面，以及在广义上能够在实践语境中合理行动的实践判断，还有“胜任”(competence)和“技能”(skill)的意思。不管是陈述性知识(declarative knowledge)还是亲知知识(knowledge by acquaintance)，它们与实践知识之间的关系都值得讨论，特别是陈述性知识。事实上，为了要厘清它们之间的关系，必须要关注两类知识的区别，也就是“被组织起来的知识”(organized knowledge)和“单一知识”(singular knowledge)之间的差别以及“体知”(aspectual acquaintance)和“非体知”(nonaspectual acquaintance)之间的差别。

关于“专长”概念的内涵，包含两个层面：一方面，可以把专家看作是专门家，在某些领域中被看作是学识渊博的人。专家的专长的一个重要特征是获得专业的新鲜知识，比如科学家或学者。另一方面，专长的概念又与实际行动相关，比如木工、医学、工程、绘画或钓鱼，是一种获得、掌握或行动的能力。我们倾向于将第一种专长看作是陈述性或命题性知识，而把第二种专长看作是实践知识、能力或技能。

或许，正是由于“专长”这个概念内涵的复杂性；又或者是因为哲学史上长期以来重视“理性”知识而并不把实践能力看作是知识的原因，使得长久以来“专长”这个概念成为一个被哲学“搁置”的概念——人们只是去使用它，但并不会去认真地讨论它的内涵。“专长”的问题之所以在哲学上再次引发热议，是因为人们对专家的看法正在发生翻天覆地的改变——从最初完全相信并遵从专家的意见逐渐走向了质疑甚至与专家对立的立场。以科学为例，如英国科学知识社会学家柯林斯所言，在如何评价科学的问题上前后共经历了“三次浪潮”(third wave)：

“第一次浪潮”(the first wave)大致兴起于20世纪五六十年代，在那个阶段上，人们看待科学的方式“……旨在理解、解释和有效地强化科学的成功而不是质疑其基础。在那段时间里，对社会科学家及公众来说，好的社会学研究就是为本领域及其他领域的权威和决策说话。因为那时的科学被看作是深奥的和权威的，如果不这样来进行科学与技术的决策研究，就被看作

是不可思议的。”①以默顿的科学社会学为例，他认为：②

> 像其他社会制度一样，科学制度也有其自己特有的价值观、规范和组织。自重对独创性价值的强调有一种自明的理论基础，因为正是独创性为推进科学发挥了重大作用。也像其他的社会制度一样，科学有其自己根据角色表现的情况分配奖励的系统。这些奖励大部分是名誉性的，因为即使到了今天，科学基本上已经职业化了，但从文化上讲，对科学的追求仍被定义为主要是一种对真理的不谋私利的探索，其次才被说成是一种谋生手段。与对这种价值的强调相一致，奖励是按照成就的大小给予的。当科学制度能够有效地运行时，知识的增加更加与个人名望的增加并驾齐驱；制度性目标与对个人的奖励结合在一起。但这些制度的价值观在质的方面也有缺陷。当对独创性的情调和对其承认的强度拔高时，这种制度可能会在一定程度上失去控制。科学家们越彻底地把一种无限的价值归于独创性，在这个意义上，他们就越会致力于知识的进步，越会专注于成功的探索结果，而其感情也就越来越容易受到失败的伤害。

然而，即使是在实证主义的科学观发展得如日中天的时代，也曾有人对科学不可置疑的权威性表示过怀疑，其中之一是波普尔。在提出“证伪理论”之前，波普尔先是对所谓的“权威”的合法性提出了质疑：“但是，什么又是我们的知识的源泉呢？我想，答案应是这样的：我们的知识有各种各样的来源，却无一具有权威性。”③此外，费耶阿本德也提醒人们外行应当对专家的权威保持清醒的头脑：④

> ……国家与科学之间必须在形式上是分离的，就像国家与教会之间在形式上是分离的一样。只有在允许任何政治团体或其他施压组织影响社会的程度上，科学才能影响社会。关于重要的项目，可以咨询科学家，

① Harry Collins and Robert Evans, “The Third Wave of Science Studies: Studies of Expertise and Experience”, *Social Studies of Science*, Vol. 23, No. 235, 2003, p. 239.

② ［美］默顿《科学社会学》，：鲁旭东、林聚任译，商务印书馆2003年版，第440—441页。

③ ［英］戴维·米勒：《开放的思想和社会——波普尔思想精粹》，张之沧译，江苏人民出版社2000年版，第32页。

④ Paul Feyerabend, “How to Defend Society Against Science”, in E. Selinger and R. Crease, *The Philosophy of Expertise*, New York: Columbia University Press, 2006, p. 365.

但最终的判断必须留给民主选出的顾问团。这些团体主要由外行组成。外行能够得出正确的判断吗？非常肯定地说，就胜任能力而言，科学的复杂化和科学的成功被极大地夸大了。最令人兴奋的经验之一是看一下，一位外行律师如何能找出由最高级专家提供的技术性证言中的漏洞，因而为陪审团做出裁定做准备。科学不是只有通过几年训练之后才能被理解的秘密。科学是一门智力的学科(intellectual dicipline)，它能受到感兴趣的人的考察和批评，它看起来困难和深奥，知识因为许多科学家(尽管我高兴地说，不是所有的科学家)打了一场混淆的系统战役。当科学家有理由这么做时，国家机构应该毫不犹豫地拒绝科学家的判断。

除此之外，现象学家胡塞尔也通过“科学危机”的概念表达了他对由于科学的过度繁荣所造成的科学性增强、人性减弱的担忧：①

我们从上个世纪末出现的对科学的总体评价的转变开始。这种评价的转变所涉及的不是科学的科学性。而是科学，科学一般对于人们的生存过去意味着以及现在可能意味着的东西。在19世纪后半叶，现代人的整个世界观唯一受实证科学的支配，并且唯一被科学所造成的“繁荣”所迷惑，这种唯一性意味着人们以冷漠的态度避开了对真正的人性具有决定意义的问题。单纯注重事实的科学，早就单纯注重事实的人。公众评价态度的改变在战后曾是不可避免的，而且正如我们知道的，这种转变在年轻一代中间终于发展成一种敌对情绪。我们听到人们说，在我们生存的危急时刻，这种科学什么也没有告诉我们。它从原则上排除的证实对于在我们这个不幸时代听由命运有关的根本变革所支配的人们来说十分紧迫的问题：即关于这整个的人的生存有意义与无意义的问题。这些对所有的人都具有普遍性和必然性的问题难道不也要求进行总体上的思考并以理性的洞察给予回答吗？这些问题终究是关系到人，而人是自由决定其对人的环境和非人的环境的行为的，是自由决定其理智地塑造自己和它的环境的诸可能性的。这种科学关于理性与非理性，关于我们作为

① ［德］胡塞尔：《欧洲科学的危机与超越论的现象学》，王炳文译，商务印书馆2012年版，第18—19页。

> 这种自由主体的人,应该说些什么呢?单纯关于物体的科学显然什么也不能说,它甚至不考虑一切主观的东西。另一方面,就精神科学来说(精神科学缺失在所有特殊的和一般的科学中,在人的精神的存在中,因此在人的历史性的地平线中考察人),人们说,它严格的科学性要求研究者要小心地将一切评价的态度,一切有关作为主题的人性的,以及人的文化构成无的理性与非理性的问题全部排除掉。科学的客观的真理仅在于确定,世界,不论是物质的世界还是精神的世界,实际上是什么。但是如果科学只允许以这种方式将客观上可确定的东西看作是真的,如果历史所能教导我们的无非是,精神世界的一切形成物,人们所依赖的一切生活条件,理想,规范,就如同流逝的波浪一样形成又消失,理性总是变成胡闹,善行总是变成灾祸,过去如此,将来也如此,如果是这样,这个世界以及在其中的人的生存真的能有意义吗?我们能够对此平心静气吗?我们能够生活于那样一个世界中吗,在那里,历史的事件只不过是由虚幻的繁荣和痛苦的失望构成的无穷尽的链条?

上述这种对科学所占据的无可争辩的认识优先权的质疑在20世纪70年代达到了顶峰,衍生出与“第一次浪潮”不同的看待科学的“第二次浪潮”(the second wave),其中以科学知识社会学(SSK)为代表。对于SSK三巨头之一的柯林斯而言,他认为“科学知识社会学(SSK)的最重要的贡献之一就是对‘相信科学家是因为他们更接近真理’的观点提出质疑。……问题是‘如果不能确定科学家和技术专家是否真的接近真理,那么,他们的意见有什么特殊价值’?”[①]这就是柯林斯所说的“合法性问题”(Problem of Legitimacy)。通过一系列针对科学实验的田野调查,SSK向人们展示了科学争论是如何跨越理性而采取了一种社会的或政治解决路径。柯林斯认为,如果科学的产生所依赖的并不仅限于理性,还包括社会、政治机制的话,那么科学家和“外行专家”[②](lay expert)在认识地位上应当是平等的。

---

① Harry Collins and Robert Evans, “The Third Wave of Science Studies: Studies of Expertise and Experience”, *Social Studies of Science*, Vol. 23, No. 235, 2003, p. 237.

② “外行专家”这个概念有自相矛盾的嫌疑,因此柯林斯后来用了“基于经验的专家”(experienced-based experts)来代替这个概念。

为了证明实际上在评价专家的标准上是缺乏理性基础的，柯林斯参考他早年提出的“实验者的回归”(experimenter's regress)的概念提出了“专家的回归”(experts' regress)理论：①

因为“实验者的回归”的存在，就要等到事后才能知道是否成功地复制了某个实验；因为专家的回归的存在，也要等到事后才能知道谁是专家。专家的回归在解决公众领域内的技术决策问题上所发挥的作用和实验者的回归在解决科学争论上所发挥的作用是一致的。但是，公众决策所受到的政治影响远大于科学或技术本身，政治的步伐始终都要比终结科学争论的速度快得多，因此要在科学争论结束之前就做出决策。因此，政治决策者必须在事前就对专家进行分层——在决策被写就之前。我们要强调的是科学知识社会学家本身也有创造历史和反映历史的责任，他们要依靠他们的专长——“知识”来创造历史。

在“第二次浪潮”的作用下，人们终于打开了科学这个“黑箱”，然后惊讶地发现科学原来并不像人们想象的那么客观和神秘，科学也是一种社会活动，在这种意义上似乎科学家的知识和普通大众所拥有的知识并没有什么不同，它们都是人类文化的一部分。当SSK最终将科学“去神秘化”之后，特别随着近年来公众民主意识的不断提高，公众对于专家的看法立刻从一个极端迅速地滑向了另一个极端——从完全相信到几乎完全不相信，民粹主义倾向日益抬头：

20世纪60年代有关科学和政治关系研究的文献表明，这一时期主要关心的是技术统治的问题。美国和欧洲大陆对该问题的研究有所不同，美国学者主要关心在科学建议的作用日益增长的情况下民主机构的命运，欧洲大陆的哲学关注的是科学对繁琐的民主机制所产生的理性影响。在美国，类似《科学产业》(*Scientific Estate*)、《新时代祭司》(*The New Priesthood*)以及《科学精英》(*The Scientific Power Elite*)等书籍受到了政治科学研究者和科学政策研究者的热烈欢迎。(Gilpin &Wright 1965; Lapp 1965; Lakoff 1966; Price 1967)。这些论著反映了对专家的不信

① Harry Collins and Robert Evans, “The Third Wave of Science Studies: Studies of Expertise and Experience”, *Social Studies of Science*, Vol. 23, No. 235, 2003, p. 240.

任，并且对专家介入下的中央政治权威的合理性提出了质疑。[①]

那么，是不是任何人都有资格称自己是“专家”？如何评价专家？这就是所谓的“第三次浪潮”（the third wave）所要解决的“广延性问题”（problem of extension），或者说“技术决策的参与度要扩展到多大的范围？”[②]要解决这个问题就要回溯到“第二次浪潮”，我们需要认识到社会因素的介入是由科学发展机制本身造成的，是科学拒斥不掉的特征之一。因此，“第三次浪潮”的解决路径要从两方面入手——在技术层面上要回到对专家的专长本身的讨论上来；在社会层面上讨论社会意识形态的变迁如何影响了专家决策。

当前，对以专家的专长为研究对象的专长哲学的理论体系仍在建构当中，所以大部分学者的研究大多集中于第一条路径——从技术层面上讨论专长的构成及其获得过程，对第二条路径的研究相对薄弱。但不可否认的是，“三次浪潮”所反映的不仅是公众看待专家的立场的转变，也反映了我们的社会形态的变化，因为正是由于社会意识形态的转变才造就了对专家看法的转变——如果说“第一次浪潮”在看待专家的立场上是一种“现代性”的视角、“第二次浪潮”是一种“后现代”的视角的话，那么“第三次浪潮”则试图在现代性和后现代之间找到一条中间路，即所谓的“选择性的现代主义”（elective modernism）：[③]

> 可选择的现代主义是在可观察的范围内捍卫科学的，但它并不属于一种原教旨主义的意识形态。它研究的是可观察的世界。比如它不讨论美，因为展现美的方式有很多种，评价美的方式也不同。另外，它也不涉及信仰问题，除非所讨论的信仰是取决于观察的信仰。可见，科学与信仰在创造和进化的问题上是相互冲突的，而作为“选择性的现代主义者”（elective modernist）则选择站在科学的立场上，因为“选择性的现代主义”的信条是与神创论（creationism）、智能设计（intelligent design）相悖的，即使是最弱的神

---

① ［瑞士］萨拜因·马森、［德］彼得·魏因加：《专业知识的民主化：探求科学咨询的新模式》，姜江、马晓琨、秦兰珺译，上海交通大学出版社2010年版，第2页。

② Harry Collins and Robert Evans, “The Third Wave of Science Studies: Studies of Expertise and Experience”, *Social Studies of Science*, Vol. 23, No. 235, 2003, p. 237.

③ Harry Collins and Robert Evans, *Why Democracies Need Science*, Polity Press, 2017, pp. 308 - 309.

创论和智能设计。智能设计至少在四个方面是与科学相悖的：它是可以伪造的；它并不是开放的，因为神才是它的最后归宿；所有的启示均来自书本而不是观察；它通过祈祷获得神示，不同于科学解释是基于自然的因果性。基于上述理由，对于进化理论而言应当更加看重谁的观点呢？是否应当参照那些可证伪、可观察和开放的观点呢？当你走近科学，答案是显而易见的。只有当某人青睐于用非科学的方法来观察自然世界时太才会采纳智能设计的观点。

但这并不是说选择性的现代主义是一种新信仰，它并不要求我们的思想，即使是关于宇宙的都要受制于科学。但是，科学和宇宙的法则是由造物主创造的观点不适用于选择性的现代主义；人死了灵魂会上天堂的观点也不适用于选择性的现代主义；还有造物主是仁慈的观点也不适用于选择性的现代主义。选择性的现代主义不讨论这些问题，因为它们与观察无关。选择性的现代主义认为科学家之为科学家，不应当仅凭借信念（或艺术等）去证明或反驳该做什么，除非这件事有可重复的、可观察的结果。在这种意义上，选择性的现代主义与逻辑实证主义或其他没有观察的、没有意义的实证主义不同。只有当某事得到了可观察的结果后，才能被纳入选择性的现代主义和选择性的现代主义的科学研究的范围。

二、专长哲学的“集体主义”与“个人主义”之争

当前的专长哲学的研究主要集中在对专长采取一种技术性分析，其中，有两条研究路径发展得较为成熟——其一是以德雷福斯为代表的现象学的研究路径，其二是以柯林斯为代表的社会学的研究路径。尽管研究传统不同，但是社会学和现象学两者都抓住了“身体”这条线，在对于“经验”（experience）的关注上殊途同归：对于现象学家来说，无论是实践活动还是理论活动都要在生活世界中来完成。特别是对于德雷福斯而言，他发展了梅洛·庞蒂的“经验身体”（lived body）、“意向弧”（intentional arc）和“极致掌握”（maximal grip）的观点。梅洛·庞蒂认为，学习依赖于经验和情境之间的反馈，学习者所学习到的内容并没有在心灵中得到表征，而是作为一种对世界做出回应的素质或能力，如果学习者不能对

情境做出回应或者对情境的回应没有产生一个令他满意的结果时，他才会进一步对情境做出考虑与区分，然后，形成更加准确的回应。学习者的经验和情境之间的这种相互反馈的环路被称为“意向弧”，意向弧意味着主体与世界是密切联系在一起的。在日常的技能活动中，人类总是倾向于达到对情境的“极致掌握”(maximal grip)。德雷福斯在梅洛·庞蒂的基础上通过描述我们获得、提升和使用技能的过程，进一步讨论了当我们在获得技能时我们与世界之间发生的关系。从生活世界的角度来看，德雷福斯认为专家和外行在“人”及“人类生活”的层面上并没有什么不同，于是从这种认识论前提出发，德雷福斯强调专家在完成世俗的任务时和普通人并没有什么不同。例如他说：“我们在完成许多任务时是专家，我们每天都顺利而明显地复制技能的功能，使我们自由地意识到我们生活中不太熟练的其他方面。”[①]对于社会学路径、特别是对于SSK而言，他们的研究也是基于对科学活动的分析，暴露出了科学的社会磋商过程，以此剥掉了覆盖在以科学家为代表的专家身上的神秘外衣。因此，是基于对经验的剖析，使得现象学和社会学的进路在看待专长问题时不约而同地站在了反精英主义的立场上。

然而，值得注意的是，在基于经验对专长的属性进行剖析时，现象学和社会学所研究的经验的类型却是不同的：德雷福斯所讨论的经验是一种日常生活技能，他常以一些日常生活活动，比如开汽车、下象棋等作为范例来进行其经验研究；而柯林斯所讨论的经验则是科学技能，特别是柯林斯喜欢关注前沿科学问题，挖掘科学实验过程中的各种争论。在科学哲学史上库恩曾经给出过一种科学发展的模型，即“科学革命的结构”理论。其中，在“常规阶段”是没有科学争论的，因此，在此阶段可以顺理成章地把科学家看作是专家。但是，从“反常阶段”开始，科学中开始出现争论，开始有科学家的名望、科学修辞、政治博弈和历史等因素卷入争论的过程。当无法依靠科学实验过程对科学家进行判断时，评价科学家是不是专家的一个主要指标就是科学家的技能——科学家操作和使用仪器的技能，这是柯林斯经验研究的出发点。简而言之，尽管在研究专长时，立足点都是经验研究，但是德雷福斯研究的是生活技能，而柯

---

① Hubert Dreyfus, “What is Morality? A phenomenological Account of the Development of Ethical Expertise”, in D. Rasmussen, *Universalism VS. Communtarianism: Contemporary Debates in Ethics*, Cambridge: MIT Press, 1990, p. 243.

林斯研究的则是科学技能。比较而言，柯林斯认为在建构专长研究的规范时，德雷福斯的研究过于关注日常的生活世界，因此“……把所有的日常行为也都当作是‘技能’是不规范的，比如会说话”。①

也正是由于专长研究的出发点不同，导致了德雷福斯和柯林斯在研究专长时所采取的视角是不同的，这是两种进路最根本的分歧所在——德雷福斯采用的是一种“第一人称视角”，这从他所建构的“技能模型”(skill model)可见一斑。以开车为例，德雷福斯描述了学开车的亲身经历，概括为七个阶段：②

> (1) 新手阶段。通常，指导者把任务的情景分解为语境无关的几个特征，就算是毫无相关技能的初学者对此也能辨认，这样指令跟从阶段便开始了。在了解这些特征的基础上，初学者被给予某些规则以决定其行动，这类似于计算机跟从指令来运行。
>
> (2) 高级初学者阶段。新手在现实情境的实际应对中获取了经验，开始形成了对相关语境的理解；经由指导者提醒，或他自己注意到了那么些相关情景和领域中具有额外意义的要素。在理解了足够多的事例后，学习者开始学着去辨认这些新的要素。存在着指令性的行动准则(maxim)，对应于这些在经验基础上辨认出的新的情景要素；也对应于新手能辨认出的、客观设定的且非情景的特征。
>
> (3) 胜任阶段。随着经验的增多，在可能意义上，学习者所能识别的相关要素和跟从的步骤的数量，变得十分庞大。这时，由于对确定特殊情景中什么东西是重要的感觉尚缺失，执行变得令人很伤脑筋且精疲力竭，学生可能十分怀疑是否曾有人掌握了这门技能。
>
> (4) 熟练阶段。只有当新手、高级初学者或远程学习者的超然的、消费信息的立场被情感投入的立场替代后，学习者才算是为进一步的提高做好了准备。随后，由结果导致的积极或消极的情感体验，会激励成功的应对措施，并抑制那些失败的。操作者拥有的由规则和原理表征的技能

① Harry Collins, “Hubert L. Dreyfus, Forms of Life, and a Simple Test for Machine Intelligence”, *Social Studies of Science*, Vol. 22, 1992, p. 734.

② Hubert Dreyfus and Stuart Dreyfus, *Mind Over Machine: the Power of Human Intuition and Expertise in the Era of the Computer*, New York: Free Press, 1986, pp. 21 - 36.

理论，将逐步被情景区分和情景应对的能力替代。并且仅当，经验以非理论的方式体知合一地得到积累时，熟练阶段才是达到了。那时，直觉的反应将替代由推理得出的应对。

(5) 专家阶段。熟练的操作者沉浸在他技能活动的世界中，知道需要做什么，但仍要决定如何去做。专家则不仅是看到了应完成的目标，受益于其巨大的情景识别能力，专家立刻明白了如何做才能达到目标。因此，能否做出更多细微和精确的情景区分，是熟练操作者和专家间的差别所在。基于某种方案或视角，所有情景可能看起来都类似，但专家已具备了在众多情景中区分出哪些情景需要这种回应，哪些则需要另一种。对于大量的不同情景有了足够的经验后，虽然仍用一种视角来观察，但可得出不同的策略抉择。专家在大脑中逐步把某类情景继续分解为子情景，每一种需要一种特殊的应对。这促成了对情景的即时的直觉性反应，这是专家阶段的特征。

(6) 大师阶段。为了延续一种风格，成为学徒是唯一可行的方式。但是，如果专家培养出的学生仅仅是自己风格的克隆者，那么学徒的经历就等于白费了。如果认真对待学徒概念，必须要问在既定的框架内，如何形成新的风格或创新的能力？音乐家的培养为此提供了一个线索，如果你想被训练成为一名演奏家，你必须跟从一位业已被认可的大师。成为学徒的目的，除了模仿这位大师外无他。当你仰慕某大师并花时间跟从左右后，他的风格会变为你的风格。但随之而来的危险是，成为学徒导致的仅仅是复制大师的风格，想成为演奏名家要求形成自己的风格。

(7) 实践智慧阶段。人们不仅通过模仿某个具体领域中的专家来获得技能，而且还要获取某种属于自身文化风格以形成亚里士多德所说的实践智慧。小孩子，从他们来到世界之时，就开始学习成为实践自身文化的专家。在这项任务中，他们从一开始就是父母的学徒。

柯林斯对专长的研究则是基于“第三人称”视角，特别是在阐述技能的“文化适应模型”(encultural model)时，柯林斯认为：①

① Trevor Pinch, Harry Collins and Larry Carbone, “Inside Knowledge: Second Order Measures of Skill”, *The Sociological Review*, Vol. 44, No. 2, 1996, p. 164.

> 因为技能是具有群体属性的，所以技能的转移是根植于社会的。就如科学知识社会学(SSK)认为的那样，技能是一种文化产物，如果技能可以通过在与社会的互动中获得，那么技能及其转化就可以变成明确的。

显然，从柯林斯的这段描述中可以概括出技能的以下五个方面的特征：(1) 技能是社会性的；(2) 技能只能在社会互动中获得；(3) 技能是一种文化产物；(4) 通过社会活动技能及其转化可以是明确的；(5) 技能以及科学技能可以通过语言的社会化转化成一种生活形式。

由于研究视角的不同，导致了德雷福斯和柯林斯在看待与专长有关的一系列具体问题上都呈现出了相反的观点，引发了两者之间的一系列争论。

首先，德雷福斯和柯林斯在看待默会知识能否转化成明确知识的问题上，态度相反。“默会知识”(tacit knowledge)的概念最初来自波兰尼，他认为人类知识分两种，那些能说清楚的便是明确知识(explicit knowledge)，而那些说不清楚的便是默会知识。就波兰尼而言，他对于默会知识的基本态度是认为默会知识是不能转化成明确知识的。德雷福斯对默会知识的看法与波兰尼相近，在“技能模型”中他描绘获得技能的过程聚焦于身体感悟，讨论了身体通过学习所表现出来的反应能力。因此即使德雷福斯在“技能模型”中列举了获得技能的规则，但从根本上他也还是把默会知识看作是一种“个人知识”(personal knowledge)。也就是说，在德雷福斯看来，即便默会知识不能转化成明确知识，但是默会知识转化成明确知识的规则是可以被说明的。与德雷福斯相反，柯林斯把默会知识定义为“……是可以在科学家的私人交流中获得的知识或能力，无法用公式、图表或语言文字表述出来，但可以用行动来反映”。[①] 基于科学家所达成的共识，柯林斯是从社会群体的角度来看默会知识的：[②]

> 从社会学家的角度来看，经验的获得更多的意义上是一种社会化的过程。社会学家经常会用“默会知识”的概念来描述个体获得技能的过

---

① Harry Collins, “Tacit Knowledge, Trust and the Q of Sapphire”, *Social Studies of Science*, Vol. 31, No. 1, 2001, p. 71.

② Trevor Pinch, Harry Collins and Larry Carbone, “Inside Knowledge: Second Order Measures of Skill”, *The Sociological Review*, Vol. 44, No. 2, 1996, p. 164.

程……技能的不明确的特征是技能社会中的社会化成员所有的一种说不清的胜任能力。

如果说德雷福斯描述了获得默会知识的规则的话，那么柯林斯则直接讨论了默会知识的类型，他把默会知识分成五种类型：(1) 隐藏的知识(concealed knowledge)，指隐藏在实验中的一些诀窍或被有意无意掩盖起来的一些关键问题；(2) 不匹配的特性(mismatched salience)，指在一个实验中不同的实验小组可能关注的问题的焦点或实验的侧重点不同，比如实验者A不知道应该向实验者B传达哪些内容，而实验者B也不知道应当向实验者A询问哪些内容；(3) 实指知识(ostensive knowledge)，指用文字、图表或照片等媒介无法传达，而只能通过直接指出、证明或感觉来理解的信息；(4) 没有意识到的知识(unrecognized knowledge)，是指实验者A完成了某一实验却没有意识到其中某些细节的重要性，而实验者B在重复该实验时却忽略了这些重要细节；(5) 不可认知的知识(unrecognizable knowledge)，指人们无法用语言来描述的经历。① 对于这五种类型的默会知识而言，除了最后一种"不可认知的知识"外，其余四种都不属于现象学传统中所强调的个人知识，因此，柯林斯认为通过社会交流，默会知识能够转化成"日常知识"(routine knowledge)。即使对于某些转化起来比较困难的默会知识来说，"在搞清楚实验的机制或'一站式方法'(turnkey method)之后，就不需要默会知识了"。② 所谓"一站式方法"就是通过社会交流增强对彼此的了解，当沟通达到一定程度后，即便你还是无法将"意会的"东西说清楚，但至少能够达到理解的效果——柯林斯在2001年发表的论文"Tacit Knowledge, Trust and the Q of Sapphire"中，他考察了西方国家在复制俄罗斯的测量质量因子(quality Q)Q实验的实验过程，其中位于英国格拉斯哥大学实验室是通过不断地访问俄罗斯大学以及两所实验室的多次互访，最终获得了实验成功。

其次，德雷福斯和柯林斯在看待涉身性的问题上，态度相反。德雷福斯与柯林斯关于涉身性的争论始于对人工智能的讨论，两者的最大区别在于强调

---

① Harry Collins, "Tacit Knowledge, Trust and the Q of Sapphire", *Social Studies of Science*, Vol. 31, No. 1, 2001, p. 71.

② Ibid., p. 73.

在技能的获得过程中，起关键作用的是涉身性还是语言的社会化——德雷福斯认为机器不能拥有真正的智能是因为它们没有身体；相反，柯林斯认为机器不能拥有真正的智能是因为机器无法获得社会经验。但这并不是说柯林斯否认身体对认知的重要性，而是说作为一名社会建构论者，柯林斯更多的是把知觉问题看作是一个社会问题，更乐于把知觉行动与社会规范联系在一起。为此，柯林斯区分了两种涉身性——"社会涉身性论题"（social embodiment thesis）和"最小涉身性论题"（minimal embodiment thesis）。"社会涉身性"是说，在集体的层面上，身体对于建设社会规范是重要的，但缺少涉身性的个人也能在社会中被社会化；"最小的涉身性"是说，为了要完成社会化，智能机器需要依靠身体来进行感知。①

德雷福斯与柯林斯对涉身性的讨论主要集中在一个关于"玛德琳"的思想实验上。最初，为了要驳斥德雷福斯认为身体是获得智能的必要条件的观点，道格斯・莱纳特(Doulas Lenat)描述了一个医学病例——一个叫玛德琳的女孩，"奥利弗・萨克斯(Oliver Sacks)描述了一个坐着轮椅的天生盲女，她无法靠手来阅读盲文，她所有对常识的理解都来自别人读给她听"。② 基于现象学上对于专长的产生来源于身体的观点，德雷福斯并不认同莱纳特的观点，在谈到玛德琳时，他说："她有感觉，包括身体的和感情的，也有可以移动的身体。因此她能够感知其他事物并在面对世界时获得某种程度上的技能。"③柯林斯虽然也不赞同莱纳特对于获得人工智能过程的解读，但是他认为德雷福斯对涉身性的现象学解读是在身体意义上的涉身性与概念意义上的涉身性之间左右摇摆。他说："在此讨论中（玛德琳的范例）的身体不是一个身体上的身体而是一个概念上的身体。如果你有身体却没有规范，像玛德琳一样不能用钥匙、椅子和盲杖，你依然能获得常识的话，那么今天的计算机——被安装好的智能匣子——只要程序设计得当也能获得常识。那么，机器如机器人就不要满世

---

① Harry Collins, "Four Kinds of Knowledge, Two (Or maybe Three) Kinds of Embodiment, and the Question of Artificial Intelligence" is edited by Wrathall, Mark and Malpas, Jeff eds. *Heidegger, Coping, and Cognitive Science: Essays in Honor of Hubert Dreyfus*, Cambridge: MIT Press, 2000, p. 188.

② Hubert Dreyfus, *What Computers Still Can't Do: A Critique of Artifical Reson*, Massachusetts: MIT Press, 1992, p. xx.

③ Ibid.

界移动来获得感知和展示智能了。”①

三、寻找专长哲学的中间路

总之，可以把发生在德雷福斯与柯林斯之间的这场争论看作是专长哲学发展中的个体主义（individulism）和集体主义（collectivism）之争——个体主义强调专长获得过程中的个人体悟；而集体主义则更强调专长的社会属性。虽然，两者都承认专长的获得不能脱离经验，这构成了专长哲学研究的大前提条件。但是在具体的操作上，两种进路所反映的却是经验本身和“被解释”的经验之间的差别，更本质上讲，两种进路反映的是隐藏在专长哲学背后的二元对立的情况，包括“我”和世界、主观和客观、个体和公众等。显然，德雷福斯和柯林斯分别站在了二元对立的两极。因此，无论是就专长哲学的个体主义还是集体主义而言，单一的解释都是不充分的。

对于专长哲学的个体主义和集体主义路径的优缺点，美国现象学家伊万·塞林格（Evan Selinger）给出了一个比较客观的评价。其中，针对德雷福斯的“个体主义”进路，他说：②

> 德雷福斯的专业技能获得模型在哲学上是重要的，因为对于涉身性认知和情感来说，它把焦点从它在STS中的社会的外在化和技术的外在化以及在经典科学中排除发现的历史语境和心理学语境，转向了专长。在这么做时，他说明了为什么把专家描述为意识形态的拥护者，不是最恰如其分的，为什么他们对权威性不是一概建立在社会网络的基础之上。此外，他通过从第一人称视角对专长的现象学分析，揭示了从第三人称视角研究专长的局限性和有时造成的表面论述。因此，他表明，基本的科学问题，只有借助于现象学的工具，才能得到全面阐述，专长就是这种问题

① Harry Collins. “Embedded or Embodied? A Review of Hubert Dreyfus' What Computers Still Can't Do”, *Artificial Intelligence 80*, 1996, p. 104.

② Evan Selinger and Robert Crease, “Dreyfus on Expertise: The Limits of Phenomenological Analysis”, in Evan Selinger and Robert Crease, *Philosophy of Expertise*, Columbia University Press, 2006, p. 235.

的最典型的一个事例。

然而，德雷福斯的描述性模型和他的规范性要求，由于缺乏解释学的敏感性，因而是有缺陷的。也就是说，他假定，专家的知识在语境敏感性和体验范围之外是明确的，而且，专家在训练过程中已经摆脱了人们开始时拥有的任何偏见、意识形态或隐藏的动机。这个假设不仅在德雷福斯的描述性揭示中是有缺陷的，而且在他的规范性解释中也是有缺陷的。

针对柯林斯的“集体主义”进路，塞林格评论道：①

我们知道如果让柯林斯一下回答这么多问题肯定会有一定难度，包括穿越时空的玛德琳的问题，如果他要使他的分析看上去更实用主义的话，那么他对互动型专长②的本质和范围的分析则要更严格。到目前为止，柯林斯的描述过于空洞，没有清楚地界定出他的认识论立场。他对调查过程的描述，存在太多漏洞……

……柯林斯在理解什么是涉身的问题上存在根本性的错误：(1) 他的错误在于他过于谨慎并孤立了涉身的经验部分的身体因素，经验应当是一种有机体及其所处环境的一种生态关系；(2) 当特殊的感官经验不起作用时，他过高地估量了涉身性的重要性；(3) 他过高地估量了大脑的认知能力，错误地认为可以把大脑为载体的过程还原为基本的大脑活动过程。

尽管，在“涉身性”的问题上塞林格对柯林斯是持批判的态度，但同时他认为柯林斯为解答默会知识能否转化成明确知识的问题提供了一种更有效的解答，在这一点上优于德雷福斯，他说：

目前，柯林斯为默会知识转化成“常规知识”的可能性提供了经验证据，他的论述在解释技能转化过程的问题上优于德雷福斯。因为德雷福斯把他对默会知识的讨论建立在对遵守规则判断的分支判断上而不是遵

---

① Evan Selinger and John Mix, “On Interactional Expertise: Pragmatic and Ontological Consideration”, in R. Crease and E. Evans, *Philosophy of Expertise*, Columbia University Press, 2006, pp. 316 - 317.

② “互动型专长”(interactional expertise)相对于“可贡献型专长”(contributory expertise)而言，是指那种通过与专家进行语言交流所获得的能够对专家的专长进行辨别和评价的专长，“可贡献型专长”是指通过亲身经验获得的专长，如物理学家进行科学实验的专长。

守规则的判断本身,他把专家决策放在了非遵守规则判断那一类。他还写到,即使是就理论论述而言,也没有办法描述技能型行为,他把它描述成"knowing know",因为如果不通过其他形式(比如,转化成"knowing that")直觉判断是没有办法被命题化的。这就是为什么德雷福斯专注于解决新手变成专家的不同路径的问题,而搁置了享有相同经验背景的专家之间的技能转化问题。相反,柯林斯认为即便默会知识不能被转化成命题的形式,可以用交流的非命题形式的交流来转化——至少是在与他人分享技能的团体中——诸如观察拥有默会知识的人的工作和通过这个人的示范了解他或她作为专家的决策过程。重要的是,默会知识的转移取决于表达性的和涉身的非命题性交流,德雷福斯重点讨论了涉身性,在柯林斯讨论知识的获得和决策的制定的问题上并没有仔细地论证过这个问题。在德雷福斯的技能获得模型中,默会知识的获得经历了从命题操作到身体的直觉反应的过程,而对柯林斯而言,他并没有为学习者提供一个技能获得的步骤模型,他说明了在绕开命题阶段的情况下通过实践模仿重新建立起触觉和动觉的能力使身体获得默会知识的过程。柯林斯仅仅是把身体作为社会规范和设定特殊能力的一个次要条件,柯林斯认为没有必要去建构一种涉身性理论。①

基于塞林格的分析,比较而言,在"涉身性"问题的解决上,德雷福斯的研究优于柯林斯;而在"默会知识"的问题上,柯林斯的研究却优于德雷福斯。因此,如何最大限度地弥合两者的分歧,在介于个体主义和集体主义之间找到中间道路,将是专长哲学未来发展的主要方向。然而,这样的发展方向也仅能代表专长哲学研究中的"经验派",关于专长哲学的语言分析(何谓专家、专长的内涵)、价值判断(如何辨别专家),以及其所涉及的伦理(专家是否对超出他们专长的领域依然拥有话语权、专家之间的争论)问题、政策研究(专家是否会滥用他们手中的权利、专家是如何做出决策的)都是专长哲学中尚未完全被开垦的处女地。

---

① E. Selinger, *On Expertise: Descriptive and Normative Problems*, State University of New York At Stony Brook, 2003, pp. 96-97.

第三节　哈里·柯林斯的专长规范理论

就整体发展状况而言，当代"专长哲学"作为一个新的哲学研究论题，尚处于初级阶段。尽管就目前而言，专长哲学已经搭建出现象学和社会学两条主要进路（其他研究还包括认识论研究、社会认识论研究和政策研究），但是两者比较而言，由科学知识社会学家柯林斯主导的科学知识社会学进路的专长研究较为突出。在早期基于建造 TEA 激光器、也包括对探测引力波实验的社会学调查基础上，柯林斯提出了其科学知识社会学的研究纲领——"相对主义的经验纲领"，揭示了科学实验中裹挟的社会因素。那么，社会因素是如何重塑了以科学为代表的专家的认识，针对此论题的研究将柯林斯的后期研究带向了对专长的结构水平进行研究的"专长规范理论"，此研究也掀起了继 SSK 之后的"科学元勘"（Science Studies）的"第三次浪潮"。

一、专长的规范理论提出的背景："核心层"研究

"专长"是涵盖了知识、技能、经验和学习的交叉领域，体现了专家解决问题的能力。柯林斯对专长的研究始于对"核心层"（core-set）的思考：柯林斯在对科学争论进行调查的过程中发现："对大多数科学论断而言，至少现代科学的发展是由人推动的，其中只有很少数的科学家参与试验。在现代科学中，这些很少数的人在方法论上具有优先权。"①柯林斯把这部分人称作"核心层"。

柯林斯为什么要把这个科学家群体叫作"核心层"而不是"核心小组"（core group），主要是基于对核心层特征的思考：首先，柯林斯认为，科学共同体是分层的，核心层在科学共同体的中心扮演的是科学决策者的角色。其次，核心层是一个极私密的机构，通常只有几个人，但核心层却并不是一个稳定的机构，

① Harry Collins, "The Place of the 'Core-Set' in Modern Science: Social Contingency with Methodological Propriety in Science", *History of Science*, Vol. 19, No. 7, 1981, p. 8.

它的产生完全是围绕科学争论。在争论中，核心层所表现的观点不尽相同，成员之间可能互不相识，甚至可能是相互攻击的敌人。一场科学争论终结的同时也标志着围绕这场争论建立的核心层自动解散。或许，上一核心层的某些成员会投入下一场科学争论当中，但或许他们中的一些人也会随着时间的流逝而渐渐被人遗忘。再次，核心层的科学家要想不被排挤出核心层，最有效的手段就是结盟，包括通过与核心层内的科学家结盟来获得舆论支持和与核心层的外层机构结盟以获得物质资助。

柯林斯通过对核心层的调查认为："核心层像漏斗一样漏过所有相竞争的科学家的雄心和所偏爱的共识，最后产生了在科学上得到确认的知识。……核心层'净化了'所有'非科学的'影响和'非科学的'争论策略。这使这些关系成为无形的，因为当争论结束后，所剩的是推断：一种结果是可复制的，而另一种结果是不可复制的；一组实验是由一群专家能胜任地完成的，而另一组实验——即产生了无法复制的结果的——则不是。这个核心层'漏进了'社会兴趣，把实验转变为'非科学的'谈判策略，并用实验制造确定的知识。"①

"核心层"的存在充分暴露了科学中的政治因素，但核心层的私密性却很好地掩盖了这种社会性。作为远离科学的一般公众是很难了解到这些隐匿于科学事实背后的真相的，于是科学表现出的都是最圣洁的一面。既然承认了公众受政治的影响远大于科学或技术本身，并且政治的步伐始终都要比科学的增长速度快得多，那么，是任由科学的这种政治影响肆意泛滥还是在争论之前就对科学决策进行干预?！柯林斯强调，"科学知识社会学家本身有创造历史和反映历史的责任"，因此，后期的柯林斯不再满足于只做"科学研究"的"下游"(downstream)工作——当一场科学争论结束之后，对争论的具体过程做做社会分析，谈谈科学与社会的关系……而是希望自己从科学争论的"分析者"的角色，变成科学争论的"行动者"的角色，直接参与科学争论，开辟了"科学研究"的"上游"(upstream)工作，即专长的规范理论。

"专长的规范理论"是以专家为对象，其目标在于解决两大问题：其一，专家是否在认识上拥有优先权？其二，哪些专家有资格参与科学决策？上述两

① ［英］哈里·柯林斯：《改变秩序》，成素梅、张帆译，上海科技教育出版社2007年版，第128—129页。

点分别被柯林斯冠以“合法性问题”(Problem of Legitimacy)和“广延性问题”(Problem of Extension)的称谓。关于前者,在SSK的诸多研究成果中已经给予了充分的回答;至于后者,要解决“哪些是有资格的专家”的问题首先要回答“什么是专家”,而要回答这个问题就必须要先知道“专家”和“门外汉”的区别在哪里。这就要对专家的专长进行剖析。

二、专长的规范理论主体:专长的结构

所谓“专长的规范理论”,其“规范性”在于:首先,柯林斯强调要以专长作为评价专家的标准;其次,柯林斯重新区分了专长的结构。大体上,柯林斯把专长分为三个层次:

(一) 普通人都有的专长

此类专长指的是普通人在没有进入某一专业领域(比如科学)之前应当具备的个人能力,可分为两个层次:一种是人天生就有的生存本能,比如人生来会说话,这被柯林斯称作是“普遍存在的专长”(ubiquitous expertise);另一种能力体现为个人素质(disposition)。对两者而言,前一种能力是人所共有的,而后一种能力则因人而异,主要表现为个体的互动能力(interactive ability)和反应能力(reflective ability)上的差别。但不管怎样,只要是正常的社会人,一般都已经具备了这个层次的专长了。

(二) 专家拥有的专长

从这个层次开始进入专业领域的学习过程,以学习过程是否需要亲身实践为标准,柯林斯把这个层面的专长分成两个层级,低层级的专长是学习的必备条件,它不需要亲身实践,包括三种类型:

1. 以明确知识或信息为主的专长

这类专长直观地告诉你“什么是什么”,比如说当我们谈到“全息图”这个概念时,通常会伴随着关于这个概念的定义:“全息技术是实现真实的三维图像的记录和再现的技术,与其他三维图像不同的是,全息图提供了视差,视

差的存在使得观察者可以通过前后、左右和上下移动来观察图像的不同形象，就好像有个真实的物体在那里一样。”通过这个定义，你就会知道“全息图”是什么、它是用来干什么的了。柯林斯形象地把这种类型的专长比喻成是“啤酒杯垫式”的知识(beer-mat knowledge)。

2. 在公众的知识水平上对某一专业领域的一般理解的专长

比如我们知道抗生素不能治病毒性疾病，我们也知道流行性感冒是一种病毒性疾病，于是我们知道我们不能用抗生素治疗流行感冒。

3. 需要通过阅读专业的资料文献才能够学习到的专长

柯林斯称这类专长为“主渠道知识”(primary source knowledge)。一旦你拥有了此种类型的专长就意味着你已经开始进入专业领域了。然而，专家之所以为“专家”，关键并不在于拥有低层级的专长，而是已经具备了需要通过实践获得高层级的专长。根据参与实践的类型不同，柯林斯又把这种专长分成两个层次：

(1) 通过语言实践获得的专长，柯林斯称其为“互动型专长”(interactional expertise)。“互动型专长”理念的提出源于柯林斯的亲身经验：柯林斯本人是一名没有经过正规物理学训练的社会学家，在对探测引力波实验30多年的跟踪调查中，他所有关于该实验的物理知识均来自与参与实验的物理学家谈话。渐渐地，他发现在面对关于该实验的科学争论时，他不但非常清楚地知道科学家们在争论什么，甚至，他能对他们的争论做出判断。上述事实使柯林斯意识到他应当是具有了某种专长，当然，这种专长并不是像物理学家那样能够亲身操作实验的专长，而是代表通过与专家的语言互动所获得的能够理解专家的工作并对专家的专长进行判断的专长，为了突出语言互动的重要性，柯林斯将其命名为“互动型专长”。

(2) 通过亲身实践获得的专长，柯林斯称其为“可贡献型专长”(contributory expertise)，比如操作实验的物理学家的专长。顾名思义，掌握了此种类型专长的行动者不但知道如何操作，并且能够亲身操作。这就意味着达到此层面时专家已经能够将自己的专长彻底地“贡献”出来了，因此它代表了专长的最高层级。以德雷福斯(Hubert Dreyfus)的“技能五步骤模型”为例，德雷福斯以“开车”为例，把新手学开车的过程概括为五个步骤：步骤一，新手阶段(novice),此时新手对如何实践是一无所知的;步骤二,初学者阶段(advanced beginner),在这个阶段上,学习者只知道照着规则重复的做;步骤三,胜任阶段(competence),学习者已经能够顺利地完成操作;步骤四,熟练阶段(proficiency),实践者不但能够顺利完成操作,而且能够随机应变;步骤五,专长阶段(expertise),在此阶段上实践者能够对整个实践过程进行反思。

(三) 判定专家需要掌握的专长

1. 外在的判定不需要你掌握什么专业知识,完全是一种对专家的言谈举止所做的社会性判定

根据裁判者的身份不同,可以分成"普遍的判定"(ubiqutious discrimination)和"局部判定"(local discrimintaion)两种。"普遍的判定"是对照第一层专长的"普遍存在的专长"概念而来的,它代表着公众对某一事件或某一领域专家的一般印象;"局部判定"是对照"局域性知识"(local knowledge)概念而来的,它是某些掌握了"局域性知识"的人对正在从事某项工作的专家的人品和工作表现的判定。

2. 内在的判定对判定者的要求较高,需要你掌握一定程度的专长成为某种类型的专家之后才能对其他专家进行判定

根据判定者的专家身份的不同,又分成三种类型的判定:

(1) 代表着拥有"互动型专长"的专家对拥有"可贡献型专长"的专家的判定,比如说体育评论员对体育赛事的解说、艺术评论家对某个艺术作品的评价……都体现了该评价者的一种"鉴赏能力",因此,柯林斯把这种类型的判断叫作"技术鉴赏"(technical connoisseurship)。

(2) 代表着拥有"可贡献型专长"的专家之间的相互判定。一般说来专家之间的判定应当包括三种维度:水平高的专家对水平低的专家的判定、水平低的专家对水平高的专家的判定和相同技术水平的专家间的平级判定。但柯林斯认为还是水平高的专家对水平低的专家的判定较为可信,因此他采取了这种"向下的判定"(dowanward discrimination)为参考指标。

(3) "牵涉型专长"(referred expertise),即将专家的专长应用到其他领域,代表着大型的项目管理者和领导者所拥有的专长。此外,判断专家的标准

还可参考以下三种指标：专家的证书、专家的履历和他以往的工作表现、专家的工作业绩。大体上，可以把柯林斯对专长的层次划分表示如表 8.1：

表 8.1　专长的三个层次及特征

普通人拥有的专长	普遍存在的专长	
	素质	互动能力/反应能力
专家拥有的专长	无需亲身实践的专长	啤酒杯垫式知识、公众理解、主渠道知识
	亲身实践的专长	互动型专长、可贡献型专长
判定专家的专长	外在判定	普遍的判定、局部判定
	内在判定	技术鉴赏、向下的判定、牵涉型专长
	其他标准	专家的履历、以往的工作表现、工作业绩

三、对以专长规范理论为核心的“科学研究的第三次浪潮”的评价

柯林斯把“科学研究”分为三个阶段并分别冠以“浪潮”的称谓：第一次浪潮发端于 20 世纪五六十年代，以默顿的“科学社会学”为代表，旨在理解、解释和有效地强化科学的成功，而不是质疑其基础；第二次浪潮起源于 20 世纪 70 年代，以科学知识社会学为代表，强调科学知识和其他知识一样；第三次浪潮则是要在第二次浪潮“解构”传统知识观的基础上，重塑知识谱系。如果我们换一种角度，从理解“专家”的视角来看的话，第一次浪潮强化了专家的权威性；第二次浪潮消解了“专家”与“非专家”的界限；第三次浪潮则是要重新对“专家”的内涵进行界定。

需要强调的是：首先，三次浪潮之间的关系是不同的。第一次浪潮和第二次浪潮之间是批判的关系，SSK 是在批判科学社会学的基础上建立起来的；而第二次浪潮和第三次浪潮之间则并不存在这种批判的关系。其次，第三次浪潮的产生并不意味着第二次浪潮的覆灭，两者是并行的甚至可以说第三次浪潮是对

第二次浪潮工作的一种补充。就柯林斯而言，目前科学家们还未探测到引力波，因此，他对该实验的调查也从未停止过，所以，第二次浪潮的研究仍将继续。

"第三次浪潮"代表的是柯林斯对"科学研究"前景的一种理论构想，这一敏感话题遭到了许多非议，比较有代表性的批评有：布莱恩·温(Brian Wynne)认为"柯林斯和埃文斯的第三次浪潮的理念并没有戳中理解公众问题的语境和意义的要害"。[①] "特别是，如果把'专长'看作是实在的，而放弃研究科学知识的话，那么就退回到了第一次浪潮。"[②]对此质疑，柯林斯强调说："说专长是实在的，其意义并不在于标签，我们并不认为我们是要回到第一次浪潮对机制或科学知识参与公众决策的实践研究上。"[③]艾尔·瑞普(Air Rip)质疑，作为一种对专长的"规范研究"(normative theory)，柯林斯在研究进路的细节方面刻画的界限并不清楚，比如"在柯林斯和埃文斯的陈述中'专长的权利'是一个核心概念，但是他们却没说清楚这种权利是如何在实践中获得和识别的"。[④] 又比如，"柯林斯和埃文斯在他们文章的附录'专长的本质'中讨论了什么是专长，其中在讨论广延性的问题时他们说参与也并不一定好，但是参与和不参与的界限他们也没说清楚"。[⑤] 对于上述批评，柯林斯的态度基本是接受的，他说："他是对的，每一个新理论都会出现这样或那样的问题，我们不可能把我们的观点阐述得面面俱到。"[⑥]希拉·贾撒诺夫(Shelia Jasanoff)认为"第三次浪潮"的说法缺乏新意，它们不过是延续了柯林斯"相对主义经验纲领"的第三步工作而已。"不同于 EPOR 的三步骤，第三次浪潮并没有展现出划时代的研究意义。"[⑦]对此种看法，柯林斯回应道："第三次浪潮的确无法与第二次浪潮关于

---

① Brain Wynne, "Seasick on the Third Waves? Subverting the Hegemony of Propositionalism: Response to Collins & Evans", *Social Studies of Science*, Vol. 33, No. 3, 2003, p. 408.

② Ibid., p. 403.

③ Harry Collins & Robert Evans, "King Canute Meets the Beach Boys: Response the The Third Wave", *Social Studies of Science*, Vol. 33, No. 3, 2003, p. 437.

④ Air Rip, "Constructing Expertise: In a Third Wave of Science Studies?", *Social Studies of Science*, Vol. 33, No. 3, 2003, p. 420.

⑤ Ibid.

⑥ Harry Collins & Robert Evans, "King Canute Meets the Beach Boys: Response the The Third Wave", *Social Studies of Science*, Vol. 33, No. 3, 2003, p. 443.

⑦ Sheila Jasanoff, "Breaking the Waces in Science Studies: Comment on H. M. Collins and Robert Evans, 'The Third Wave of Science Studies'", *Social Studies of Science*, Vol. 33, No. 3, 2003, pp. 389 - 390.

知识建构的工作完全分离，但我们并不认为这是一种倒退。第三次浪潮的研究指向了知识在被社会建构的程序前，做科学决策这个新问题域。”①

尽管“第三次浪潮”的理念在提法和论述上存在这样或那样的问题，但它代表了一种新的“划界”工作：

第一，柯林斯的专长规范理论颠覆了传统认识论对“知识”的理解。自哲学产生之日起，知识就一直被看作是“真信念”。然而，在柯林斯的专长哲学中，他通过对专长的分层，展现出了知识的不同层级。于是，知识的概念不再是一个稳定的概念，而是一种流动（fluency）的概念。随着认识主体认识水平的不断增长，在不同的阶段上所拥有的知识都不尽相同。

第二，在柯林斯的专长规范理论中，由于“互动型专长”的存在打破了传统认识论的二元结构。自波兰尼提出“默会知识”概念之后，知识被分成两大类——明确知识和默会知识。长久以来，这种关于知识的二元结构已经得到了学界的普遍认可。但是在柯林斯的专长规范理论中，他却以他的亲身经历证明了在介于默会知识与明确知识之间的确存在着像“互动型专长”这样特殊类型的知识，于是将知识的二元结构变成了三元结构。

第三，柯林斯的专长规范理论打破了“专家”拥有的“局域性知识”（local knowledge）与普通人的知识的界限。在传统的认识论上，专家由于直接参与到某问题的研究中，于是拥有了比普通人更多的专长。因此，通常认为专家基于经验所拥有的针对某领域的“局域性知识”是优于普通人所拥有的公众知识的。然而在柯林斯看来，在政治因素介入之前，局域性知识对于解决局部问题来说的确是有益的；但是科学和技术是无法逃避政治因素的，因此，不应当过度强化局域性知识的认识优先性而弱化公众知识存在的意义和价值。并且，就局域性知识而言，也应当尽可能地褪除其中掺杂的政治因素。

第四，柯林斯的专长规范理论解构了专家与非专家的界限。在传统认识论中，专家是在认识论方面拥有优先权的人。然而，柯林斯却认为：“在科学共同体中，如果专长是一种可共享的、可转移的，实际发挥作用的话，那么对把什么样的操作看作是正当和正确的结果的判断就是可商榷的。……如果这样说

---

① Harry Collins & Robert Evans, “King Canute Meets the Beach Boys: Response the The Third Wave”, *Social Studies of Science*, Vol. 33, No. 3, 2003, pp. 443 - 444.

是正确的话，那么，就没有必要区分‘科学知识’‘局外人的知识’和‘局内人的知识’了。更有甚者，就无所谓专家和门外汉了。”①

第五，柯林斯的专长的规范理论在融入了公众知识水平的前提下，将科学重新分类，分成四个阶段——“常规科学”(normal science)、“勾勒姆科学”(golem science)、“历史科学”(historical science)和“反身性历史科学”(reflexive historical science)。在“常规科学”中，没有什么大的纷争，任何科学问题都可以顺利地得到解决。“勾勒姆科学”，代表着在核心层还未达成共识之前，公众的认识水平和专家的认识水平旗鼓相当的阶段。但是，随着时间的推移，当核心层逐渐达成共识之后，便会打破这种平衡。“历史科学”指的是不可能在预期的未来指望核心层能达成共识的科学。“历史科学”要解决的是历史趋势性的问题，是不可重复的试验，比如全球变暖的问题等。“反身性历史科学”则融入了人的行动，其间包含了关于政治和伦理等问题。

总之，在柯林斯的专长规范理论提出之前，科学哲学、技术哲学与科学政策研究之间基本上处于一种“各自为政”的状态。然而，随着科学技术的发展，科学实验变得越来越复杂、科学与技术之间的界限变得越来越模糊、科学决策的客观程度正在减弱……这些因素使得传统的针对科学、技术与科学决策的“各自为政”式的研究路径越来越捉襟见肘。专长规范理论的提出，为科学哲学、技术哲学和科学决策之间的融合搭建了一种新的认识平台，这正是柯林斯“第三次浪潮”的意义所在。

---

① Robert Evans and Harry Collins, “Expertise: From Attribution to Attribution and Back Again?” in Edited by Edward J. Hackett & Olga Amsterdamska & Michael Lynch & Judy Wajcman, *The Handbook of Science and Technology Studies*, Cambridge, Massachusetts, London: The MIT Press, 2008, p. 610.

结语　跨越科学争论——走向科学民主

曾几何时，19 世纪被誉为“科学的时代”。之所以这样说，并不仅仅是因为科学在 19 世纪取得的辉煌成就，更因为科学的方法如“观察与实验”“归纳与演绎”已经突破科学的界限，被应用到社会的方方面面。我们将科学奉为真理，将科学视作时代的引领者，它走在了工业生产和技术发明的前面，推动现代社会的发展。然而，“今天，在 21 世纪的门槛上，在发达的西方世界中，现代化业已耗尽和丧失了它的他者，如今正在破坏它自身作为工业社会连同其功能原理的前提”。① 科学也反过来遭受到后现代的“反噬”——各种关于科学“终结”的言论甚嚣尘上。那么，这样的时间节点上，如何来理解科学？如何来捍卫科学？如何解决科学所面临的危机？这是本书研究的终极目标也是本章的主要内容。

第一节　科学危机的产生

人类社会遍布科学及其衍生物——我们每天都在使用科学的产品，我们的思维中也遍布着关于科学的思想。这使人类社会标榜科学，把它视作人类社会最伟大的成就。例如，在英国皇家学会成立之初，在其起草的学会章程中

---

① ［德］乌尔里希·贝克：《风险社会》，何博闻译，译林出版社 2004 年版，第 3 页。

就是这样评价科学的：①

> ……我们明白，再没有什么比提倡有用的技术和科学更能促进这样圆满的政治的实现了。通过周密的考察，我们发现有用的技术和科学是文明社会和自由政体的基础。它们通过奥菲士②的魔力把众人组织成城市，结合为行会。这样，通过把好几种技术和工业生产力方法汇集起来，就可以用互相交流的办法使全体都学会每个人的特殊才能。因而，脆弱人生的种种痛苦和劳累就可以通过同样多的各种现成办法来消除或者减轻。于是财富和富足便会按照每人的勤劳，也就是按每人的功绩，公平分配给每个人。

然而，在人类社会赞美科学的同时，对科学的担忧也从未间断。在英国著名物理学家、英国皇家学会会员、科学学的奠基人约翰·贝尔纳(John Bernal)那本著名的《科学的社会功能》一书中，他这样描述20世纪人们流露出的对科学的质疑：③

> 过去20年的事态不仅仅使普通人改变了他们对科学的态度，也使科学家们深刻地改变了他们自己对科学的态度甚至还影响了科学思想的结构。300年来科学领域中理论方面和总看法方面的最重大变化足以同世界大战、俄国革命、经济危机、法西斯主义的兴起以及迎接一场更新的、更可怕战争的准备工作等令人不安的事态相提并论。这看来似乎是一个奇怪的巧合。关于公理学和逻辑学的论战，动摇了数学的基础本身。牛顿和麦克斯韦的物理学被相对论和量子力学完全推翻了，而后者至今仍是人们不甚理解的、似非而是的理论。生物化学和遗传学的发展使生物学面目一新。这些都是在科学家们个人一生中相继迅速发生的变化，迫使他们比前几个世纪的科学家们更加深入得多地去考虑他们自己的信念的根本基础。他们也无法不受外界力量的影响。对所有各国的科学家来说

---

① ［英］贝尔纳：《科学的社会功能》，陈体芳译，张今校，广西师范大学出版社2003年版，第28页。

② 奥菲士是希腊神话中的歌手，善弹竖琴，据说他的歌声富有魔力，能感动鸟兽草木。

③ ［英］贝尔纳：《科学的社会功能》，陈体芳译，张今校，广西师范大学出版社2003年版，第4页。

都一样,战争就意味着把他们的知识用来为直接的军事目的服务。经济危机直接影响到他们,使许多国家的科学进展受到阻碍,并使其他国家的科学事业受到威胁。最后,法西斯主义证明,虽然人们本来认为迷信和野蛮行为已经随着中世纪的结束而绝迹了,但是现在,就连现代科学的中心也可能受到迷信和野蛮行为的波及。

如果,我们把这看作是科学所遭遇的一场"危机"的话,那么这场危机所带来的直接后果就是使人们对科学的评价发生了改变。甚至,当时还有英国促进科学协会的科学家站出来提出要禁止科学研究,当时社会上流行着这样的主张:①

……我甚至甘冒被听众中某些人处以私刑的危险,也要提出这样的意见:如果把全部物理学和化学实验室都关闭10年,同时把人们用在这方面的心血和才智转用于恢复已经失传的和平相处的艺术和寻找使人类生活过得去的方法的话,科学界以外的人们的幸福也不一定会因此而减少……

时至今日,随着转基因食品、污染、克隆人、核武器、食品安全、疫苗的安全性、灾害预警失灵等一系列问题的出现,似乎科学又再次陷入一场"危机"当中:1997年,《科学美国人》杂志的专栏作家约翰·霍根(John Horgan)出了一本新书——《科学的终结》。这样的观点看起来有点耸人听闻——"科学当然会不断提出新问题,其中大部分是琐屑的问题,关注的只是细节,不足以影响我们对自然的基本认识。"②换句话说,书中认为尽管科学在进步,但是,基本上所有重大的发现都已经被发现了,科学难以再有重大突破。从这个意义上,科学"终结了"。

霍根这本书的书名虽然劲爆,但其实关于"科学终结论"的说法并不新鲜:早在1900年前后,就有一种观点认为未来的进步不过是在数据中加几位小数;1918年,奥斯瓦尔德·施本格勒宣称,科学就是一种癌症,它很快会将文明

① 转引自[美]贝尔纳:《科学的社会功能》,陈体芳译,张今校,广西师范大学出版社2003年版,第5页。

② [美]约翰·霍根:《科学的终结:用科学究竟可以将这个世界解释到何种程度》,孙雍君、张武军译,清华大学出版社2017年版,第20页。

杀死；1932年，史学家约翰·伯瑞(John Bury)也曾在其著作《进步的理念》中提出这样的观点："在过去的三四百年里，科学一直在不间断地进步；每一新发现都导致新的问题和新的求解方法，并开拓出新的探索领域。迄今为止，科学精英们从未被迫停止过脚步，他们总是有办法向前发展但是谁能保证他们不会碰到无法逾越的障碍？"

但是，相比较贝尔纳所描述的科学危机，霍根在这本书中所描述的科学危机显然更直接，破坏力也更强。在这本书中，霍根直接采访了诸多工作在一线的科学家，比如诺贝尔物理学奖的获得者、《终极理论之梦》的作者斯蒂文·温伯格(Steven Weinberg)。温伯格绝对算得上是物理学界的"大咖"，即便如此，在采访中，温伯格也不自觉地流露出对物理学未来发展的担忧：①

> 具有讽刺意味的是，在《终极理论之梦》中，温伯格自己几乎没有，甚至根本就没有列举出社会应该支持粒子物理学进行深入研究的证据。他小心谨慎地承认，不管是超导超级对撞机，还是现在的其他任何加速器，都不能为终极理论提供直接确凿的证据；物理学家最终不得不依赖数学上的优美和一致作为指南。况且，终极理论可能并没有什么实用价值。最令人惊讶的是，温伯格坦诚，在人类看来，终极理论可能不会揭示宇宙是有意义的。相反，他反复引用一本早期著作中不出名的评论："宇宙越是容易被理解，则看上去就越没意义。"虽然这句话长期困扰他，但他拒绝向它低头。相反，他详细地解释道："等我们发现越来越多的物理基本原理时，则他们看上去与我们越来越没有什么关系。"

当然，霍根的这本《科学的终结》只是一个"由头"，但它反映出一种现象——社会对于科学发展的担忧和科学对于自身的担忧，换句话说，科学所承担的风险正在增加。这就如在乌尔里希·贝克(Ulrich Beck)所著的《风险社会》中所描述的，他强调在现代社会中，科学正在面临着越来越多的风险：②

---

① [美]约翰·霍根：《科学的终结：用科学究竟可以将这个世界解释到何种程度》，孙雍君、张武军译，清华大学出版社2017年版，第70—71页。

② [德]乌尔里希·贝克：《风险社会》，何博闻译，译林出版社2004年版，第190页。

如果我们原来关心的是外因导致的危险(源自神和自然),那么今天风险的新的历史本性则来自内在的决策。它们同时依赖于科学和社会的建构。科学是原因之一,是定义风险的媒介和解决风险的资源,并且凭借这一事实,它开启了自身新的科学化市场。在科学促成并界定的风险与对这些风险的公共批判的相互影响中,科学技术的发展变得矛盾重重。

换言之,在贝克看来,科学的发展,从某种程度上来看,正在加剧社会的风险,这主要表现在以下四个方面:①

(1) 与对传统的现代化和工业社会的反思现代化之间的区分相应,可以从科学实践与公共领域的关系中分化出两种格局:初级的(primary)科学化和反思的科学化。首先,科学被应用于一个"既定"的自然、人和社会的世界。在反思阶段,科学面临着他们自己的产物、过失和二次问题,这就是说,它们遭遇到文明的一种二次创造。第一阶段的发展逻辑依赖于一种被截削的科学化,在其中,对知识和启蒙的科学理性吁求仍旧排除了对科学自身应用科学怀疑论。第二阶段基于一种完全的科学化,它同样将科学怀疑论扩展到科学自身的固有基础和外在结果上。以这种方式,科学对真理和启蒙的吁求解神秘化了。从一种格局向另外一种格局的转化发生在科学化的延续中,但恰恰因为如此科学工作的内在和外在关系发生了变化。

初级的科学化从传统与现代、普通人与专家的对比中获得其动力。只有在这一分界存在的情况下,科学内在关系中的怀疑论才能在外在关系中科学结果应用的独裁式发展的同时变得普遍化。这一对科学和进步完全信仰的格局,是20世纪上半叶(虽然确定性消失了)工业社会现代化的一个特征。在这个阶段,科学面对的是它可以清除其抵抗的一种实践和一个公共领域,它有赖于科学的成功,并伴随着从尚未得到理解的束缚中解放出来的承诺。情况从根本上改变了,以至于反思的格局获得了重要地位(并且这一状况的表征可以追溯到20世纪的开端,它是随着认知社会学、意识形态批判、科学理论中的易错论以及专家批判的发展而出现的)。

---

① [德]乌尔里希·贝克:《风险社会》,何博闻译,译林出版社2004年版,第190—193页。

当它们进入实践时，科学便面临它们自身客观化的过去和现在——科学自身是它们要去加以分析和解决的现实和问题的产物与生产者。以这种方式，科学不仅被当作一种处理问题的源泉，而且是一种造成问题的原因。在实践和公共领域中，科学面对的将不仅仅是对它们的失败的平衡，而且是对它们的成功的平衡，也就是对它们没有信守的承诺的反思。其原因是多种多样的。当成功增长的时候，科学发展的风险似乎以更高比例在增长；当付诸实践时，解放的途径和前提实际上同样展现出它们消极的一面，而这些也将成为科学的研究对象。并且，颇为矛盾的是，在一个依照科学分割和职业化管理的世界中，科学扩张的未来前景和可能性也与对科学的批判联系在一起。

科学的扩张，在科学专注于科学的时代，预设并行使了对科学和现行专家实践的批判，进而，科学文明使自己服从于一种动摇了它的基础和自我概念的公开传播的批判言论。在某种程度上，科学揭示了与其基础和后果有关的不安全感，这种不安全感只会被它所揭示的风险和发展前景的潜在可能性所超过。以这种方式一种科学的解神秘化过程开始了，在整个过程中，科学、实践和公共领域的结构将服从于一种根本的变迁。

(2) 结果，一种意义重大的科学知识的非垄断化出现了：科学变得越来越必需，但就在同时，它对于社会所遵循的真理定义变得越来越不够。这种功能的丧失不是偶然的。同样这也不是出于外部的影响。这种情况作为科学有效性要求的胜利和分化的后果而出现；它是在风险社会条件下科技发展的反思性产物。一方面，当在内在和外在关系中都遭遇到自身的时候，科学开始把它的怀疑论的方法论力量扩展到自身基础和实践结果上。相应地，对知识和启蒙的吁求面对得到成功发展的易错论开始系统地减低。原来归之于科学的接近现实和真理的途径，被那些随意的决定、规则和惯例所代替。解神秘化过程，扩展到解神秘者身上，并且因此改变了解神秘化过程的状况。

与此同时，当科学越来越分化的时候，有条件的、不确定的和分离的细碎后果在增长并变得不可能加以研究。这一假设性知识的超复杂性，不再可能被机械的验证规则所把握。即便是像名誉、出版物的类型与地位和制度性基础这样的替代性尺度，同样也失效了。相应地，当科学化进行的时候，系统地产生的不确定性扩散到外部关系上，但也相反地使政治、商业和公共领域中科学后果的目标群体与应用者成为知识界定这一社会过程的积极的共同生产者。科学化的“客体”，在它可以而且必须主动操纵不同的科学解释的意义上，同样成为它的“主体”。并且，这不仅仅意味着在对立的高度专业化的有效性要求之间的选择；后者同样可以相互争斗，而且在任何情况下都要重新融入一种适合行动的图景。对于科学的目标群体和应用者来说，反思性科学化开启了在科学成果的生产和应用过程中新的影响和发展的可能性。这是一种极具暧昧性的发展。一方面，它包含着通过科学从科学中解放社会实践的可能性；另一方面，它使社会上流行的与启蒙科学主张相抗衡的意识形态和利益立场免于启蒙了的科学要求，并向通过经济政治利益和“新教条”实现科学知识实践的封建化敞开了大门。

(3) 相对于科学知识的胜利而出现的新的不可变性禁忌(taboos of unchangeability)，正在变成科学研究独立性的试金石。进一步的科学化在继续，更为明确的风险境况和冲突进入公共意识中，加剧的形势成为行动的压力，而更具科技特色的社会带有变形为科学地产生的“禁忌社会”的危险。越来越多的部门、机构和状况，虽然在原则上都是可以改变的，但被系统地排除在通过“客观限制”“系统限制”和“自动力”(auto-dynamism)的建构而发生变化这种预期之外。科学不再能保持它们传统的禁忌破坏者的启蒙地位；它们也必须去适应禁忌建立者这一相反的角色。相应地，科学的社会功能在开放或者封闭行动机会间摇摆，而这些矛盾的外在期待在专业内部激起了冲突和分裂。

(4) 即便是科学理性的基础也没有免除普遍化的变化要求。人们创造的东西也可以改变。确切地说，是反思性科学化使科学理性自我强加的禁忌变得可见和有疑问。疑惑之处在于，支撑科技发展的“自动力”的“客观限制”和“潜在的副作用”，是自我制造的，因而原则上是可以解决的。现代性方案，即启蒙，尚未完成。它在对科技的工业理解中的实际上的僵化可以被理性的复活打破，并转化成为一种科学理性的动态理论，这种理论融入了历史经验，并以这种方式进一步以一种可以学习的途径来发展自身。

从贝克的表述中不难发现，他认为科学所面临的危机（风险）主要来自两个方面：

一方面，仍然来自科学与社会的互动关系的层面，在面对外部世界不断增长的风险时，即使是科学也不能幸免——“……当危险的潜在可能性增加的时候，科学研究的余地就变得越来越狭窄。在今天承认设定一个杀虫剂可接受的安全值是错误的——而这在科学中实际上应该是一种正常情形——就等于引发了一场政治的（或经济的）灾难，并且必须因为这个原因而加以制止。今天，科学家在各个领域所应付的破坏性力量给他们强加了一种非人的无谬规律。不仅是一种最具人性的特质要起而打破这规律，而且规律自身也与进步和批判的科学理念相抵触。”①

另一方面，就科学自身而言，其所面临的内部的、自身的风险性也在提高——这种风险性主要来自科学内部的高度专业化。在贝克看来，科学的本质不是追求理性，“我们有相当的理由可以说，科学的历史一直不是获得知识的历史，而是错误和实践过失的历史”。② 而过度的专业化则使科学包裹在由其自身所创造的理性的坚硬外壳中，从而丧失了其面对自身错误的自反性。这也就导致科学丧失了从其内部自我解决自身的缺陷和问题的机会，这样，科学变成了一种垄断机制。然而，囿于科学与社会密不可分的联系，一旦来自科学外部的风险性增强，由于科学自身自反性的丧失导致科学已经失去了抵御风险的能力，那么“伴随着反思性现代化，公众风险意识和风险冲突将引向抗议科学的科学化形式”。③ 即风险反作用于科学自身，使科学内部的危机彻底暴露在公众面前，最终酝酿出科学的“身份危机”——预示，科学不断在公众面前丧失其可信度，这就是导致当前社会上流行的各种所谓“科学终结论”的最终根源。

---

① ［德］乌尔里希·贝克：《风险社会》，何博闻译，译林出版社2004年版，第62—63页。
② 同上书，第195页。
③ 同上书，第197页。

贝克的这种“科学风险论”在另一位社会学家安东尼·吉登斯(Anthony Giddens)那里得到了呼应:①

……长期以来,科学一直保持着它作为可信赖之支持的形象,这种知识又滋生出一种尊重各门专业化技术的态度。但是与此同时,一般说来,外界对科学和技术知识的态度又具有某种矛盾心理。这种矛盾心理居于所有信任关系——无论是对抽象体系还是对个人的信任关系——的核心。因为,只有在愚鲁无知的时候,不论是对技术专家所宣称的知识的无知,还是对一个人所依赖的密友的想法和意图的无知,才有对信任的需要。然而无知总是提供了怀疑(或者至少是谨慎)的基础。普通大众说起科技专业知识,通常是敬畏交加,犹如他们所理解的呆板僵化的“科技人员”或疯疯癫癫的科学家一样,既缺乏幽默感又不了解普通人。人们常常是带着某种嫉妒的眼光去看待那些据称是由专门知识构筑起来的专业:专门知识恰似某种不对外开放的商店,其内部人员(比如律师或社会学家)所使用的专门术语仿佛是存心修筑起来以阻隔外人进入的厚重高墙。

如吉登斯所言,过度的专业化使“墙”里的科学与“墙”外的社会,很难建立起普遍的信任关系:“对于专家系统的信念,使人在专业化知识面前拒斥非专业人士的无知。但是,意识到无知领域的存在,本身就与(作为正在摸索的个人的)专家和(作为知识整体范围中一部分的)专业知识相对立,还有可能削弱或破坏非专业人士对专家系统的信念。专家们经常‘代表’外行去承担风险,同时,却对外行隐瞒或歪曲这些风险的真实性质,或者甚至完全隐瞒存在着风险这个事实。比外行人发现了这种隐瞒更糟糕的情况是,专家们并没有意识到那一系列与自己相关的特定的危险与风险。在这种情况下,问题就不仅是专业化知识没有局限性或专家系统与自己的知识之间的鸿沟有多宽,而更是构筑专业化知识的东西本身就不牢靠。”②

---

① [英]安东尼·吉登斯:《现代性的后果》,田禾译,黄平校,译林出版社2011年版,第78页。
② 同上书,第114—115页。

第二节　从科学内部审视科学危机

如前所述，科学始终潜藏着一种危机感，这种危机感并非源于外部，乃是源自科学自身。谈到科学危机，不得不提库恩和“科学革命”理论。库恩对科学哲学的最大贡献即在于他运用历史和社会学的观点来重新审视传统的哲学问题。虽然库恩并不是最早研究科学的社会学或科学史的人，但他却创造性地将这些视角与科学哲学融为一体。他认为：“观察和经验能够并且必须大幅度地限制可容许的科学信念的范围，不然就没有科学了。但是，观察和经验不可能单独决定这种信念的特定实质。在一段确定的时间内，一个科学共同体所信奉的信念之诸组成成分中，总是有一种明显的随意因素，其中包含着个人的与历史的偶然事件在内。”①

特别是，当我们在用这种科学与社会互动的视角来反思探测引力波实验的整个实验过程时，不得不感叹在库恩的“科学革命”理论中已经指出了关于当代科学的某些特性：

一、关于科学事实和价值

倘若，我们没有回溯探测引力波实验的整个历史，或许我们会将探测引力实验看作一个“标准化”实验，会将该实验的时间跨度之长、花费之高昂看作是实验之难，但是不会看到围绕探测引力波实验引发了哪些争论——包括针对韦伯实验的争论、针对 LIGO 实验室建设的争论和针对 LIGO 勘测道信号的可信的争论。可见，不能将科学发现的过程还原到科学事实的发现过程，在科学发现的过程中，事实与价值是缠绕在一起的，它们共同构筑了科学发现这一过程。“事实之为事实，意味着它不是与人无关的纯粹的自在之物，而是与人和人的活动相关的存在。在人们的生活实践中，当一定事实与人建立某种关

① ［美］托马斯·库恩：《科学革命的结构》，金吾伦、胡新和译，北京大学出版社 2012 年版，第 3—4 页。

系时，它实际上就相应地对人潜在地意味着某种价值。我们常常将此称为这一事实的‘功能’。”①

这一点，正如库恩所说：“这类收集事实的活动尽管对许多重要科学的起源是必要的，但是……这类收集事实的活动会产生困境。……但是这些历史把后来证明是有启发性的事实(例如，粪堆的温热)都混杂在一起。还有，由于任何描述都必然是部分的，所以，一部典型的自然史经常在它十分详尽的叙述中，遗漏掉那些对后来的科学家们有重要启发的细节。……正是这种情形，导致了科学发展早期阶段学派林立的特征。如果没有至少是暗含的一套相互关联的理论与方法论的信念，以容许做选择评价与批评，那么，自然史就不可能获得诠释。如果这套信念还未暗含在事实的搜集中——一旦已经暗含，则搜集到的事实就不再是‘纯粹的事实’了——那么，它必定将由外界提供，也许通过流行的形而上学，通过另一门科学或通过个人和历史的偶然事件。”②

并且，库恩认为：“关于事实的科学研究通常只有三个焦点，而这三个焦点既不经常是也非永远是泾渭分明的。首先是范式所表明的特别能揭示事物之本质的那类事实。通过运用这些事实解决问题，范式就能使这些事实以更大的精确性和在更多样的情况下得以确定。……第二类虽然普遍但却较少的事实判定，针对的是这样一类事实，虽然它们常常没有多大的内在意义，但可以与范式理论的预测直接进行比较。我们很快就将看到，当我从常规科学的实验问题转向理论问题是一个科学理论，尤其是主要以数学形式构成的理论，就极少有场合可以与自然界直接进行比较。……第三类实验和观察，我想它已囊括尽常规科学搜集事实的活动。这项活动包括从事阐明范式理论的经验工作，解决范式理论中某些残剩的含糊性，以及容许解决那些先前只是注意到但尚未解决的问题。”③这就意味着，我们对于科学事实的理解是可以有不同维度的，这就从间接意义上论证了科学争论的合理性。而此前，“大多数哲学家，尽管不是全部，都坚持认为，在科学领域，争论是由可察觉的、可纠正的错误引起

---

① 孙伟平：《事实与价值：休莫问题及其解决尝试》，社会科学文献出版社 2016 年版，第 142 页。

② [美] 托马斯·库恩：《科学革命的结构》，金吾伦、胡新和译，北京大学出版社 2012 年版，第 13 页。

③ 同上书，第 21—22 页。

的，或者他们应该被划归到非科学的、非民主的领域，因为它们对知识的最终产品没有显著的影响。有时这种信念是如此深刻，以至于与其他学科或经验领域相比，缺乏或解决争端被视为科学知识的标志”。[①]

二、关于科学危机

库恩认为："所有危机都始于范式变得模糊，随之而使常规研究的规则松弛。在这方面，危机时期的研究非常类似于前范式时期的研究，只是前者差异集中在明确而较小的范围内。"[②]"科学家面临反常或危机。都要对现存范式采取一种不同的态度，而且他们所做的研究的性质也将相应的发生变化。相互竞争的方案的增加，做任何尝试的意愿，明确不满的表示，对哲学的求助，对基础的争论，所有这一切都是从常规研究转向非常规研究的征兆。常规科学的概念，更多地取决于这些征兆的存在，而不是取决于革命的存在。"[③]也就是说，在库恩看来，科学危机并不是人为造成的，科学危机是由科学的本性决定的。并且，从另一方面来看，由于科学危机的出现引领科学的发展——由科学危机的出现而促使新的科学范式的产生。而范式的确立，是一个竞争的过程，其中必然牵扯科学争论。

对应到探测引力波实验，作为当前科学发展的最前沿，探测引力波实验本身带有当代科学的特性——不确定性。首先，从实验原理上，在整个科学实验理论的奠基者爱因斯坦那里，他对引力波是否存在就抱有很大的不确定性。其次，从实验方法上，探测引力波实验究竟是该采用共振棒技术还是激光干涉技术，两种技术各有优劣，很难抉择。在 20 世纪 70 年代，共振棒技术在此领域具有绝对的统治地位；从 20 世纪 90 年代左右，激光干涉技术才开始慢慢崛起。并且在两者之间还存在一个二代半技术——低温共振棒技术。在实验中，各种技术路线之间并不是一个协作的关系，而是一种竞争关系，其竞争程

---

① Peter Machamer, Marcello Pera, Aristides Baltas, *Scientific Controversies: Philosophical and Historical Perspectives*, Oxford: Oxford University Press, 2000, p. 3.

② [美] 托马斯·库恩：《科学革命的结构》，金吾伦、胡新和译，北京大学出版社 2012 年版，第 72 页。

③ 同上书，第 78 页。

度之激烈甚至有点“你死我活”的感觉。再次，从实验结果上，就探测到的信号是不是引力波信号也存在很大争议。韦伯至死都坚信他探测到的信号就是引力波信号，但是整个探测引力波共同体却不认可。LIGO 在 2015 年就探测到了引力波信号——GW150914，但却迟迟不敢公布，甚至一再否认，并一直在团队的内部要求所有成员都要“保持沉默”。或许，正如库恩所言，由“科学危机”引发的科学争论，事实上是当代科学不可拒斥的特性。这种“科学危机”并不是一种真正意义上的危机，它并不意味着科学将如霍根之前所言将要终结或走向消亡，而是代表着一种新的科学研究范式将取代旧的科学研究范式所造成的范式更迭而引发的危机。

三、关于科学危机的解决

库恩认为：“正如在相互竞争的政治制度间作出选择一样，在相互竞争的范式之间作出选择，就等于在不相容的社会生活方式间做选择。正因为这样，范式的选择并不是也不能凭借常规科学所特有的评估程序，因为这些评估程序都部分依据某一特定范式，而正是这一特定范式出了毛病，面临争论，才有其他范式试图取而代之。当不同范式在范式选择中彼此竞争相互辩驳时，每一个范式都同时是论证的起点和终点，每一学派都用他自己的方式去为这一范式辩护。”①换句话说，在库恩看来，科学危机的解决依赖于范式的重构。

在探测引力波实验中我们可以看到，由于实验本身存在很大的不确定性，导致传统的科学理性标准“失效”——无法依据观察到的科学事实对科学实验本身进行判定，于是探测引力波实验跌入了一系列“回归”的怪圈——由“实验者的回归”引发了“数据分析者的回归”“政策制定者的回归”和“专家的回归”……最终，将实验的各个环节联结起来的是科学信任，包括对数据的信任、对科学家的信任、对实验室的信任等。而其中最关键的还是对科学家本人的信任，而对科学家的信任则主要依赖于科学家的科学实验技能。这样，关于科学本身的问题，就演化成为一个社会问题。

① ［美］托马斯·库恩：《科学革命的结构》，金吾伦、胡新和译，北京大学出版社 2012 年版，第 80 页。

第三节　危机的解决——科学认识民主化

无独有偶，在库恩的基础上，“所罗门、赫尔、基彻、朗吉诺、道格拉斯等人的工作承认，科学在一定程度上是社会活动，与更广泛的社会问题有关。他们的想法引起了非常重要的问题。作为一个社会，我们是否明智地分配资源和劳动力？我们是否为科学家个人提供了正确的激励？我们是否排除了某些群体，从而排除了对重要问题的重要观点？我们追求科学的方式是否反映了社会的价值观，或者我们的努力是否倾向于造福于特定群体？”①

虽然，科学家们可能并不认可社会建构论的观点，但是他们必须承认科学危机的存在——在科学实验中存在各种争论，范围从科学事实渗透到科学价值的方方面面，这在探测引力波实验中体现得淋漓尽致。然而，科学争论的这些细节却并不为社会公众所了解。“固然，欺骗性的外表可以为重大问题铺平道路。但如果那些最有资格评估一个问题的人对从现有证据中得出的正确结论达成广泛共识，公众对专家的看法分歧很大，那么我们专家的才能和劳动就有可能丧失。忽视那些最有资格判断一个问题的人只会是有害的。”②因此，科学争论的解决只能依靠科学民主。这首先就要打破专家与“门外汉”之间的认识界限，即首先要实现“认识民主”。而这一愿景的实现，则有赖于专长哲学的发展。

尤其随着现代社会的发展、民主的提升，外加科学技术的兴盛、人工智能的快速发展，对技能以及专业性技能即专长的研究已经迫在眉睫。目前，对专长哲学的研究主要是沿着两条不同的进路向前发展——其一是现象学，其二是社会学。两者相较，现象学尤其是以德雷福斯的“技能模型”为代表的研究进路无疑是最经典的，然而，“技能模型”对于哲学的意义远大于科学——德雷福斯通过技能模型，加深了我们对于“涉身性”的理解。但是，技能模型对于解

---

① David Harker, *Creating Scientific Controversies: Uncertainty and Bias in Science and Society*, Cambridge: Cambridge University Press, 2015, p. 102.

② Ibid., p. 151.

决科学争论是有缺陷的，即德雷福斯的专长模型假定专家已经获得了专长，是对获得过程的一种“回望”，而不是对如何解决不确定问题的一种“展望”的研究。以柯林斯为代表的社会学进路所创建的“专长的规范理论”所讨论的是从无专长到获得专长的过程中认识的结构变化，是一种将科学事实与科学价值融合在一起的规范性研究。

参考文献

[1] Peter Machamer, Marcello Pera, Aristidcs Baltas, Scientific Controversies: Philosophical and Historical Perspectives, Oxford University Press, 2000.

[2] Karl Popper, Conjectures and Refutations, Basic Books, New York, London, 1962.

[3] Joseph Weber, "Evidence for the Discovery of Gravitational Radiation", Physical Review Letters, Vol. 22, No. 24, 1969.

[4] Gaurang B. Yodh & Richard F. Walls, "Joseph Weber", Physics Today, Vol. 7, No. 74, 2001.

[5] Janna Levin, Balck Hole Blues and Other Songs from Outer Sapce, New York: CITIC Press, 2017.

[6] Joseph Weber, "Detection and Generation of Gravitational Waves", Physical Review, Vol. 117, No. 1, 1960.

[7] Joseph Weber, "Gravitational-Wave-Detector Events", Physical Review Letters, Vol. 20, No. 23.

[8] Harry Collins, Gravity's Shadow, Chicago & London: The University of Chicago Press, 2004, p. 38.

[9] Joel Sinsky & Joseph Weber, "New Source for Dynamical Gravitational Fields", Physical Review Letters, Vol. 18, No. 19, 1967.

[10] "Critique of Experiments on Gravitational Radiation", 1970. V. Braginsky, B. Manukin, I. Popov, N. Rudenko, A. Khorev. "Search for Gravitational Radiation of Extra-Terrestrial Origin", JETP Letters, 1972.

[11] Richard Garwin & James Levine, "Single Gravity-Wave Detector Results Contrasted with Previous Coincidence Detections", Physical Review Letters, Vol. 31, No. 3.

[12] Atony Tyson, "Null Search for Bursts of Gravitational Radiation", Physical Review Letters, Vol. 31, No. 5.

[13] Ron Drever, James Hough, R. Bland, and G. Lesnoff, "Search for Short Bursts of Gravitational Radiation", Nature, Vol. 246, No. 7, 1973.

[14] Joseph Weber, "Computer Analyses of Gravitational Radiation Detector Coincidences", Nature, Vol. 240, No. 3, 1972.

[15] Joseph Weber, M. Lee, D. J. Gretz, G. Rydbeck, V. L. Trimble, and S. Steppel. "New Gravitational Radiation Experiments", Physical Review Letters, Vol. 31, No. 12.

[16] J. Weber. "Gravitational Radiation Experiments", Physical Review Letters, Vol. 24, No. 6, 1970.

[17] C. Misner, "Interpretation of Gravitational-Wave Observations", Physical Review Letters, Vol. 28, No. 5, 1972.

[18] J. Weber, "Weber Responds", Physical Today, 1975, 28(11).

[19] A. Franklin. Can That Be Rightt?: Essays on Experiment, Evidence and Science [M]. Spring Science + Business Media Dordrencht, 1999.

[20] R. Garwin, "Detection of Gravity Wave Challenged", Physics Today, Vol. 27, No. 1, 1974.

[21] H. Collins, "Son of Seven Sexes: The Social Destruction of a Physical Phenomenon", Social Studies of Science, Vol. 11, No. 1, 1981.

[22] James Levine & Richard Garwin, "Absence of Gravity-Wave Signals in

a Bar at 1695 Hz", Physical Review Letter, Vol. 31, No. 3, 1973.

[23] "Parkinson on Gravity Wave Detection", Letter al Nuovo Cimento, Vol. 11, No. 4, 1974.

[24] K. Thorne, "On Joseph Weber's New Cross-Section for Resonant-Bar Gravitational-Wave Detectors", in A. Janis J. Porter (eds) Recent Advances in General Relativity: Proceedings of a Conference in Honour of E. T. Newman, Boston: Birkhauser, 1992.

[25] Ludwick Fleck. Genesis and Development of a Scientific Fact., Chicago: The University of Chicago Press, 1979.

[26] A. Franklin, "How to Avoid the Experimenters' Regress", Studies in History and Philosophy of Science, Vol. 25, No. 3, 1994.

[27] G. Shaviv & J. Rosen, Eds, General Relativity and Gravitation: Proceedings of Seventh International Conference (GR7), Tel-Aviv University, June 23 - 28, 1974. New York: John Wiely, 1975.

[28] Gideon Rosen, "Nominalism, Naturalism, Philosophical Relativism", Philosophical Perspectives, Vol. 1, 2001.

[29] P. van Inwagen, "It Is Wrong Everywhere, Always, and for Anyone to Believe Anything on Insufficient Evidence", in J. Jordan and D. Howard-Snyder (Eds.), Faith, Freedom, and Rationality: Philosophy of Religion Today, Lanham, MD: Rowman & Littlefield.

[30] Hilary Putnam "Philosophy of Logic", in Mathematics, Matter and Method, Cambridge University Press, 1979.

[31] Richard Feldman, "Epistemological Puzzle about Disagreement", in Stephen Heterington, Epistemology Futures, Oxfored, Oxford University Press, 2006.

[32] David Brooks, "Not Just a Personality Clash, a Conflict of Visions", New York Times, 12 October, 2004.

[33] Ben Almassi, "Conflicting Expert Testimony and the Search for Gravitational Waves", Philosophy of Science, Vol. 76, No. 5, 2009.

[34] Harry Collins, Gravity's Ghost, Chicago & London: The University of Chicago Press, 2011.

[35] Harry Collins, Gravity Kiss: The Detection of Gravitational Waves, Cambridge, Massachusetts, London, England: The MIT Press, 2017.

[36] Robert Crease, "Trust, Expertise and Philosophy of Science", Synthese, Vol. 177, 2010.

[37] John Hardwig, "Epistemic dependence", Journal of Philosophy, Vol. 82, No. 7, 1985.

[38] Steven Shapin, A social history of truth: Civility and science in the seventeenth century, Chicago: University of Chicago Press, 1994.

[39] Addelson, K. P. "The man of professional wisdom", in S. Harding & M. Hintikka (Eds.), Discovering reality: Feminist perspectives on epistemology, metaphysics, methodology, and philosophy of science, London: D. Reidel., 1983.

[40] N. Scheman, "Epistemology resuscitated: Objectivity as trustworthiness", in N. Tuana & S. Morgen (Eds.), Engendering rationalities, Albany, NY: SUNY Press, 2001.

[41] Kyle Powys Whyte, Robert Crease, "Trust, Expertise and the Philosophy of Science", Synthese, Vol. 177, 2010.

[42] Heather Douglas, "Inserting the public into science", in P. Weingart & S. Maasen (Eds.), Democritization of expertise? Exploring novel forms of scientific advice in political decision-making, Dordrecht, The Netherlands: Springer, 200.

[43] S. O. Funtowicz and J. R. Ravetz, "Science in the Post-Normal Age", Futures, Vol. 25, No. 7, 1993.

[44] Sharon Traweek, Beamtimes and Lifetimes: The World of High-Energy Physicists, Cambridge, MA: Harvard Univ Press, 1988.

[45] C. Winch. Dimensions of Expertise: A Conceptual Exploration of Vocational Knowledge, Continumm, 2010.

[46] H. Collins and R. Evans, "The Third Wave of Science Studies: Studies of Expertise and Experience", Social Studies of Science, Vol. 23, No. 235, 2003.

[47] P. Feyerabend, "How to Defend Society Against Science", in E. Selinger and R. Crease, The Philosophy of Expertise, New York: Columbia University Press, 2006.

[48] H. M. Collins and R. Evans, Why Democracies Need Science, to be published by Polity Press, to be published, 2017.

[49] H. Dreyfus, "What is Morality? A phenomenological Account of the Development of Ethical Expertise." in D. Rasmussen, Universalism VS. Communtarianism: Contemporary Debates in Ethics, Cambridge: MIT Press, 1990.

[50] H. Collins, "Hubert L. Dreyfus, Forms of Life, and a Simple Test for Machine Intelligence", Social Studies of Science, Vol. 22, 1992.

[51] H. Dreyfus and S. Dreyfus, Mind Over Machine: the Power of Human Intuition and Expertise in the Era of the Computer, New York: Free Press, 1986.

[52] T. Pinch, H. M. Collins and L. Carbone, "Inside Knowledge: Second Order Measures of Skill", The Sociological Review, Vol. 44, No. 2, 1996.

[53] H. Collins, "Tacit Knowledge, Trust and the Q of Sapphire", Social Studies of Science, Vol. 31, No. 1, 2001.

[54] H. Collins, "Four Kinds of Knowledge, Two (Or maybe Three) Kinds of Embodiment, and the Question of Artificial Intelligence", in Heidegger, Coping, and Cognitive Science: Essays in Honor of Hubert Dreyfus Vol. 2. Mark Wrathall and Jeff Malpas, 179 - 195. Cambridge: MIT Press, 2000.

[55] H. Dreyfus, What Computers Still Can't Do: A Critique of Artifical Reson, Massachusetts: MIT Press, 1992.

[56] H. Collins. "Embedded or Embodied? A Review of Hubert Dreyfus' What Computers Still Can't Do", Artificial Intelligence 80, 1996.

[57] E. Selinger and R. Crease, "Dreyfus on Expertise: The Limits of Phenomenological Analysis", in R. Crease and E. Evans, Philosophy of Expertise.

[58] E. Selinger and J. Mix, "On Interactional Expertise: Pragmatic and Ontological Consideration", in R. Crease and E. Evans, Philosophy of Expertise.

[59] E. Selinger, On Expertise: Descriptive and Normative Problems.

[60] Harry Collins, "The Place of the 'Core-Set' in Modern Science: Social Contingency with Methodological Propriety in Science", History of Science, Vol. 19, No. 7, 1981.

[61] Brain Wynne, "Seasick on the Third Waves? Subverting the Hegemony of Propositionalism: Response to Collins & Evans", Social Studies of Science, Vol. 33, No. 3, 2003.

[62] Harry Collins & Robert Evans, "King Canute Meets the Beach Boys: Response the The Third Wave", Social Studies of Science, Vol. 33, No. 3, 2003.

[63] Air Rip, "Constructing Expertise: In a Third Wave of Science Studies?", Social Studies of Science, Vol. 33, No. 3, 2003.

[64] Sheila Jasanoff, "Breaking the Waces in Science Studies: Comment on H. M. Collins and Robert Evans, 'The Third Wave of Science Studies'", Social Studies of Science, Vol. 33, No. 3, 2003.

[65] Robert Evans and Harry Collins, "Expertise: From Attribution to Attribution and Back Again?", in Edited by Edward J. Hackett & Olga Amsterdamska & Michael Lynch & Judy Wajcman, The Handbook of Science and Technology Studies, Cambridge, Massachusetts, London: The MIT Press, 2008.

[66] Peter Machamer, Marcello Pera, Aristides Baltas, Scientific Controversies:

Philosophical and Historical Perspectives, Oxford: Oxford University Press, 2000.

[67] Allen, W. D., and C. Christodoulides, "Gravitational Radiation Experiments at the University of Reading and the Rutherford Laboratory", Journal Of Physics A 8, 1975.

[68] Ashmore, Malcolm, The Reflexive Thesis: Wrighting Sociology of Scientific Knowledge, Chicago: Univ. of Chicago Press, 1989.

[69] Ashmore, Malcolm, "The Theatre of the Blind: Starring a Promethean Prankster, a Phoney Phenomenon, a Prism, a Pocket, and a Piece of Wood", Social Studies of Science, Vol. 23, No. 1, 1993.

[70] Bijker, Wiebe E, Of Bicycles, Bakelites, and Bulbs: Toward a Theory of Sociotechnical Change. Cambridge, MA: MIT Press, 1995.

[71] Bijker, Wiebe, Tom Hughes, and Trevor Pinch, The Social Construction of Technological Systems, Cambridge, MA: MIT Press, 1987.

[72] Bloor, David, Knowledge and Social Imagery. London: Routledge and Kegan Paul, 1976.

[73] Collins, H. (Harry) M. "The TEA Set: Tacit Knowledge and Scientifific Networks", Science Studies, 1974.

[74] Collins, H. M. "The Seven Sexes: A Study in the Sociology of a Phenomenon, or The Replication of Experiments in Physics", Sociology Vol. 9, No. 2, 1975.

[75] Collins, H. M. "The Role of the Core-Set in Modern Science: Social Contingency with Methodological Propriety in Science", History of Science Vol. 19, 1981.

[76] Collins, H. M. "Stages in the Empirical Programme of Relativism", Social Studies of Science Vol. 11,1981.

[77] Collins, H. M., 1983, "The Meaning of Lies: Accounts of Action and Participatory Research", in Accounts and Action, ed. G. N. Gilbert and P. Abel, London: Gower, 1983.

[78] Collins, H. M. "The Sociology of Scientifific Knowledge: Studies of Contemporary Science", Annual Review of Sociology, 1983.

[79] Collins, H. M. "Concepts and Methods of Participatory Fieldwork", in Social Researching, edited by C. Bell and H. Roberts, London: Routledge and Kegan Paul, 1984.

[80] Collins, H. M. Changing Order: Replication and Induction in Scientific Practice, Beverly Hills and London: Sage. 2nd ed. , Chicago: Univ. of Chicago Press, 1985/1992.

[81] Collins, H. M. "Pumps, Rock and Reality", Sociological Review, Vol. 35, 1987.

[82] Collins, H. M. "Public Experiments and Displays of Virtuosity: The Core-Set Revisited", Social Studies of Science, Vol. 18, 1988.

[83] Collins, H. M. Artificial Experts: Social Knowledge and Intelligent Machines, Cambridge, MA: MIT Press, 1990.

[84] Collins, H. M. "A Strong Confifirmation of the Experimenters' Regress", Studies in History and Philosophy of Science Vol. 25, No. 3, 1994.

[85] Collins, H. M. "In Praise of Futile Gestures: How Scientifific Is the Sociology of Scientifific Knowledge", Social Studies of Science Vol. 26, No. 2, 1996.

[86] Collins, H. M. "The Meaning of Data: Open and Closed Evidential Cultures in the Search for Gravitational Waves", American Journal of Sociology Vol. 104, No. 2, 1998.

[87] Collins, H. M. "Tantalus and the Aliens: Publications, Audiences and the Search for Gravitational Waves", Social Studies of Science Vol. 29, No. 2, 1999.

[88] Collins, H. M. "Surviving Closure: Post-Rejection Adaptation and Plurality in Science", American Sociological Review Vol. 65, No. 6, 2000.

[89] Collins, H. M. "What Is Tacit Knowledge", in The Practice Turn in Contemporary Theory, edited by Theodore R. Schatzki, Karin Knorr-Cetina, and Eike von-Savigny. London: Routledge, 2001.

[90] Collins, H. M. "One More Round with Relativism", in The One Culture?: A Conversation about Science, edited by Jay Labinger and Harry Collins, Chicago: Univ. of Chicago Press, 2001.

[91] Collins, H. M. "Tacit Knowledge, Trust, and the Q of Sapphire", Social Studies of Science, Vol. 31, No. 1, 2001.

[92] Collins, H. M. "The Experimenter's Regress as Philosophical Sociology", Studies in History and Philosophy of Science, Vol. 33, 2002.

[93] Collins, H. M., and Robert Evans, "The Third Wave of Science Studies: Studies of Expertise and Experience", Social Studies of Science Vol. 32, No. 2, 2002.

[94] Collins, H. M., and R. Harrison, "Building a TEA Laser: The Caprices of Communication", Social Studies of Science Vol. 5, 1975.

[95] Collins, H. M., and Martin Kusch, 1998, The Shape of Actions: What Humans and Machines Can Do. Cambridge, MA: MIT Press.

[96] Collins, H. M., and T. J. Pinch, "The Construction of the Paranormal: Nothing Unscientifific Is Happening", in Sociological Review Monograph. No. 27, On the Margins of Science: The Social Construction of Rejected Knowledge, ed. Roy Wallis, Keele, UK: Keele Univ. Press, 1979.

[97] Collins, H. M., and Trevor J. Pinch, "Rationality and Paradigm Allegiance in Extraordinary Science", [In German.] in The Scientist and the Irrational, ed. Hans Peter Duerr, Frankfurt: Syndikat, 1981.

[98] Collins, H. M., and Trevor J. Pinch, Frames of Meaning: The Social Construction of Extraordinary Science, London: Routledge and Kegan Paul, 1982.

[99] Collins, Harry, and Trevor Pinch, The Golem: What You Should Know about Science, Cambridge: Cambridge Univ. Press. 2nd ed., Canto, 1993/1998.

[100] Collins, Harry, and Trevor Pinch, The Golem at Large: What You Should Know about Technology, Cambridge: Cambridge Univ. Press. Canto paperback ed, 1998/2002.

[101] Collins, H. M., and Steven Yearley, "Epistemological Chicken", in Science as Practice and Culture, ed. A. Pickering, Chicago: Univ. of Chicago Press, 1992.

[102] Cooperstock, F. I., "Energy Localization in General Relativity: A New Hypothesis", Foundations of Physics, Vol. 22, No. 8, 1992.

[103] Cooperstock, F. I., V. Faraoni, and G. P. Perry, "Can a Gravitational Geon Exist in General Relativity", Modern Physics Letters A, Vol. 10, No. 5, 1995.

[104] Crane, Diana, "Reward Systems in Art, Science, and Religion", American Behavioural Scientist Vol. 19, No. 6, 1976.

[105] [美] 托马斯·库恩:《科学革命的结构》,金吾伦、胡新和译,北京大学出版社 2012 年版。

[106] [美] 约翰·霍根:《科学的终结: 用科学究竟可以将这个世界解释到何种程度》,孙雍君、张武军译,清华大学出版社 2017 年版。

[107] [美] 诺伍德·汉森:《发现的模式》,邢新力、周沛译,中国国际广播出版社 1988 年版。

[108] [英] 培根:《新工具》,徐宝骙译,商务印书馆 1986 年版。

[109] [英] 菲利普·鲍尔:《好奇心: 科学何以执念万物》,上海交通大学出版社 2016 年版。

[110] [法] 笛卡尔:《探求真理的指导原则》,管震湖译,商务印书馆 1991 年版。

[111] [德] 康德:《纯粹理性批判》,邓晓芒译,人民出版社 2004 年版。

[112] [美] 亨利·N. 波拉克:《不确定的科学与不确定的世界》,李萍萍译,

上海世纪出版集团 2012 年版。
[113] 郭贵春:《科学争论及其意义》,《自然辩证法通讯》1999 年第 3 期。
[114] 王运永:《引力波探测》,科学出版社 2020 年版。
[115] [美] 珍娜·莱文:《引力波》,胡小锐、万慧译,中信出版集团 2017 年版。
[116] [澳] 大卫·布莱尔、杰夫·迈克纳玛拉:《宇宙之海的涟漪》,王月瑞译,江西教育出版社 1999 年版。
[117] [英] 哈里·柯林斯:《改变秩序》,成素梅、张帆译,上海科技教育出版社 2007 年版。
[118] [美] 海伦·朗基诺:《知识的命运》,成素梅、王不凡译,上海译文出版社 2016 年版。
[119] [英] 大卫·布鲁尔:《知识和社会意象》,艾彦译,东方出版社 2001 年版。
[120] [美] 丹尼尔·肯尼菲克:《传播,以思想的速度》,黄艳华译,上海科技教育出版社 2010 年版。
[121] [美] 亚伯拉罕·派斯:《上帝难以捉摸:爱因斯坦的科学与生平》,方在庆、李勇等译,商务印书馆 2017 年版。
[122] [美] 爱因斯坦:《爱因斯坦文集》,许良英、范岱年编译,商务印书馆 1976 年版。
[123] 黄志洵、姜荣:《试评 LIGO 引力波实验》,《中国传媒大学学报(自然科学版)》2016 年第 3 期。
[124] 黄志洵:《对引力波概念的理论质疑》,《中国传媒大学学报(自然科学版)》2018 年第 3 期。
[125] 黄志洵:《对 LIGO 所谓"第三次观测到引力波"的看法》,《前沿科学》2017 年第 32 期。
[126] 王丹阳:《LSC:全世界最早看到引力波的那伙人》,《三联生活周刊》2016 年第 10 期。
[127] [德] 尼克拉斯·卢曼:《信任》,翟铁鹏、李强译,上海人民出版社 2005 年版。

[128] [英] 安东尼·吉登斯:《现代性的后果》,田禾译,黄平校,凤凰出版传媒集团、译林出版社 2011 年版。

[129] 游泓:《情感与信任关系结构方程模型的建构与验证》,西南交通大学出版社 2018 年版。

[130] [美] 爱利克·埃里克森:《童年与社会》,高丹妮、李妮译,世界图书出版公司 2018 年版。

[131] [英] 迈克尔·波兰尼:《个人知识——迈向后批判哲学》,许泽民译,陈维政校,贵州人民出版社 2000 年版。

[132] [美] 罗伯特·默顿:《科学社会学》,鲁旭东、林聚任译,商务印书馆 2003 年版。

[133] [美] 伯纳德·巴伯:《信任:信任的逻辑和局限》,牟斌、李红、范瑞平译,福建人民出版社 1989 年版。

[134] [英] 戴维·米勒编:《开放的思想和社会——波普尔思想精粹》,张之沧译,江苏人民出版社 2000 年版。

[135] [德] 胡塞尔:《欧洲科学的危机与超越论的现象学》,王炳文译,商务印书馆 2012 年版。

[136] [瑞士] 萨拜因·马森、彼得·魏因加:《专业知识的民主化:探求科学咨询的新模式》,姜江、马晓琨、秦兰珺译,上海交通大学出版社 2010 年版。

[137] [德] 乌尔里希·贝克:《风险社会》,何博闻译,译林出版社 2004 年版。

[138] [英] 贝尔纳:《科学的社会功能》,陈体芳译,张今校,广西师范大学出版社 2003 年版。

[139] 孙伟平:《事实与价值:休谟问题及其解决尝试》,社会科学文献出版社 2016 年版。

[140] [美] 南希·卡特赖特:《斑杂的世界》,王巍、王娜译,上海科技教育出版社 2006 年版。

[141] 吴彤:《科学实践与地方性知识》,科学出版社 2017 年版。

[142] [瑞士] 海尔格·诺沃特尼、彼得·斯科特、迈克尔·吉本斯:《反思科学》,冷民、徐秋慧、何希志、张洁译,上海交通大学出版社 2011 年版。

[143] [美] 斯蒂芬·特纳:《解释规范》,贺敏年译,浙江大学出版社 2016 年版。
[144] [芬兰] 冯·赖特:《解释与理解》,张留华译,浙江大学出版社 2016 年版。
[145] [美] 苏珊·哈克:《理性地捍卫科学》,曾国屏、袁航译,中国人民大学出版社 2008 年版。
[146] [德] 尤斯图斯·伦次、[德] 彼得·魏因加特:《政策制定中的科学咨询》,王海芸、叶连云、武霏霏、缪航、张黎译,上海交通大学出版社 2015 年版。
[147] [波兰] 弗洛里安·兹纳涅茨基:《知识人的社会角色》,郏斌祥译,译林出版社 2012 年版。
[148] [美] 布鲁斯·史密斯:《科学顾问》,温珂、李乐旋、周华东译,上海交通大学出版社 2010 年版。
[149] [加] 伊恩·哈金:《表征与干预》,王巍、孟强译,科学出版社 2011 年版。
[150] 黄翔、[墨西哥] 赛奇奥·马丁内斯:《从理论到实践:科学实践哲学初探》,上海人民出版社 2019 年版。
[151] [美] 彼得·伽李森:《实验室如何终结的?》,董丽丽译,上海交通大学出版社 2017 年版。
[152] [德] 赖欣巴哈:《科学哲学的兴起》,伯尼译,商务印书馆 1991 年版。
[153] [美] 杰拉尔德·霍尔德:《科学与反科学》,范岱年、陈养惠译,江西教育出版社 1993 年版。
[154] [英] 贝尔纳:《历史上的科学》,伍况甫译,科学出版社 1959 年版。
[155] [英] 卡尔·波普尔:《猜想与反驳——科学知识的增长》,傅季重、纪树立、周昌忠、蒋弋为译,上海译文出版社 1986 年版。
[156] 盛晓明:《从科学的社会研究到科学的文化研究》,《自然辩证法研究》2003 年第 2 期。
[157] 冯衍:《激光干涉引力波探测器——人类的宇宙助听器》,《物理》2016 年第 15 期。

[158] [奥地利] 弗里茨·瓦尔纳：《建构实在论——一种非正统的科学哲学》，刘大椿主审，吴向红编译，江西高校出版社 1996 年版。
[159] [英] 卡尔·波普尔：《科学发现的逻辑》，查汝强、邱仁宗、万木春译，中国美术学院出版社 2008 年版。
[160] [美] 史蒂文·夏平、[美] 西蒙·谢弗：《利维坦与空气泵——霍布斯、玻意耳与实验生活》，蔡佩君译，上海人民出版社 2008 年版。
[161] [英] 罗素：《西方哲学史》，何兆武、李约瑟译，商务印书馆 1996 年版。
[162] [美] 休伯特·德雷福斯，《计算机不能做什么——人工智能的极限》，宁春岩译，生活·读书·新知三联书店出版 1986 年版。
[163] [美] 劳丹：《进步及其问题——一种新的科学增长论》，刘新民译，宁夏出版社 1990 年版。
[164] [美] 麦金泰尔：《追寻美德——伦理理论研究》，宋继杰译，译林出版社 2003 年版。

图书在版编目(CIP)数据

当代科学事实的争论研究 ：以探测引力波实验为例 / 张帆著 .— 上海 ：上海社会科学院出版社，2022
(“智能文明时代的哲学探索”丛书)
ISBN 978 - 7 - 5520 - 3958 - 0

Ⅰ.①当… Ⅱ.①张… Ⅲ.①科学哲学—理论研究 Ⅳ.①N02

中国版本图书馆 CIP 数据核字(2022)第 166482 号

当代科学事实的争论研究
——以探测引力波实验为例

著　　者：张　帆
出 品 人：余　凌
责任编辑：熊　艳
封面设计：夏艺堂艺术设计
出版发行：上海社会科学院出版社
上海顺昌路 622 号　邮编 200025
电话总机 021 - 63315947　销售热线 021 - 53063735
http://www.sassp.cn　E-mail:sassp@sassp.cn
排　　版：南京展望文化发展有限公司
印　　刷：上海新文印刷厂有限公司
开　　本：720 毫米×1000 毫米　1/16
印　　张：18
插　　页：2
字　　数：282 千
版　　次：2022 年 9 月第 1 版　2022 年 9 月第 1 次印刷

ISBN 978 - 7 - 5520 - 3958 - 0/N・011　定价：88.00 元